黑龙江小兴安岭-张广才岭成矿带成矿系列及找矿预测

HEILONGJIANG XIAOXINGANLING－ZHANGGUANGCAILING CHENGKUANGDAI CHENGKUANG XILIE JI ZHAOKUANG YUCE

吕骏超　舒广龙　张春鹏　谭红艳
刘桂香　毕中伟　韩仁萍　杨福深　著
任凤和　张德会　申　维

中国地质大学出版社
ZHONGGUO DIZHI DAXUE CHUBANSHE

图书在版编目(CIP)数据

黑龙江小兴安岭-张广才岭成矿带成矿系列及找矿预测/吕骏超等著．—武汉：中国地质大学出版社，2018.12

ISBN 978-7-5625-4450-0

Ⅰ.①黑…

Ⅱ.①吕…

Ⅲ.①成矿带-成矿系列-研究-黑龙江省

Ⅳ.①617.235 ②P62

中国版本图书馆 CIP 数据核字(2018)第 276561 号

黑龙江小兴安岭-张广才岭成矿带成矿系列及找矿预测 吕骏超 等著

责任编辑：张旻玥 责任校对：徐蕾蕾

出版发行：中国地质大学出版社(武汉市洪山区鲁磨路 388 号) 邮政编码：430074

电 话：(027)67883511 传 真：67883580 E-mail：cbb @ cug.edu.cn

经 销：全国新华书店 http://cugp.cug.edu.cn

开本：880 毫米×1 230 毫米 1/16 字数：388 千字 印张：12.25

版次：2018 年 12 月第 1 版 印次：2018 年 12 月第 1 次印刷

印刷：湖北睿智印务有限公司

ISBN 978-7-5625-4450-0 定价：128.00 元

如有印装质量问题请与印刷厂联系调换

前　言

小兴安岭-张广才岭成矿带是我国东北地区一个重要的有色金属和贵金属成矿带，目前已发现矿产地100余处。金属矿产主要有金、铜、铅、锌、钨、钼、铁等，伴有锡、锑、镍、铋、钴。2000年以前成矿带无一处大型矿床，矿床类型以矽卡岩型多金属矿床为主。滨东地区的弓棚子铜钼矿和伊春地区的小西林铅锌矿床是区内开发较早的矿山，开采年限均已接近或超过40年，矿山建设时探明储量已消耗殆尽，目前弓棚子矿床已成为危机矿山，小西林矿床已闭坑。2000年以来，成矿带地质找矿工作取得突破性进展。在东安-汤旺河整装勘查区内相继发现和探明翠宏山大型钼多金属矿床、东安大型岩金矿床、高松山大型岩金矿床和霍吉河大型钼矿床；在伊春地区探明了鹿鸣超大型钼矿床。小兴安岭地区出现斑岩型和浅成热液型等新的矿床成因类型。上述大型矿床的发现为危机矿山提供了接续资源，为新矿山的建立提供了矿产基地，为地方经济发展注入了新的动力，同时也促使人们对该区成矿进行重新认识，以利于进一步找矿。有利的成矿地质条件和重大找矿突破以及新矿床类型的出现，已使这一地区成为研究热点，新的研究成果大大提升了对该区成矿的认识，为进一步开展成矿带成矿规律及找矿预测工作奠定了基础。同时研究成果还能够为实现区域有色金属矿产资源的科学规划、管理、保护和合理的开发利用提供决策依据。

本书正是在这一新的形势下，以小兴安岭-张广才岭地区为研究区，以东安-汤旺河整装勘查区为重点，通过系统收集和综合整理小兴安岭-张广才岭地区以往地、物、化、遥和矿产资料，根据区内矿产资源评价项目提出的疑难问题，开展相关的专题研究。本书对小兴安岭-张广才岭地区的区域成矿背景、成矿系列、成矿模式、成矿规律和成矿预测进行研究，优选找矿靶区。通过对区内矿产资源调查评价新发现、新进展资料的分析，对区内与矿化有关的地层、构造、岩浆岩等内容进行综合研究，特别是通过对实施项目最新调查成果的综合研究，确定研究区金属矿的成矿机理及矿床形成的控制因素。通过对不同类型典型矿床的解剖研究，查明金属矿床的成矿条件、控矿因素，总结区域金属矿产的成矿规律。在新的理论指导下建立矿床成因模式，确立找矿标志，建立矿床区域找矿模式，指出成矿、找矿有利地段和找矿靶区。

本书根据“黑龙江小兴安岭-张广才岭成矿带成矿规律及找矿预测”项目成果编撰而成，该项目是中国地质调查局与黑龙江省人民政府合作项目（编号：1212011085236），起止时间为2010—2012年。本书的出版得到中国地质调查局项目“东北地区整装勘查跟踪综合与动态评估”（项目编号：1212011220857）的资助。

本书研究范围北近中俄边境，南至吉黑省界，东西宽约220km，南北长约630km，面积约为120 000km^2。行政区划隶属于伊春市、哈尔滨市和牡丹江市。小兴安岭-张广才岭地区海拔高程在400～1500m之间，属中温带大陆性季风气候区，冬季严寒漫长，夏季短促且高温多雨，春秋两季气候多变。山地多为原始森林区或次生林区，植被发育；沟谷或夷平面沼泽发育，通行、通视困难；第四系覆盖较厚，基岩露头极少；属于典型的森林沼泽景观区。区内交通发达，为本项目实施创造了有利的工作条件。

本次工作的野外调研历时3年完成，参加本项研究工作的主要地质科技人员有舒广龙、吕骏超、张春鹏、谭红艳、刘桂香、毕中伟、韩仁萍、李广远、马家骏、陈行时、徐文喜、杨福深、任凤和、张德会、申维、刘莉莉等同志。

本书前言由吕骏超编写，第一章“区域地质背景”由张春鹏、杨福深、任凤和编写，第二章“区域地球物理地球化学特征”由刘桂香、张德会、申维编写，第三章“燕山期岩浆建造与成矿系列”由舒广龙、吕骏超、谭红艳编写，第四章“燕山早期成矿系列地质特征”由谭红艳、毕中伟、刘桂香写，第五章“燕山晚期成矿系列地质特征”由刘桂香、韩仁萍编写，第六章“成矿系列地球化学特征及成因探讨”由吕骏超、舒广龙、谭红艳编写，第七章“成矿规律与成矿预测”由舒广龙、吕骏超、谭红艳、刘桂香、任凤和、申维编写，第八章“结论”由吕骏超、谭红艳编写，最后由吕骏超负责修改定稿。

项目工作过程中和著作编写阶段得到了李志忠、陈仁义、单海平、张允平、朱群、郦志波、沙德铭、王希今、邵军、殷嘉飞、时建民、李永飞、于绍强、陈江、张森、寇林林等同志的大力支持和帮助，在此表示由衷的感谢。

著　者

2018 年 11 月

目　录

第一章 区域地质背景

第一节 区域地层

区内地层出露较全，主要分布有元古宇、寒武系、奥陶系、泥盆系、石炭系、二叠系、三叠系、侏罗系、白垩系及第三系(古近系+新近系)、第四系等(表1-1)。

古生代及前古生代地层在区内零星出露，多呈不见顶和底的残留体状分布于花岗岩中。岩石普遍经历多期构造热事件的改造，变质变形极为发育，其中中-新元古界东风山岩群，普遍经受了以角闪岩相为主、部分绿片岩相的区域变质作用，是该地区的基底岩系。其原岩是一套火山硅质-碳酸盐-类复理石沉积建造，岩层普遍含硫化物及硼、铁、钴等元素，被认为是金矿的矿源层。下寒武统西林群，原岩为一套巨厚层的陆表海碎屑岩-碳酸盐沉积夹火山沉积建造，西林群的铅山组是重要的铅锌矿容矿层位。中生代及其以后的地层出露较为完整，在区内分布较多，主要有三叠系陆相中酸性火山岩沉积建造，侏罗系火山岩—碎屑岩沉积建造，白垩系陆相火山岩、含煤碎屑岩沉积建造、裂谷盆地型含油气碎屑沉积建造、类磨拉石沉积建造等。新生界多以河湖相碎屑沉积为主，并伴有陆相基性火山岩建造。

在本区东南部分布有黑龙江杂岩杨木岩组及张广才岭岩群红光组、新兴组、双桥子组等中浅变质岩系，此外，在本区北西部局部分布有张广才岭岩群正沟岩组。目前关于黑龙江杂岩和张广才岭岩群时代归属问题还存在着很大的争议(颉颃强等，2008；许文良，2012)，本书采用全国矿产资源潜力评价项目(黑龙江省部分)成果报告中地层划分方案，将张广才岭群和黑龙江杂岩时代暂厘定为二叠纪—早三叠世。

一、中-新元古界

中-新元古界分布于东部、东南部伊-舒地堑两侧。主要出露有中-新元古界东风山岩群($Pt_{2-3}D$)，包括亮子河岩组和红林岩组。分布在研究区东南部，伊春-延寿地槽褶皱系内五星-关松镇中间隆起带内，呈星点状残留体出露于大面积酸性侵入岩内，与周围岩石除断层接触外均系被花岗岩侵入。

在区域上，东风山岩群岩石组合较为复杂，主要有大理岩类、片麻岩类、变粒岩类、片岩类、石英岩类和板岩类。原岩建造为陆缘裂谷相碎屑岩及碳酸盐岩建造，为富硼的碎屑岩-碳酸岩沉积，其中夹有条带硅铁建造(BIF)。东风山岩群是佳木斯地块及小兴安岭-张广才岭褶皱带东缘的最重要的铁-金含矿建造，著名的东风山、平顶山等金(铁)矿床的围岩均为东风山群变质岩系。

表 1-1 黑龙江小兴安岭-张广才岭成矿带区域地层简表

界	系	统	群组	代号	岩石性质	矿产
新生界	第四系			Q	砾石、砂和亚黏土等松散沉积	
	古近系+新近系			R	砾石、砂和亚黏土，气孔玄武岩、凝灰熔岩等	
中生界	白垩系	上统	嫩江组	K_2n	粉砂岩、泥岩局部夹油页岩	
			海浪组	K_2hl	紫红色砂砾岩、含砾砂岩、泥岩	
		下统	福民河组	K_1f	流纹岩	
			甘河组	K_1g	玄武岩、玄武质火山碎屑岩	
			淘淇河组	K_1t	为山间盆地冲积-洪积相碎屑岩沉积建造，局部产褐煤	
			宁远村组	K_1n	中酸性熔岩及其碎屑岩，常见由中性到酸性的喷发旋回	
			板子房组	K_1b	中—基性熔岩及其凝灰碎屑岩	
			帽儿山组	K_1m	酸性火山岩建造	
	侏罗系	上统	草帽顶子组	J_3c	灰绿色安山岩为主，夹少量安山质火山碎屑岩、中酸性火山岩及砂板岩	
		中统	太安屯组	J_2t	砾岩、凝灰砾岩、砂砾岩、凝灰岩及板岩	
		下统	二浪河组	J_1er	陆相中性、中酸性火山岩建造	
	侏罗系—三叠系	下统—上统	凤山屯组	T_3-J_1f	流纹岩、流纹质凝灰熔岩夹浅灰色细粒长石，含植物化石碎片	
	三叠系	上统	冷山组	T_3l	陆相碎屑岩-中酸性火山岩建造，含植物化石	
中生界—上古生界	三叠系—二叠系	下统—上统	五道岭组	P_3-T_1w	上部酸性熔岩夹火山碎屑岩；中部酸性火山碎屑岩夹沉积岩；下部中性熔岩，夹酸性凝灰岩、凝灰砂岩	金、铁、铜多金属
上古生界	二叠系	中统	红山组	P_3-T_1h	黑色板岩、细砂岩、粉砂岩，灰褐色厚层状砾岩。产安加拉、华夏植物群标志化石	金、铁、铜多金属
		中统	土门岭组	P_2t	板岩、粉砂质板岩、碳质板岩、细砂粉砂岩、粗砂岩、含砾粗砂岩夹灰岩。产腕足、腹足及珊瑚等化石	金、铁、铜多金属
		下统	青龙屯组	P_1q	安山岩	金、铁、铜多金属
中生界—上古生界	三叠系—二叠系		张广才岭岩群	P_1-T_1Z		金、铁、铜多金属
			张广才岭岩群 新兴岩组	P_1-T_1x	二云片岩、角岩化砂岩、变质粉砂岩、变质石英砂岩、千枚岩、板岩、长英角岩等	金、铁、铜多金属
			张广才岭岩群 红光岩组	P_1-T_1h	片理化变质安山玄武岩、安山质凝灰岩、绿帘阳起片岩、绢云千枚岩、变质流纹岩、斜长角闪岩、斜长角闪片岩等	金、铁、铜多金属
			张广才岭岩群 正沟岩组	P_1-T_1z	变质安山质凝灰岩、片理化流纹岩、变质流纹质凝灰熔岩、千枚状板岩、绢云绿泥板岩、石墨大理岩等	金、铁、铜多金属

续表 1-1

<table>
<tr><th>界</th><th>系</th><th>统</th><th colspan="3">群组</th><th colspan="2">代号</th><th colspan="2">岩石性质</th><th>矿产</th></tr>
<tr><td rowspan="2">上古生界</td><td rowspan="2">石炭系</td><td rowspan="2">上统</td><td colspan="3">杨木岗组</td><td colspan="2">C_2y</td><td colspan="2">灰色、灰黄色粉砂质板岩、泥质岩、凝灰质板岩、粉砂岩夹中酸性含砾凝灰质板岩</td><td></td></tr>
<tr><td colspan="3">唐家屯组</td><td colspan="2">C_2t</td><td colspan="2">片理化安山岩、英安岩、流纹岩夹板岩</td><td></td></tr>
<tr><td rowspan="8">下古生界</td><td rowspan="2">泥盆系</td><td>中-上统</td><td colspan="2">宝泉组</td><td>歪鼻子组</td><td>$D_{2-3}b$</td><td>$D_{2-3}w$</td><td>流纹岩、流纹质凝灰熔岩夹千枚状板岩</td><td>以片理化酸性及中酸性火山岩为主，夹少量变质砂岩、绢云板岩</td><td></td></tr>
<tr><td>下-中统</td><td colspan="2">黑龙宫组</td><td>小北湖组</td><td>$D_{1-2}h$</td><td>$D_{1-2}x$</td><td>砂岩、细砂岩、生物碎屑灰岩夹酸性凝灰岩。产腕足类等化石</td><td>灰黑色绢云板岩、千枚岩及岩屑长石砂岩，夹结晶灰岩、片理化流纹岩。产苔藓虫、腕足类化石</td><td>金多金属</td></tr>
<tr><td rowspan="2">奥陶系</td><td rowspan="2">中统</td><td colspan="2">大青组</td><td></td><td colspan="2">O_2dq</td><td colspan="2">灰黑色变安山岩、变安山质凝灰岩、灰白色变流纹岩</td><td></td></tr>
<tr><td colspan="3">小金沟组</td><td colspan="2">O_2x</td><td colspan="2">条带状大理岩、碳质板岩、千枚状板岩、灰岩、长石石英砂岩。产腕足类化石</td><td>铁多金属</td></tr>
<tr><td rowspan="4">寒武系</td><td rowspan="4">下-中统</td><td colspan="2" rowspan="4">西林群</td><td>五星镇组</td><td rowspan="4">$\in_{1-2}Xl$</td><td>$\in_{1-2}w$</td><td colspan="2">上部碳质板岩、粉砂质板岩夹大理岩，中下部大理岩夹碳质板岩</td><td></td></tr>
<tr><td>铅山组</td><td>$\in_{1-2}q$</td><td colspan="2">结晶灰岩、角岩化砂岩、板岩、白云质灰岩、白云岩、大理岩、碳质板岩</td><td>铁多金属</td></tr>
<tr><td>老道庙沟组</td><td>$\in_{1-2}l$</td><td colspan="2">上部厚层状泥灰岩、含金云母透闪石大理岩，下部以变砂岩、泥质粉砂岩、泥质板岩为主</td><td></td></tr>
<tr><td>晨明组</td><td>$\in_{1-2}c$</td><td colspan="2">上部灰黑色粉砂质板岩夹薄层灰岩，下部沥青质灰岩-泥灰岩夹板岩</td><td></td></tr>
<tr><td rowspan="2">中-新元古界</td><td rowspan="2"></td><td rowspan="2"></td><td rowspan="2">东风山岩群</td><td>红林岩组</td><td rowspan="2">尔站岩群</td><td>$Pt_{2-3}h$</td><td rowspan="2">$Pt_{2-3}E$</td><td>石墨二云片岩、黑云石英片岩、白云大理岩</td><td rowspan="2">黑云斜长变粒岩、白云石英片岩、大理岩</td><td rowspan="2">金、铁多金属</td></tr>
<tr><td>亮子河岩组</td><td>$Pt_{2-3}l$</td><td>绢云石英片岩、碳质石墨片岩、石英云母片岩夹大理岩</td></tr>
</table>

在本区东南部还局限分布中-新元古界尔站岩群。主要分布于宁安市尔站三场、苇芦河林场一带，呈近南北向透镜状、孤岛状残存于中元古代的花岗岩之中。为顶底不清，总体无序，局部相对有序的构造岩(片)地质体。结合区域地层对比，暂将尔站岩群的时代置于中-新元古代，层位上相当于东风山岩群和兴东岩群。尔站岩群属黑云斜长变粒岩一二云石英片岩夹大理岩变质建造。变质岩石组合为黑云斜长变粒岩、透闪透辉斜长变粒岩、二云石英片岩夹变质中性火山岩及大理岩。变质作用类型为区域动力热流变质作用。原岩建造为中基性火山岩-碎屑岩建造，为海相中基性火山岩-细碎屑岩沉积。

二、古生界

区内古生代地层零星分布，岩石普遍遭受不同程度的区域变质作用和构造变形作用。出露的地层自下而上有寒武系、奥陶系、泥盆统、石炭系、二叠系。

1. 寒武系

寒武系是研究区内出露的主要变质岩系之一，也是区域铅锌多金属矿的主要含矿岩系。仅出露下统称之为西林群($\in_{1-2}Xl$)，呈近南北向—北西向展布，主要分布在五星—关松镇一带和翠宏山—二股一带。被花岗岩侵入，多呈规模不等的残留体漂浮在花岗岩体之中，地层不完整，边部受热接触变质作用。自下而上划分为晨明组($\in_{1-2}c$)、老道庙沟组($\in_{1-2}l$)、铅山组($\in_{1-2}q$)、五星镇组($\in_{1-2}w$)。

晨明组($\in_{1-2}c$)：为一套滨浅海相沉积产物。老道庙沟组($\in_{1-2}l$)：下部以变砂岩、变泥质粉砂岩、泥质板岩为主，上部为厚层状泥晶灰岩、含金云母透闪石微晶大理岩为主，为一套滨浅海相沉积产物。铅山组($\in_{1-2}q$)：分布在伊春地区的铅山组是一套被动陆缘型细碎屑岩、富镁碳酸盐沉积，为区域上有色金属的重要赋矿层位，其中白云岩-白云质大理岩建为主要的成矿建造。五星镇组($\in_{1-2}w$)：上部为碳质板岩、粉砂质板岩夹大理岩，中下部为大理岩夹碳质板岩。

下-中寒武统沉积盖层型变质岩系是成矿带内铅锌多金属矿最主要的含矿建造，带内小西林、翠宏山、二股、五星等主要铅锌多金属矿床的矿体均赋存在下寒武统铅山组的白云质大理岩中。

2. 奥陶系

奥陶系主要分布于伊春、铁力、通河、木兰及尚志市小金沟等地区，总体上呈近南北向分布，顶、底均不明。自下而上划分为小金沟组(O_2x)和大青组(O_2dq)，各组之间整合接触。归属于尚志群。该群属火山弧型碎屑岩-碳酸盐-火山岩沉积建造。

小金沟组(O_2x)：下部为钙质细砂粉砂岩、钙质粉砂岩夹大理岩和生物灰岩；中部为变质粉砂岩、钙质细砂粉砂岩夹钙质混合砂岩、含砾混合砂岩及含砾钙质岩屑砂岩；上部为厚层状大理岩、条带状大理岩、变质细砂粉砂岩夹中酸性熔岩。大青组(O_2dq)：岩性以中性熔岩、中酸性熔岩为主，中-上部夹凝灰质砂岩、粉砂岩及砂板岩。

3. 泥盆系

泥盆系是成矿带内金、铅锌多金属矿含矿建造之一。大安河金矿床就产在铁力市神树地区出露的泥盆系变质岩系中，在二合营林场等地的泥盆系与花岗岩的接触带内发现了铅锌多金属矿化。

宝泉组($D_{2-3}b$)：岩性以酸性熔岩及其凝灰熔岩为主，局部地区为中性熔岩，其中夹砂岩、板岩，底部见石英质砾岩、石英岩。小北湖组($D_{1-2}x$)：为细碎屑岩组合，含早中泥盆世苔藓虫、腕足类化石。

歪鼻子组($D_{2-3}w$):属酸性火山岩-碎屑岩组合。

4. 石炭系

石炭系主要分布在研究区中南部、张广才岭北西坡宾县和五常市等地、蚂蚁河上游一带。仅发育上石炭统。自下而上可划分为唐家屯组(C_2t)、杨木岗组(C_2y)。

唐家屯组(C_2t):主要属酸性、中酸性火山岩夹正常沉积碎屑岩组合。杨木岗组(C_2y):属于以砂板岩为主夹少量火山碎屑岩及中酸性熔岩组合。

5. 二叠系

二叠系主要分布在小兴安岭东南段,神树—桃山一带、汤旺河流域。在滨东地区,其底部与石炭系杨木岗组整合接触,顶部被白垩系火山喷发—沉积岩覆盖。在研究区中西部主要所属的松嫩地层分区,自下而上可划分为青龙屯组(P_1q)、土门岭组(P_2t)、红山组(P_3-T_1h)、五道岭组(P_3-T_1w);在研究区东南部所在的伊春—延寿地层分区,自下而上出露有张广才岭岩群(P_1-T_1Z)的3个岩组:正沟岩组(P_1-T_1z)、红光岩组(P_1-T_1h)、新兴岩组(P_1-T_1x)。另外,在本区东南角还少量分布有黑龙江杂岩(P_1-T_1H)的杨木岩组(P_1-T_1y),以及双桥子组(P_1s)。

青龙屯组(P_1q):岩性为安山岩等,为陆相中基性火山岩夹沉积岩建造,属中基性火山岩组合。土门岭组(P_2t):其原岩为海相、海陆交互相细碎屑岩-碳酸盐岩建造,含珊瑚、腕足、蜓化石组合。该组岩石遭后期花岗岩侵入时,可形成角岩化黑云石英片岩、透辉石石英角岩、硅灰石透辉石矽卡岩,在滨东地区出现多金属矿化。红山组(P_3-T_1h):主要岩性为砂板岩夹中酸性火山岩,含晚二叠世植物化石。五道岭组(P_3-T_1w):分为2个岩性段,下部中性火山岩段,上部酸性火山岩段。两段均夹正常沉积岩薄层,沉积岩夹层中含晚二叠世植物化石。

张广才岭岩群(P_1-T_1Z):呈近南北向分布,构成张广才岭主峰,为晚古生代花岗岩侵入。二叠纪陆缘裂陷槽沉积,海相中酸性—中基性火山岩建造、陆源碎屑岩-碳酸盐建造,低—高绿片岩相区域变质,变质时期为早三叠世。其主体时代应厘定为二叠纪。

正沟岩组(P_1-T_1z):变质岩石组合,下部变质酸性熔岩组合,中部中酸性火山岩与千枚岩、二云片岩互层组合,上部中酸性火山岩组合、绢云千枚岩-条带状大理岩组合。变质建造属砂质板岩-泥质板岩建造、石英岩-云母片岩-大理岩建造、绿泥钠长片岩-绢云片岩建造。红光岩组(P_1-T_1h):主要岩石类型为片理化变质安山玄武岩、安山质凝灰岩、绿帘阳起片岩、绢云千枚岩、变质流纹岩、斜长角闪岩、斜长角闪片岩等。变质建造属绿泥钠长片岩-绢云片岩建造、砂质板岩-泥质板岩建造。新兴岩组(P_1-T_1x):变质岩石组合为板岩-千枚岩-二云片岩组合。主要岩石类型二云片岩、角岩化砂岩、变质粉砂岩、变质石英砂岩、千枚岩、板岩、长英角岩等。变质建造属砂质板岩—泥质板岩建造。

二叠系沉积岩系的原岩是在浅海—海陆交互相沉积环境下沉积形成的,是成矿带内铅锌多金属矿含矿建造之一,特别是在滨东地区,铅锌多金属矿床大部分产于二叠系土门岭组变质岩系中。

三、中生界

本成矿带内中生界较零星分布。出露的地层自下而上有三叠系、侏罗系、白垩系。

1. 三叠系

三叠系主要分布在小兴安岭中北段及张广才岭一带。自下而上可划分为冷山组(T_3l)及凤山屯组(T_3-J_1f),缺失下-中三叠统。

冷山组(T_3l):岩性为英安岩、英安质火山碎屑岩,安山岩、安山质火山碎屑岩等,属英安岩及安山岩夹正常沉积碎屑岩组合。凤山屯组(T_3-J_1f):岩性为流纹岩、流纹质凝灰熔岩夹浅灰色细粒长石,含植物化石碎片,属流纹岩夹正常沉积碎屑岩组合。

2. 侏罗系

侏罗系主要分布在张广才岭一带。自下而上可划分为二浪河组(J_1er)、太安屯组(J_2t)、草帽顶子组(J_3c)。

二浪河组(J_1er):岩性为安山岩及英安岩、流纹岩,以安山岩为主,属安山岩-流纹岩陆相火山岩组合。太安屯组(J_2t):岩性为砾岩、凝灰砾岩、砂砾岩、凝灰岩及板岩等,属河流相碎屑岩夹火山碎屑岩组合。草帽顶子组(J_3c):岩性为灰绿色安山岩为主,夹少量安山质火山碎屑岩、中酸性火山岩及砂板岩,属安山岩陆相火山岩组合。

上述晚三叠世冷山组、凤山屯组及早侏罗世二浪河组,构成小兴安岭-张广才岭构造岩浆岩亚带高岭子火山喷发段的玄武岩-安山岩-英安岩-流纹岩组合,是以玄武岩-安山岩-英安岩-流纹岩为主的组合。该组合的重要性在于,它限定一个造山作用旋回的结束,属于后造山环境的火山岩组合。

3. 白垩系

白垩系断续分布在小兴安岭—张广才岭一带,并构成多个北东向—北北东向中生代火山喷发-沉积盆地。在研究区中南部主要所属的松嫩地层分区及伊春一延寿地层分区,自下而上可划分为帽儿山组(K_1m)、板子房组(K_1b)、宁远村组(K_1n)、淘淇河组(K_1t)、甘河组(K_1g)、福民河组(K_1f)、海浪组(K_2hl)、嫩江组(K_2n);在研究区北西部所在的龙江一塔溪地层分区,自下而上还划分为龙江组(K_1l)、光华组(K_1gn)、建兴组(K_1jx),依次可与板子房组(K_1b)、宁远村组(K_1n)、淘淇河组(K_1t)对比。

另外,在研究区东部边缘所在的佳木斯地层区鸡西地层分区,局部还划分出滴道组(K_1d),大致可与板子房组(K_1b)对比。在研究区东部边缘所在的佳木斯地层区嘉荫一牡丹江地层分区、鸡西地层分区,局部还划分出松木河组敖其段(K_1sm^a)。

帽儿山组(K_1m):岩性为流纹岩、流纹质含角砾凝灰熔岩、流纹质凝灰岩、英安质凝灰熔岩,属英安岩、流纹岩陆相火山岩组合。板子房组(K_1b):主要由陆相火山喷发一沉积岩组成。宁远村组(K_1n):主要由陆相火山喷发一沉积岩组成。淘淇河组(K_1t):属河流相砂砾岩粉砂岩泥岩组合。甘河组(K_1g):属玄武岩安山岩陆相火山岩组合。福民河组(K_1f):属流纹岩陆相火山岩组合。海浪组(K_2hl):属湖泊三角洲相砂砾岩砂岩粉砂岩组合。嫩江组(K_2n):属湖相暗色细碎屑岩组合。龙江组(K_1l):属陆相中性火山岩组合。光华组(K_1gn):岩性为灰白色、灰绿色流纹质凝灰岩和流纹岩,夹安山岩、英安岩、珍珠岩及黏土岩等。建兴组(K_1jx):属陆源含煤碎屑沉积地层。滴道组(K_1d):属陆相中性火山一沉积含煤地层。松木河组敖其段(K_1sm^a):属陆相酸性火山岩组合。

四、新生界

古近系主要分布于松嫩盆地和伊-舒、敦-密断陷带,以河湖相细碎屑沉积为主,含有丰富的褐煤、油页岩资源。新近系在继承古近系沉积格局的基础上,小兴安岭山间盆地发育了类磨拉石型河流相沉积,晚期有大规模的玄武岩喷发。第四系发育较好,主要分布于松嫩平原和山区的山间谷地及山麓地带。

第二节　区域侵入岩

区内岩浆活动频繁，可划分为元古宙、加里东期、海西期、印支晚期—燕山早期、燕山中期和燕山晚期。岩石类型复杂，从基性岩到酸性岩、从侵入岩到喷出岩均有产出。火山岩曾在各地层中予以详述，以下着重论述侵入岩，另外与侵入岩有关的岩石学、岩石化学特征及其年代学研究成果将在本书第三章与成矿有关的岩浆建造和成岩成矿年代学、第六章花岗岩类地球化学特征中加以重点叙述。

成矿带侵入岩广泛分布于整个工作区，约占总面积的75%，以花岗岩类为主。不同期次的花岗岩沿南北向呈带状分布，构成小兴安岭-张广才岭岩浆岩带，按构造单元可划分为小兴安岭花岗岩带和张广才岭花岗岩带。侵入岩空间分布表现出较为明显的分带规律性。中元古代侵入岩集中分布于研究区东部边缘的东风山微地块和尔站微地块，与古元古界变质岩系空间分布基本一致。加里东期侵入岩围绕地块边缘分布，呈现出地块增生的特征。海西期岩浆活动微弱，仅在局部地区形成小岩株或岩基。印支晚期—燕山早期的岩浆侵入活动达到高潮，形成花岗岩带的主体部分。燕山中期岩浆侵入活动是印支晚期—燕山早期岩浆侵入活动的延续，两期岩浆具有相同的演化特征和空间分布特征。燕山晚期岩浆活动火山作用为主，形成一系列的北北东向—北东向的火山喷发-沉积盆地，并伴有浅成-超浅成的岩浆侵入活动。

一、元古宙

元古宙岩浆活动属于陆缘环境，分布在东部边缘东风山—汤原一带的片麻状混合花岗岩和黑云母斜长片麻岩中，沿断裂带断续出露或与古元古界地层相伴产出，常被后期花岗岩侵入。早期侵入岩是在地壳拉张、裂陷环境下形成的辉石角闪岩、辉长岩、闪长岩等，主要分布在张广才岭地区。晚期是在地壳闭合、褶皱造山环境下先后形成闪长岩、花岗闪长岩和二长花岗岩。

二、加里东期

以往的研究认为加里东期花岗岩分布在伊春—延寿一带，可分3个侵入期次，主要岩石类型从早到晚为混染花岗岩(451Ma)、花岗闪长岩(445Ma)、二长花岗岩，普遍见有似斑状结构和片麻状构造，暗色矿物角闪石、黑云母含量较高(吴福元等，1999)，多为Ⅰ型花岗岩。沿构造带有基性、超基性岩侵位。但对原始资料的处理发现，该期花岗岩的年龄主要是通过Rb－Sr全岩等时线法确定的(黑龙江省地质矿产局，1993)，用于测年的岩石类型主要为石英闪长岩和花岗闪长岩，岩石成分变化范围较窄，岩石的岩浆混合和围岩混染现象普遍，由Rb－Sr法给出的年龄误差较大。而近年来，经过详细的锆石年代学研究发现，该地区原定加里东期花岗岩的时代为晚古生代或中生代(孙德有等，2001；张艳斌等，2002)。

三、海西期

海西期岩浆活动微弱，多形成规模较小的花岗质侵入体，侵入体长轴方向多呈近南北向和北北东向，海西期侵入岩岩石类型主要有石英闪长岩、花岗闪长岩和二长花岗岩等。岩浆岩总体上为富硅、富碱质的铝过饱和型，表现出幔源岩浆与壳源岩浆混合的特点。

四、印支晚期—燕山早期

晚三叠世—早侏罗世区域岩浆活动强烈，多形成巨大岩基，部分呈岩株状产出。岩浆活动具有连续的脉动活动特点，花岗岩类锆石 U－Pb 年龄多集中在 210～180Ma 之间。侵入岩岩石类型以花岗闪长岩、黑云母花岗岩、二长花岗岩、碱长花岗岩为主，岩石常见的结构为似斑状中粗粒和中粒花岗结构。岩石化学研究结果表明，该期侵入岩属于硅铝过饱和岩浆系列，少数属正常花岗岩系列，岩石碱度率平均为 2.76，在碱度率图解中多数属钙碱性但位于碱性过渡区，少数属中等碱性岩石。区域晚印支晚期—燕山早期岩浆侵入活动，特别是中酸性—碱性侵入活动与金属成矿关系密切(图 1－1)。

五、燕山中期

燕山中期岩浆活动仍以岩浆侵入作用为主，形成的岩浆侵入岩在空间分布上基本与印支晚期—燕山早期侵入岩的分布一致，但形成的侵入岩规模有限，说明该期岩浆活动强度有所减弱。侵入岩多呈岩株状产出，部分地区形成规模较大的岩基或岩体。主要岩石类型为二长花岗岩、碱长花岗岩和花岗闪长岩，局部地区发育有超基性—中性侵入岩。岩石以具有似斑状中粒—中细粒花岗结构为主，块状构造。该期岩浆属于硅、铝过饱和岩浆系列，具有陆内岩浆演化特征，与区域铅锌多金属矿化具有一定关系。

六、燕山晚期

燕山晚期，研究区总体受滨太平洋构造域控制，北北东向—北东向断裂构造发育，形成规模不等的断陷盆地。岩浆活动以火山喷发作用为主，形成一系列的北北东向—北东向的火山喷发-沉积盆地。伴随火山喷发活动，还发生了岩浆侵入作用，形成岩株状或脉状的浅成—超浅成中酸性、酸性岩岩浆岩侵入体，主要有花岗闪长岩、石英闪长岩、二长花岗岩、花岗斑岩及碱长花岗岩。该期侵入岩类与金矿关系密切。

第三节 区域构造

一、构造单元划分

研究区位于中亚造山带的东段，区内不仅经历了古生代古亚洲洋构造体系的演化，同时也经历了中、新生代环太平洋构造体系的叠加与改造。研究区正处在两大构造体系叠加和转换的地段。夹持于西伯利亚地块、华北地块和西太平洋板块之间，区内多个微陆块(如松嫩-张广才岭、佳木斯、兴凯地块)的拼合与演化构成了古生代构造演化的特色，而古太平洋板块与欧亚大陆之间的俯冲、碰撞和地体拼贴构成了研究区中、新生代构造演化的独特性。因此，研究区是由多个性质不同的地质构造单元复合而成，它既有地球早期演化的地质记录，又有显生宙不同构造体系叠加与转换的物质记录。该区

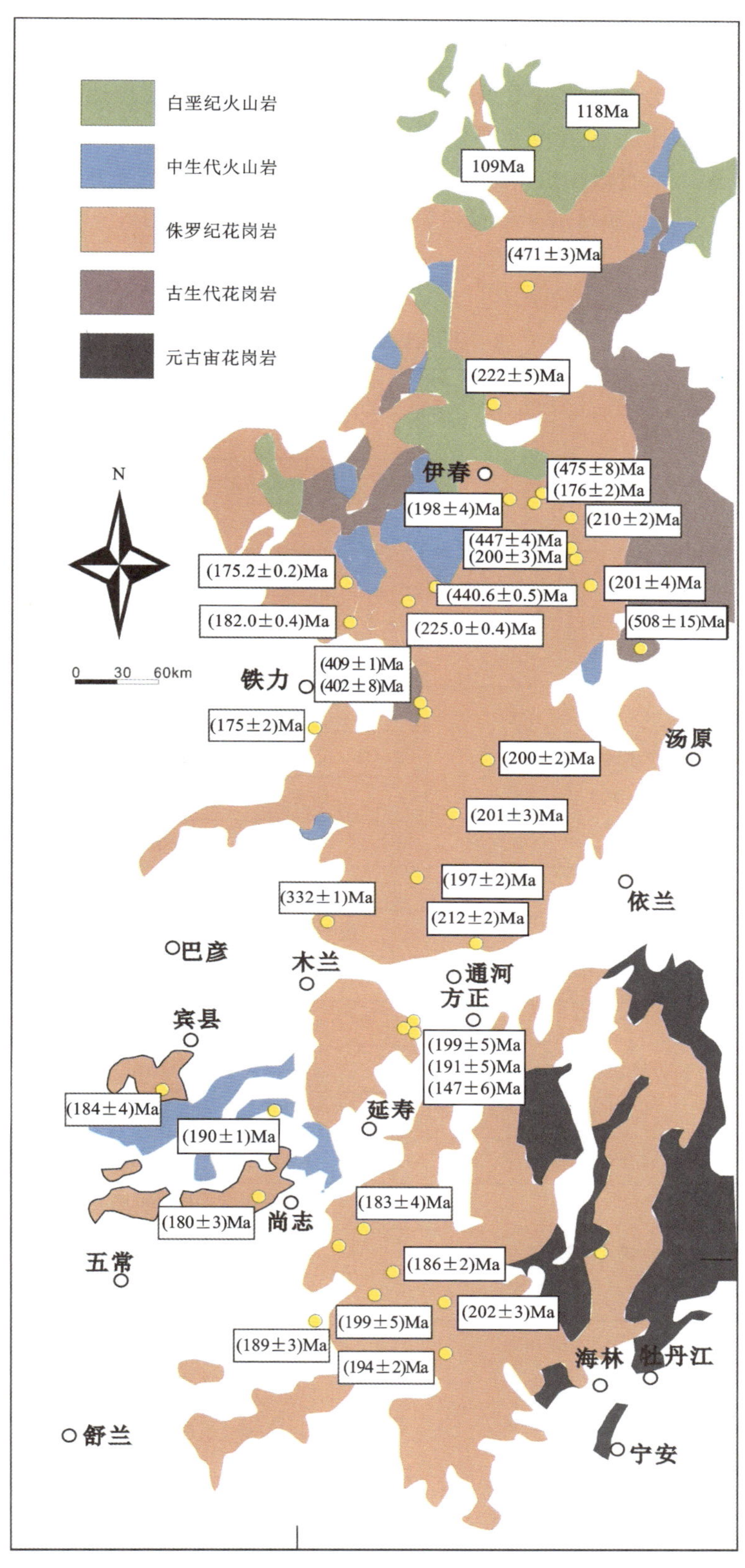

图 1-1 黑龙江小兴安岭-张广才岭成矿带岩浆岩分布略图

（花岗岩 U-Pb 年龄据 Wu F Y，2011；李永飞，2013）

复杂而独特的地质构造演化及与之相伴的多期次构造-岩浆活动为大规模内生成矿作用提供了优越的成矿条件。

按照全国矿产资源潜力评价项目中黑龙江省部分对黑龙江省大地构造分区的划分方案，本研究区的大地构造单元主要属Ⅰ级构造单元兴蒙造山系（Ⅰ）、Ⅱ级构造单元小兴安岭-张广才岭岩浆弧（Ⅰ-3）及兴凯地块（Ⅰ-7）、Ⅲ级构造单元伊春-延寿岩浆弧（Ⅰ-3-3）、松嫩地块（Ⅰ-3-2）、龙江-塔溪岩浆弧（Ⅰ-3-1）、伊-舒地堑(Ⅰ-3-5)及老黑山-虎林周缘前陆盆地(Ⅰ-7-2)、敦-密断裂(Ⅰ-7-4)，见表1-2、图1-2。

表1-2　黑龙江大地构造单元划分表

Ⅰ级	Ⅱ级	Ⅲ级
兴蒙造山系Ⅰ	额尔古纳地块Ⅰ-1	漠河前陆盆地Ⅰ-1-1
		富克山-兴华变质基底杂岩Ⅰ-1-2
		环宇-新林蛇绿混杂岩Ⅰ-1-3
	大兴安岭弧盆系Ⅰ-2	海拉尔-呼玛弧后盆地Ⅰ-2-1
		扎兰屯-多宝山岛弧Ⅰ-2-2
		嫩江-黑河构造混杂岩Ⅰ-2-3
	小兴安岭-张广才岭岩浆弧Ⅰ-3 (Pt_2-T_1)	**龙江-塔溪岩浆弧Ⅰ-3-1**
		松嫩地块Ⅰ-3-2
		伊春-延寿岩浆弧Ⅰ-3-3
		伊-舒地堑Ⅰ-3-5
	嘉荫一牡丹江结合带Ⅰ-4	太平沟俯冲增生杂岩+高压—超高压变质带Ⅰ-4-1
		依兰俯冲增生杂岩+高压—超高压变质带Ⅰ-4-2
		穆棱俯冲增生杂岩+蛇绿混杂岩带Ⅰ-4-3
	佳木斯地块Ⅰ-5	兴东变质基底杂岩Ⅰ-5-1
		宝清-密山陆缘裂谷Ⅰ-5-2
		三江盆地Ⅰ-5-3
	完达山结合带Ⅰ-6	蛤蟆顶子-坨窑山蛇绿混杂岩Ⅰ-6-1
	兴凯地块Ⅰ-7	金银库-虎头变质基底杂岩Ⅰ-7-1
		老黑山-虎林周缘前陆盆地Ⅰ-7-2
		敦-密断裂Ⅰ-7-4

注：表中黑体为本研究区所涉及的大地构造单元。

二、区域褶皱构造

由于前古生界和古生界变质岩系呈残留体分布在大面积的花岗岩中，所以恢复本区完整的构造格架是相当困难的。褶皱构造大体可划分5条复式褶皱带，由东向西、由北向南分别为丰茂-晨明褶皱带、五星镇-西林褶皱带和翠峦-铁力褶皱带。此外，还有红光复背斜和新兴复向斜等。

丰茂-晨明复式褶皱带：轴向约为北东30°，延长约80km。褶皱带核部主体岩系为元古宇东风山

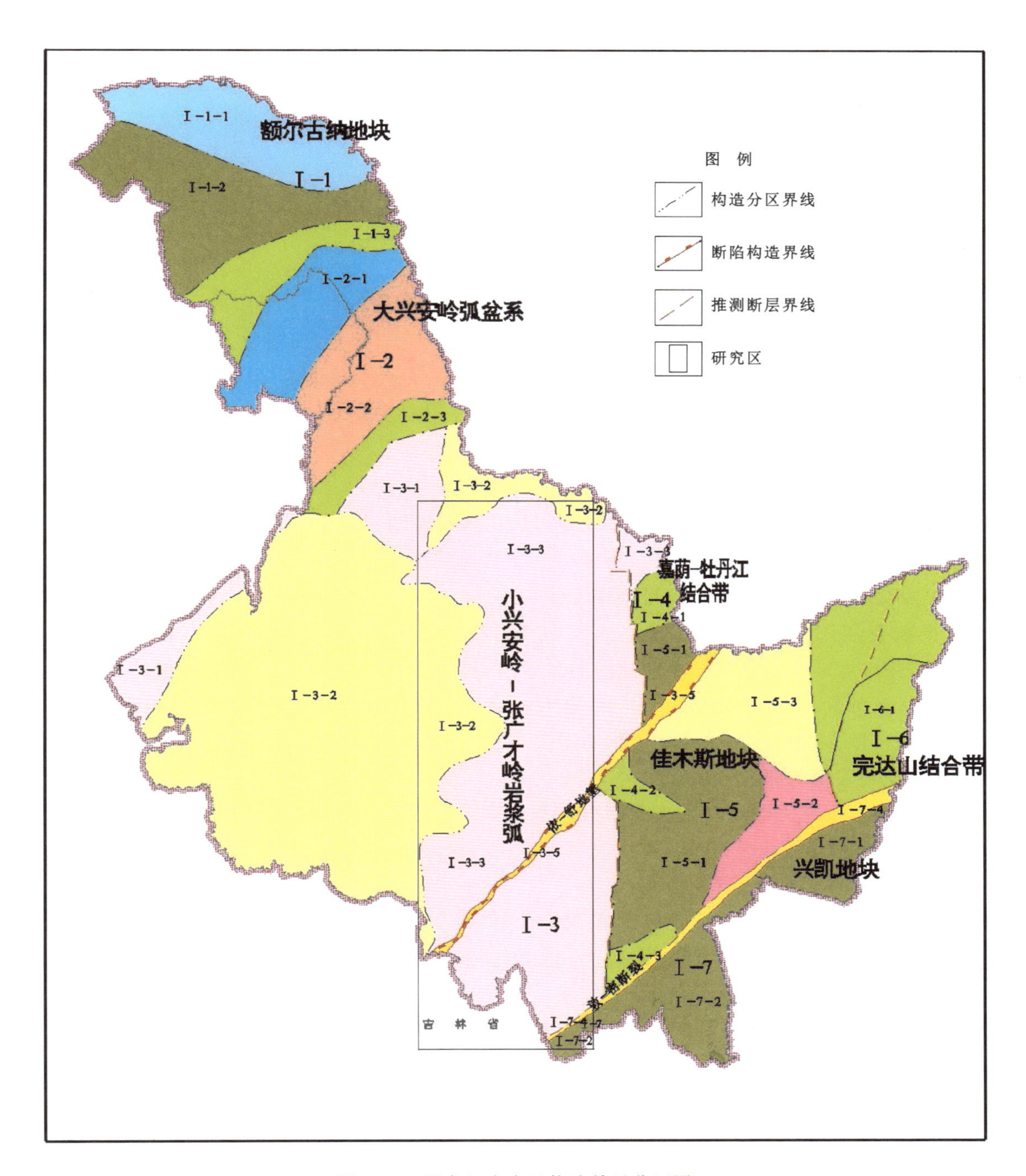

图 1-2 黑龙江省大地构造单元分区图

群变质岩系，两翼为下寒武统西林群变质岩系和奥陶系宝泉组变质岩系。褶皱带在东风山地区发育最为完整，总体表现为高角度的紧闭等斜褶皱。

五星镇-西林复式褶皱带：轴向在北东 10°～30°之间，长约 200km，主要由下寒武统西林群及泥盆系下黑龙宫组构成。与丰茂-晨明复式褶皱带相比前古生界及下古生界减少，而上古生界明显增加。褶皱翼部地层倾角中等至陡倾斜，基本上以等斜褶皱为主，部分地段地层表现为单斜构造。

翠峦-铁力复式褶皱带：轴向为北东 20°左右，长约 150km。在铁力地区褶皱轴被北西向断裂错开，南盘相对东移约20km。褶皱核部地层主要是奥陶系宝泉组、泥盆系下黑龙宫组及二叠系等。褶皱以等斜对称为主，两翼地层倾角中等或较陡，局部地区偶见单斜构造。

三、区域断裂构造

区内断裂构造活动极为发育，工作区西部为逊克-铁力-尚志南北向岩石圈断裂（古缝合线），长达500余千米，东为牡丹江南北向岩石圈断裂（为元古宙缝合线）长达500余千米。区内北东向、北西向、东西向及近南北向断裂亦极为发育。

北东向断裂：在伊春的东南和北西两侧宽约40km的范围内，由数条相互平行、间距为1～10km的断裂组成较为连续的线型构造带，其中以汤原-依兰断裂、镜泊湖-宁安断裂及南岔断裂为代表。汤原-依兰断裂为依-舒地堑的一部分，地堑两侧断层面倾向相向，倾角约为70°～80°。断层面平直，切割深度大，是一长期活动的深大断裂。断裂切穿印支期花岗岩及较老的地层，控制燕山期花岗岩的侵入和白垩系、第三系（古近系＋新近系）的沉积。南岔断裂基本上发育在印支期花岗岩体内，线形特点清楚，连续性好，为镜泊湖-宁安断裂敦-密断裂的一部分。

北西向断裂：包括依兰-铁力及丰茂-伊春断裂，在两断裂间20km的范围内发育众多相互平行的短小断裂。主干断裂长数十千米至百余千米。在伊春地区控制着下白垩统火山岩的分布，在铁力地区错断复式褶皱带，在平面上表现出平移性质。

南北向断裂：主要有逊克-铁力-尚志岩石圈断裂和牡丹江断裂石圈断裂。牡丹江断裂石圈断裂是小兴安岭-张广才岭弧盆系与佳木斯地块的边界断裂。在它们之间还发育有多条与之平行的断裂，最长断裂断续延伸约100km，一般长20km，宽1～3km，在地貌上形成平行的山脊和沟谷。南北向主干断裂和北西向断裂共同控制着中生代火山岩分布和燕山期酸性小岩体的出露。断裂带内挤压破碎带普遍发育，应力表现为张扭性质。

东西向断裂：多呈断续分布，常被北东向断裂错断。在西林地区规模较大的有3条，其中通过小西林铅锌矿区的最大，长可达60km，如研究区中部的拜泉-鹿鸣-小佳河断裂和北部的逊河一乌云断裂等。

北东东向断裂：在伊春地区主要发育有3条断裂带，其间距约为50km。在伊春附近宽10km的范围内有3条主干断裂，而通过小西林矿区的北东东向断裂带最窄，宽仅有2km，在其中发育两条主干断裂。北东东向断裂带在走向上连续性较好，一般延长可达60km。

北北东向断裂（走向北东20°左右）：在小西林至伊春地区发育有5条断裂。在地貌上短河流水系呈直线状分布，长达60～70km。

成矿带发育的多组断裂构造，是多次构造联合作用下的产物。近南北向、东西向断裂是由基底构造多期次活动产生的，它控制了区内下古生界及加里东期花岗岩类的产出，这些断裂构造在中生代又有继承性的活动。而北东向和北西向断裂可能是在前寒武系基底克拉通化后发生的，是加里东同褶皱的产物，中生代又有继承性活动或被改造。

四、大型变形构造

黑龙江省矿产资源潜力评价项目根据变质变形特征，将黑龙江省共划分出7个大型变形构造，其中依-舒地堑及敦-密断裂2个分布在研究区内。依-舒地堑属拉张正断型构造，敦-密断裂属左行走滑剪切型构造，依-舒地堑与敦-密断裂变形构造特征见表1-3。

表 1-3 黑龙江小兴安岭—张广才岭成矿带大型变形构造特征表

大型变形构造名称	活动类型	规模	产状	物质组成	构造层次	运动方式	力学性质	形成时代	变形期次	大地构造环境	含矿特征
依-舒地堑	拉张	黑龙江省内长560km，宽6～20km	走向北东、倾向南北、北西	白垩纪、第三纪砂砾岩、煤系地层；第三纪玄武岩	浅	正滑	张扭性为主	晚三叠世—早侏罗世	晚侏罗世—早白垩世大型走滑、局部剪切和拉伸；晚白垩世—古近纪巨厚沉积；新近纪张裂	陆内裂谷	同期矿化煤、油气
敦-密断裂	拉张	黑龙江省内长50km，宽6～18km	走向北东，倾向北西、南北，倾角54°～84°	白垩纪煤系地层、第三纪玄武岩；第四纪玄武岩；印支期花岗岩；晚二叠世花岗岩	深	斜滑为主	张扭性为主	晚三叠世	晚三叠世形成，持续活动至第四纪，早期左行斜落、中期左旋、晚期张扭	陆内裂谷	同期矿化金、煤、蓝宝石、铂、钯

依-舒地堑是郯庐深大断裂在沈阳分支后的北延部分，南起沈阳，向北东经吉林省舒兰，黑龙江省尚志、依兰延入俄罗斯境内。该断裂带自侏罗纪形成以来，至少经历了4次较强烈的构造活动。

敦-密断裂是郯庐深大断裂在沈阳分支后的北延部分，南起沈阳，向北东经吉林省敦化，黑龙江省穆棱、鸡西、密山、虎林北部延入俄罗斯境内，是佳木斯地块和兴凯地块两个Ⅱ级构造单元的分界线。断裂带由两条高角度断裂构成，该断裂带自晚古生代形成以来，至少经历了3次较强烈的构造活动。

五、区域构造演化

研究区地质记录始于中元古代。中元古代—新元古代属于古弧盆系发展演化时期，至新元古代末古弧盆系回返固结，经历了泛非期（兴凯期）角闪岩相-麻粒岩相区域变质并克拉通化，形成了统一大陆，本区内形成了东风山岩群红林岩组、尔站岩群，并伴有兴凯期中酸性—酸性岩浆侵入；早寒武世初期联合地块进入陆表海演化环境，本区内形成了西林群晨明组等盖层沉积；晚寒武世末至早奥陶世初，联合地块发生分化裂解。嘉荫一牡丹江及其以西地区进入了多岛洋演化环境。弧盆系的发展时间自早奥陶世持续到早三叠世，先后形成了火山弧、弧间盆地、弧背盆地堆积作用，伴随形成了大青组、宝泉组、歪鼻子组、唐家屯组、青龙屯组、五道岭组及张广才岭岩群正沟岩组和红光岩组等海相为主的中基性—中酸性—酸性火山地层。

其中（晚寒武世末—）早奥陶世，区内局部发生造山作用，伴有加里东早期中酸性岩浆侵入。晚奥陶世，区内发生较大规模造山作用，伴有加里东中期中基性—中酸性岩浆侵入。早—晚石炭世，本区内发生了较大规模造山作用，伴有海西早期中酸性岩浆侵入。早二叠世—早三叠世，本区内发生了3次较大规模造山作用，伴有海西早期、中期、晚期中基性—中酸性—酸性偏碱性岩浆侵入，更大区域上，则表现为多岛洋演化阶段研究区所在的小兴安岭-张广才岭岩浆弧与大兴安岭弧盆系沿嫩江一黑河拼合带于早石炭世拼接。佳木斯一兴凯地块沿西拉木伦河一长春拼合带于二叠纪末拼合后，黑龙江省全省又形成了统一的联合大陆，之后本区处于陆内发展阶段。

中生代以来，在西伯利亚板块与华北板块拼合后，进入后碰撞阶段。相应的岩浆侵入活动有印支晚期—燕山早期中基性—中酸性—酸性偏碱性岩浆侵入、燕山晚期中基性—中酸性—酸性偏碱性中浅成—超浅成岩浆侵入。

晚侏罗世以来研究区进入了滨（古）太平洋陆缘发展演化阶段，形成了火山沉积-断陷盆地，形成了冷山组、凤山屯组、二浪河组、草帽顶子组、帽儿山组、板子房组、宁远村组、龙江组、光华组、甘河组、福民河组等陆相中基性—中酸性—酸性火山地层。

晚白垩世—新生代本区西侧发育大型陆相坳陷盆地，新近纪以来沿敦-密、依-舒、松嫩地块边缘等大陆裂谷带有大规模的陆内裂谷型玄武岩喷发，形成了大陆溢流基性火山地层。

第四节　区域矿产概况

小兴安岭-张广才岭成矿带已发现的金属矿产有金、铜、铅、锌、钨、钼、铁等，伴有银、锡、锑、镍、铋、钴等。成矿带主要矿床如图1-3、表1-4，其中超大型矿床1处，大型矿床5处，中型矿床8处。小型矿床及矿点众多，以小型铁矿及铁矿点为主。矿床成因类型主要有矽卡岩型、斑岩型、热液型和浅成低温热液型及其复合类型。斑岩型矿床以钼矿为主，浅成低温热液型矿床以金为主，矽卡岩型矿床以多金属为主，次为金、铁等。

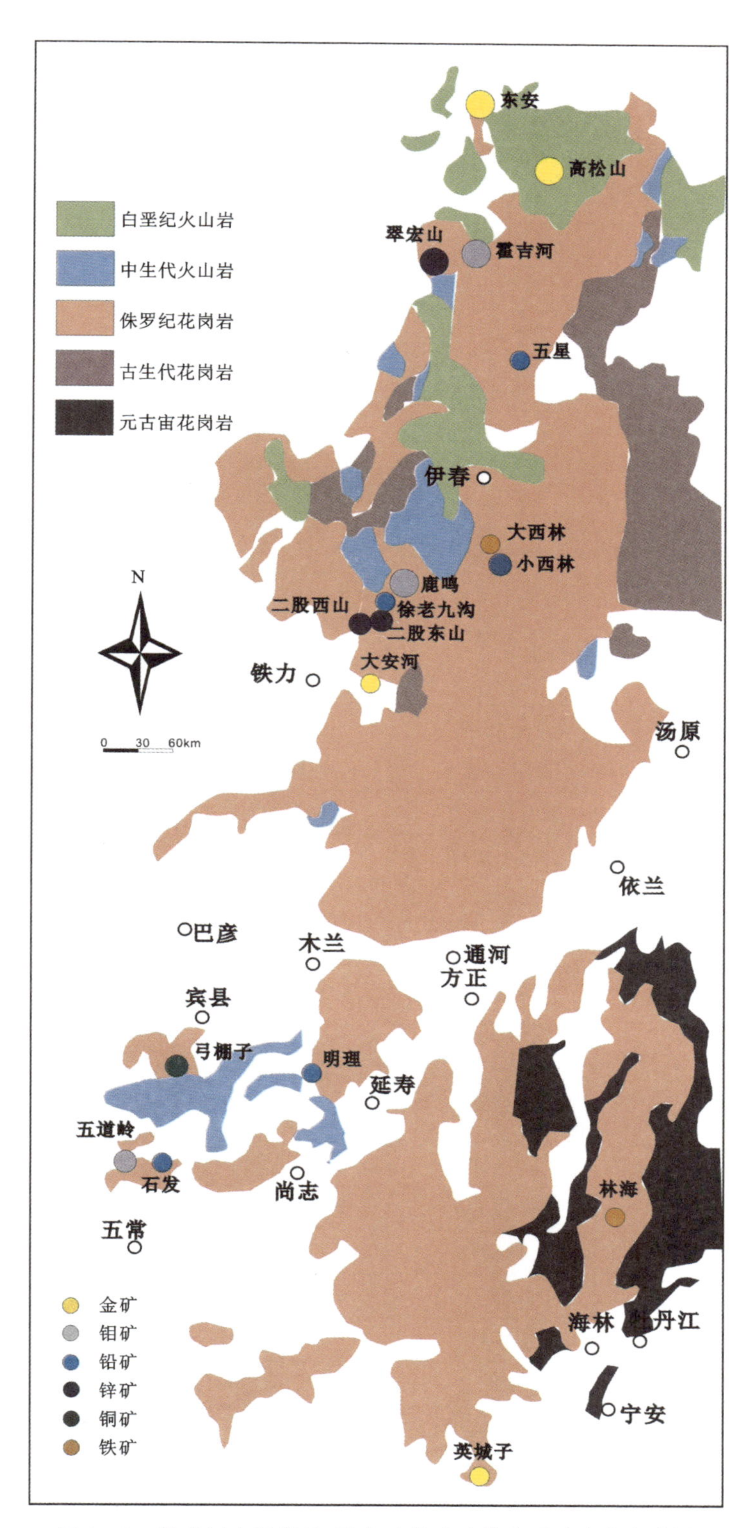

图 1-3 黑龙江小兴安岭-张广才岭成矿带主要矿产分布略图

表 1-4 黑龙江小兴安岭-张广才岭成矿带重要金属矿产一览表

大地构造单元	矿田/矿集区/地区	重要矿床	主要矿种	矿床成因类型	规模
乌云-结雅火山沉积盆地(K_1)	东安—高松山地区	东安	Au	浅成低温热液型	大型
		高松山	Au	浅成低温热液型	大型
		新民北山	Au	浅成低温热液型	小型
小兴安岭花岗岩带(J_1)		高岗山	Mo	斑岩型	小型
	翠宏山矿田	翠宏山	W、Mo、Pb、Zn、Cu	矽卡岩型-斑岩型-热液型	大型
		霍吉河	Mo	矽卡岩型	大型
		库滨	Pb、Zn	热液型	小型
		库源	Fe	矽卡岩型	小型
		对宏山	Fe	矽卡岩型	小型
	红星矿田	五星	Pb、Zn、Ag	矽卡岩型	小型
		五营	Sn	矽卡岩型	矿点
	昆仑气地区	昆仑气	Pb、Zn、Ag	热液型	小型
	西林矿田	小西林Ⅰ号矿体	Pb、Zn	热液型	中型
		大西林	Fe	矽卡岩型	小型
		二段	Pb、Zn	热液型	小型
		老道庙沟	Pb、Zn	热液型	小型
		小西林西大坡	Fe	矽卡岩型	小型
		小西林南沟	Pb、Zn	热液型	小型
		西林十林场	Fe	矽卡岩型	小型
	鹿鸣矿田	鹿鸣	Mo	斑岩型	超大型
		翠岭	Mo	矽卡岩型	小型
		前进东山	Pb、Zn	矽卡岩型	小型
		西岭南山	Pb、Zn	矽卡岩型	矿点
	二股矿田	徐老九沟	Pb、Zn、Fe	热液型	中型
		二股西山	Pb、Zn、Fe	矽卡岩型	中型
		二股东山	Pb、Zn、Fe	矽卡岩型	中型
		二股响水河	Pb、Zn、Fe	矽卡岩型	中型
	大安河	大安河	Au	矽卡岩型	小型
张广才岭花岗岩带(J_1)	滨东矿集区	弓棚子	Cu、Pb、Zn	矽卡岩型	中型
		五道岭	Mo	矽卡岩型	小型
		白岭	Pb、Zn	矽卡岩型	中型
		石发	Pb、Zn	矽卡岩型	中型
		明理	Zn、Pb	矽卡岩型	小型
		袁家屯	Pb、Zn	矽卡岩型	小型
	海林地区	林海	Fe	矽卡岩型	小型
尔站地块(Pt_1—Pt_3)	镜泊湖地区	英城子	Au	热液型(韧性剪切带型)	小型
		镜泊铁矿	Fe	沉积变质型	小型

第二章 区域地球物理地球化学特征

第一节 区域地球物理特征

一、磁场特征

小兴安岭-张广才岭地区航测磁异常主要反映了研究区内出露的及隐伏的变质基底和岩浆岩及局部沉积岩所具有的磁性特征。其主要特征为:①研究区以大范围出现的正磁场区为主。总体上,磁场在南北方向上具有“两边高,中间低”的分布特征。②研究区磁测值变化较大。

对航磁进行向上延拓一阶导数处理,结合区域地质特征进行线性构造解译,共推断出隐伏断裂99条,其中深大断裂15条,其余为一般性断裂。推断的线性构造以北东向—北北东向断裂构造为主,并交错有北西向—北北西向的断裂构造,另外有少数的近东西向与近南北向断裂构造,这些线性构造较好地呈现了区域性构造特征。

二、重力场特征

小兴安岭-张广才岭地区重力异常背景以大面积负场为主。北部异常等值线较为稀疏,异常梯度变化不明显,南部异常等值线较为密集,异常梯度变化较为明显,封闭的局部重力异常发育,多呈串珠状沿北北东向、北北西向及北东向排列。

圈闭的正异常区内主要为老地层或基性侵入岩体;圈闭的负异常内主要为新地层或中酸性侵入岩体;重力异常陡变带或局部正异常边部的重力等值线畸变处往往是多方向断裂构造发育地带,也是岩浆活动频繁地带,是成矿的有利地带。

研究区矿床(点)主要分布于重力梯度带以及圈闭的负异常内,且与中酸性侵入岩体以及构造有密切的关系。

第二节　区域地球化学特征

一、地球化学场特征

小兴安岭金元素地球化学异常高值区主要集中在伊春市东北部一带，呈两条北北东向带状分布，研究区内的中型金矿床均分布于东侧异常高值带内，多数小型金矿床分布于两条异常高值带的附近；其余异常高值浓集中心以串珠状或星点状分布于研究区，多与构造单位相伴出现，并伴有多金属伴生金矿床、少数小型金矿床、金矿点以及矿化点的出现。由此可说明，两条北北东向的金元素异常高值带主要与侵入岩有关，特别是与燕山晚期的中酸性及基性浅成侵入岩体有密切的关系；其余金元素异常高值浓集中心均与构造有密切的关系，由构造控制的热液活动是金元素富集的主导因素之一。

银元素地球化学异常高值区主要围绕于伊春市呈环状分布，由多个浓集中心组成，其中在伊春市、铁力市、汤原县三角地带内最为突出明显；研究区南部仅有少量的异常浓集中心。异常高值区与区域构造关系不明显，主要与侵入岩体有关，特别是加里东中期第三次侵入的次二长花岗岩与燕山晚期中酸性及基性浅成侵入岩。银以伴生元素为主，多数分布于燕山晚期中酸性及基性浅成侵入岩体与构造单位的附近。由此可得出研究区银的分布与燕山晚期中酸性及基性浅成侵入岩体及构造有密切的关系。

研究区铜元素地球化学的异常高值区相对较少，主要集中在研究区的北部与宁安县一带，中部分布有少量星点状异常浓集中心。绝大部分铜矿床及矿点分布在构造单位附近，与构造有密切关系，说明由构造控制的热液活动是铜元素富集的主导作用。

铅元素地球化学高值区主要分布于研究区的中北部以及南部。中北部异常高值区由多个异常浓集中心组成，其中在伊春市、铁力市、汤原县三角地带内最为突出明显，范围大，异常值梯度变化明显；伊春市北部分布有星点状的异常浓集中心。中北部异常高值区分布有中型规模铅矿床 3 个（翠宏山、二股响水河、徐老九沟），小型铅矿床 4 个（翠峦山、母树林、库滨、桦皮沟），以及数十个矿（化）点。南部异常高值区主要分布在宁安县内及其周边，相比中北部异常高值区，范围较小，但异常值梯度变化大，内仅有数个矿（化）点。研究区矿床及矿（化）点均分布于异常浓集中心及构造单位附近，由此可以说明铅元素的富集与侵入岩体及构造单位有密切的关系。

锌元素地球化学高值区主要分布于研究区的中北部以及南部，与铅的分布在空间上具有一致性。与铅元素地球化学场相比，二者的异常高值区均集中在研究区的中北部及南部，中北部异常浓集中心位置基本重叠；但锌元素异常高值区整体向西南方向偏移，且范围变大，异常值梯度变化不太明显。锌元素地球化学场南部异常高值区主要分布在宁安县一带与吉林省交界处以及海林市北部一带。中北部异常高值区分布有大型锌矿床——翠宏山铅锌钨钼多金属矿床，二股响水河中型锌矿床，徐老九沟中型锌矿床，以及数个小型锌矿床；南部异常高值区内仅有数个矿（化）点。

研究区钨元素地球化学异常高值区并不突出，主要在研究区中部有星点状分布，以及研究区北部少数的独立异常浓集中心。中部异常区主要以大范围中值区为主，翠宏山多金属矿床伴生钨矿床以及群策山小型铁钨矿床分布于其内。研究区南部并无钨矿床及矿化点。

研究区锡元素地球化学背景值中北部比南部偏高，异常高值区主要有两部分：中北部异常高值区，南部异常高值区。中北部异常高值区，近南北向呈条带状分布，自伊春市东北部向南到方正县东北部，范围大，异常强度大，新曙光中型铁锡矿床、桦皮沟小型锡（铁）金矿床、五星南小型锡（铁）矿床及数个矿点分布于其内，此外还有星点状异常浓集中心分布于高值区。南部高值区，异常浓集中心星点状分布于其内，区内并无锡矿床及矿化点。

研究区钼元素地球化学总体可分为3部分：中北部异常高值区，中部异常中值区，南部异常高值区。中北部异常高值区环绕伊春市分布，由3个主要的浓集中心组成，徐老九沟中型铅锌钼矿床、翠宏山中型钼硫铁矿床分布于其中，并有数个钼矿化点。中部异常中值区主要位于依兰县西北部，异常带形状开阔平缓，异常值梯度变化小，仅有1处钼矿化点。南部异常高值区主要分布于宁安县与吉林省交界处，异常值梯度变化大；其余异常高值浓集中心以星点状分布于研究区南部，并无钼矿床及矿化点分布于其内。中部异常中值区主要位于依兰县西北部一带。

研究区砷元素地球化学异常分布较广，高值区主要集中在逊克县南部，伊春市西部、西北部和东部，铁力市东北部，鹤岗市异常值也较高，汤原县及整个研究区南部都有几个浓集中心，而且鹤岗市的砷异常与金异常有较大的相关性。

锑元素地球化学高值区主要分布于研究区的中部以及南部。中部异常高值区呈北北东向带状分布，范围较大，主要分布于铁力市—通河县—方正县一线；南部异常高值区，范围较大，且高值区相对集中，异常值梯度变化大，主要分布在宁安县内，另有几个独立的异常浓集中心分布于五常县的南部与东南部。在伊春市附近分布几处异常浓集中心，范围很小。

研究区铋元素地球化学异常高值区并不突出，主要在研究区东北部，中部有星点状分布，以及研究区南部少数的独立异常浓集中心。东北部异常区主要以大范围中值区为主。

二、化探异常与矿产关系

1. Au元素异常与矿产分析

已知金矿床主要分布在金元素异常高值区，主要集中在伊春市东北部一带，呈两条北北东向带状分布，其中，中型金矿床均分布于东侧异常高值带内，多数小型金矿床分布于两条异常高值带的附近，其余异常高值浓集中心以串珠状或星点状分布于研究区，并伴有多金属伴生金矿床、少数小型金矿床、金矿点以及矿化点的出现。大多矿床（点）落在异常值大于1.968 2范围内。

2. Pb-Zn-Ag元素异常与矿产分析

由因子分析发现铅锌银有较高的相关性，因此3种元素进行组合异常分析，由其组合异常等值线图和矿产分布可以看出，已知铅锌矿主要分布在异常高值区，集中在中北部和南部，中北部异常高值区分布有中型规模铅矿床3个（翠宏山、二股响水河、徐老九沟），小型铅矿床4个（翠峦山、母树林、库滨、桦皮沟），以及数十个矿（化）点。南部异常高值区主要分布在宁安县内以其周边，相比中北部异常高值区，范围较小，内仅有数个矿（化）点。大多数矿床落在异常值大于135.491 45范围内。

3. Cu 元素异常与矿产分析

已知铜矿床主要分布在铜元素异常高值区，主要集中在研究区的北部与宁安县一带，中部分布有少量星点状异常浓集中心。大多数矿床落在异常值大于 31.3720 范围内。

第三章　燕山期岩浆建造与成矿系列

第一节　与成矿有关的燕山早期中酸性岩浆岩建造与成矿

小兴安岭-张广才岭成矿带与成矿有关的侵入岩为燕山早期中酸性花岗岩建造。侵入体多为杂岩体，多呈岩基状或岩株状。岩石类型主要为碱长花岗岩、二长花岗岩、石英二长岩、花岗闪长岩、(辉石)闪长岩。此外，还见有斑状花岗岩、花岗斑岩等。

就同一矿区而言，往往可以见到多种岩石类型(图版Ⅰ-1、图版Ⅰ-2，表3-1)，各岩石类型间有些界限清楚(图版Ⅰ-3)，有些呈渐变过渡(图版Ⅰ-4)，这种现象可能是岩浆多次脉动的反映或是由岩浆结晶分异程度差造成的。

翠宏山矿田：侵入体呈岩基状。翠宏山矿区岩石类型以碱长花岗岩和二长花岗岩为主，粗中粒—细粒花岗结构，靠近接触带为细粒花岗结构。见有细粒石英二长岩和花岗斑岩。霍吉河矿区岩石类型以细—中粒花岗闪长岩为主，局部相变为中细粒二长花岗岩、碱长花岗岩和细粒花岗闪长岩等。辉钼矿多呈细脉状分布于各类花岗岩中。岩体与铅山组接触带形成铁多金属矿体，岩体内形成钼(多金属)矿体，外接触带形成铅锌多金属矿体。

东安和高岗山矿区：东安矿区出露粗中粒碱长花岗岩和细粒碱长花岗岩，两者是高松山金矿主要容矿岩石或围岩。高岗山矿区岩石类型以花岗闪长岩和斑状花岗岩为主，钼矿床主要产于斑状花岗岩中。

西林矿田：侵入体呈岩基状，岩石类型以中细粒—细中粒花岗闪长岩为主，靠近接触带相变为细粒碱长花岗岩、细粒花岗闪长岩、花岗闪长斑岩、斑状花岗岩及花岗斑岩等。小西林矿床和二段矿床的铅锌矿体主要产于外接触带铅山组中，老道庙沟矿床铅锌矿体主要产于花岗岩中，西北沟铜多金属矿体主要产于花岗闪长斑岩中，其他矿床或矿点铁多金属矿体主要产于花岗岩类与铅山组接触带中。

鹿鸣矿田：侵入体呈岩基状，岩石类型以中粒—中细粒二长花岗岩为主，局部相变为花岗闪长岩、碱长花岗岩和花岗斑岩等，岩石具似斑状或斑状结构。鹿鸣和翠岭钼矿床产于花岗岩类中。前进地区铅锌矿床主要产于花岗岩类与铅山组接触带中及其附近。

二股矿田：侵入体呈岩基状，岩石类型以细粒—中粒花岗闪长岩、碱长花岗岩、二长花岗岩和(辉石)闪长岩为主，岩石局部似斑状结构发育。二股地区靠近接触带岩石类型以中粒花岗闪长岩为主，二股地区的铅锌多金属矿床多产于花岗闪长岩与铅山组接触带中及其附近。大安河矿区岩石类型主要为(辉石)闪长岩，金矿床产于闪长岩与土门岭组接触带中。

五星矿田：侵入体呈岩基状或岩株状，岩石类型以中细粒—中粒二长花岗岩和花岗闪长岩为主，边缘相见花岗斑岩。五星铅锌矿床、五营锡矿床及五星铁矿床均产于花岗岩类与铅山组接触带中及其附近。

表 3-1 与成矿相关的中酸性花岗岩建造及其矿化蚀变岩石主要特征表

矿区名称	岩石名称（薄片号）	采样位置及引文	结构构造	主要矿物组成及蚀变矿化等	与成矿关系
翠宏山	粗中粒碱长花岗岩（bC3）	探矿竖井 SJ1 及水文钻孔	粗中粒花岗结构	钾长石条纹状消光，土化条纹状分布，主要为：条纹长石，约占 63%；石英，约占 20%；斜长石，约占 15%；黑云母，含量 2%。岩石局部碎裂，糜棱岩化	Fe、W、Mo 等
	粗中粒二长花岗岩	矿区钻孔 260m 以下（据张振庭，2010）	粗中粒二长结构	正长石 35%，斜长石（更长石）35%，石英 20%～25%，黑云母 5%～8%	Fe、W、Mo
	细粒碱长花岗岩（bC2）	探矿竖井 SJ1	细粒花岗结构，局部角砾状构造	正长石及少量条纹长石和微斜长石 70%，石英 30%。蚀变：早期绿泥石、绿帘石化，晚期被萤石石英细脉穿插，伴辉钼矿化	Mo
	中细粒石英二长岩（bC4）	探矿竖井 SJ1	中细粒二长结构 蠕虫结构	正长石 40%～45%，斜长石 30%～40%，石英 10%～15%，角闪石 5%	Mo
	花岗斑岩	近矿围岩（据刘志宏，2009）	斑状结构	斑晶：基质≈1：3。斑晶以钾长石为主，少量斜长石，少量角闪石、石英。长石均呈板柱状晶形，轮廓边界犬牙交错状。角闪石少量，绿色—亮黄色多色性，大多分解为绿泥石及铁氧化物。石英呈他形粒状，斑晶粒度 0.3～2.5mm，长石粒度均在 1mm 以上。基质：他形细晶结构，粒度 0.05～0.1mm。基质矿物成分为钾长石 60%～65%，斜长石 10%～15%，石英 25%～30%	Mo
小西林	细中粒花岗闪长岩（bS14）	南沟 5 号铅锌矿脉 ZK102 孔 560m	细中粒花岗结构	岩石由斜长石 15%、石英 25%、钾长石 45%、黑云母 13%、角闪石 2%组成。斜长石为中长石和更长石。钾长石主要微斜长石和条纹长石组成。黑云母交代角闪石。蚀变矿化：局部见绢云母化、浸染状黄铁矿化。在小西林矿区路旁采石场见绿泥石化，黑云母化	PbZn
	似斑状细粒花岗岩（bS5）	Ⅰ号矿体下盘 500m 平巷	似斑状结构、细粒—微晶结构	斑晶为正长石，粒度小于 1.0mm×3.0mm，含量小于 3%。基质：细粒—微晶结构，主要为钾长石（正长石和微斜长石）40%、斜长石（更长石）30%和石英 30%及少量黑云母 5%	PbZn
	细粒碱长花岗岩（bS6）	Ⅰ号矿体下盘 500m 平巷	细粒花岗结构	钾长石，为正长石及少量微斜长石，含量 60%；斜长石（更长石）含量小于 10%；石英含量 25%；黑云母及副矿物小于 5%	PbZn
	中细粒花岗闪长岩（bS33）	15km 路旁采石场	中细粒花岗结构	岩石由石英 15%、斜长石 60%、钾长石（微斜长石和条纹长石）15%、黑云母 8%、角闪石 2%组成。矿物粒度一般为 0.25～1.0mm	外围

续表 3-1

矿区名称	岩石名称（薄片号）	采样位置及引文	结构构造	主要矿物组成及蚀变矿化等	与成矿关系
大西林	花岗斑岩(bDX4)	岩芯	斑状结构基质显微晶质结构和隐晶质结构	斑晶：斜长石、钾长石、石英、黑云母，约占15%。基质：斜长石35%、钾长石25%、石英25%、黑云母10%、角闪石5%。斜长石：粒径为0.85～1.2mm，绢云母化，中—更长石为主。钾长石：镶嵌有斜长石，粒径为1.45～1.85mm，微斜长石类和正长石类。石英：粒径为0.65～1.65mm，多数粒径在0.4～0.45mm。黑云母：片状，多色性明显，粒径为0.05～0.55mm	Fe
大西林	中细粒二长花岗岩(bD1)	露天采坑	中细粒花岗结构、碎裂粒化结构	岩石由条纹长石37%、中长石30%、石英25%、黑云母5%、角闪石3%组成。条纹长石：中长石包裹在里面，边部也有斜长石镶边，粒径为1.2～6.0mm。中长石：粒径为0.4～2.0mm。石英：粒径为0.75～1.2mm，边部破裂，粒化现象。黑云母：粒径为0.3～0.6mm。角闪石：粒径为0.4～1.2mm。蚀变：矿物边部破碎，粒化现象	Fe
二段	细中粒石英二长岩(bR12)	坑口	等粒花岗结构	岩石由斜长石35%、钾长石25%、石英15%、角闪石25%组成。斜长石：绢云母化，粒径为0.45～0.85mm。钾长石：条纹长石为主，粒径为0.75～3.0mm。石英：粒径为0.25～0.6mm。角闪石：强烈帘石化和黑云母化，粒径为0.35～0.85mm，大者1.2mm，褐色，蚀变时析出磁铁矿沿解理方向定向分布。蚀变：绿帘石呈网状分布，碳酸盐化，绿泥石化。硅化石英具有受力拉长现象	PbZn
二段	花岗斑岩(bR13)	坑口	斑状结构、聚斑结构	岩石由斜长石40%、钾长石30%、石英20%、角闪石10%组成。斑晶为石英、正长石、斜长石。斑晶和基质成分相同。基质由斜长石、钾长石和石英构成似显微文象结构，长石和石英之间角闪石零星分布	PbZn
五星	花岗斑岩(肉眼)	铁路边铁矿	斑状结构	斑晶：肉红色钾长石，2～3mm，含量30%。基质为隐晶质	Fe
五星	蚀变角砾岩(bW2)	近矿围岩	角砾状构造	角砾：无论是玉髓质大角砾，还是矿物集合体角砾及石英颗粒碎屑，均为硅化产物。原岩应为硅化岩石。胶结物：主要为绿泥石、绢云母、次为绿帘石，并伴有金属矿化	PbZn
鹿鸣	中粒二长花岗岩(bL1、bL2、bL3)	探矿竖井07SJ 探矿竖井16SJ	中粒花岗结构	正长石35%，斜长石35%，石英小于20%，黑云母等小于10%。蚀变矿化：普遍碎裂，具石英辉钼矿细网脉，为主要容矿岩石	Mo

续表 3-1

矿区名称	岩石名称（薄片号）	采样位置及引文	结构构造	主要矿物组成及蚀变矿化等	与成矿关系
鹿鸣	细粒碱长花岗岩（bL6、bL11）	选矿样采坑 1	细粒花岗结构、文象结构，碎裂构造	钾长石与石英交代呈显微文象交生结构，约占 60%。斜长石，钾长石中包体状，约占 10%。石英，交代钾长石呈文象结构，约占 30%。大量粗粒状后期交代石英粒径为 0.5～0.65mm。蚀变矿化：钾化、硅化。岩石碎裂，裂隙中充填石英及辉钼矿	Mo
	细粒花岗闪长岩（bL20、bL26）	选矿样采坑 2	细粒花岗结构、局部似斑状结构、文象结构	钾长石包有斜长石，粒径为 1.2～2.0mm，局部具文象结构，约占 10%。斜长石，粒径为 0.8～1.1mm，约占 55%。石英碎裂纹发育，粒径为 0.35～0.55mm，约占 30%。角闪石 1%～4%，黑云母粒径为 0.32mm，含量<1%。蚀变：沿裂隙褐铁矿充填。金属脉穿插	Mo
	似斑状细粒碱长花岗岩（bL21）	选矿样采坑 3	似斑状结构、细粒花岗结构，文象结构、微碎裂构造	斑晶为钾长石，包裹有斜长石和石英。基质为钾长石，约占 55%。石英约占 30%。斜长石与钾长石接触处见有蠕英石，约占 15%。黑云母含量<1%	Mo
	云英岩化细中粒二长花岗岩（bL12）	选矿样采坑 1	细中粒二长结构，微碎裂构造	斜长石：粒径为 0.5～0.85mm，约占 35%。钾长石：粒径为 0.55～1.5mm，约占 30%。石英：粒径为 0.6～1.3mm，约占 25%。黑云母和白云母约占 10%。蚀变矿化：黑云母化，石英辉钼矿细网脉	Mo
	黑云母化似斑状中细粒二长花岗岩（bL14、bL15）	选矿样采坑 4	中细粒二长结构、似斑状结构、碎裂岩化	钾长石：粒径为 0.45～1.5mm，约占 30%。斜长石：粒径为 0.75～1.5mm，约占 40%。石英：约占 25%。黑云母：片状，黄铁矿伴生，后期蚀变矿物，粒径为 0.15～0.56mm，约占 5%。局部长石、石英边缘细粒化。蚀变矿化：黑云母化，石英辉钼矿细网脉	Mo
	中细粒黑云母花岗闪长岩（bL25）	选矿样采坑 4	中细粒花岗结构	钾长石：粒径为 0.25～1.5mm，个别达似斑晶 4.0mm，约占 40%。斜长石：局部边缘被钾长石交代，粒径为 0.5～1.45mm，约占 30%。石英：含尘污状微细包体，约占 25%。黑云母：粒径为 0.3～0.5mm，约占 5%。蚀变矿化：黑云母化，石英辉钼矿细网脉	Mo
	花岗斑岩	据陈静，2011	斑状结构、基质隐晶质结构	斑晶为碱性长石（正长石）、斜长石、石英和少量的暗色矿物黑云母等。碱性长石：粒度 0.2～3mm，含量约 20%。斜长石：粒度 0.2～3mm，含量约 10%。石英：粒度 0.2～3mm，含量约 5%。黑云母：多次生变化为绿泥石，粒度 0.5～2mm，含量约 3%。基质为长英质，含量约 62%	Mo
	钾长石石英岩（bL7、bL8、bL9）	选矿样采坑 1	细粒变晶结构	主要由不规则状粒状钾长石和石英构成。二期蚀变：早期为面型，钾长石（基本为正长石，含量 55%。石英，粒状，部分具显微文象，与钾长石具有共结特征，含量大于 40%。黑云母及金属矿物少量，微细粒。晚期网脉状硅化：网脉几乎全部由微晶石英构成	Mo

续表 3-1

矿区名称	岩石名称（薄片号）	采样位置及引文	结构构造	主要矿物组成及蚀变矿化等	与成矿关系
翠岭	细中粒似斑状二长花岗岩	据韩振哲，2010	细粒斑状结构，局部见晶洞构造	斑晶：钾长石，大小 2～5mm，分布不均，局部可达 5%～10%。斜长石，大小 2～5mm，约占 5%。黑云母，大小 1.0～1.5mm，占 1%～3%。基质：矿物大小 0.25～0.5mm，其中斜长石含量 25%～27%，钾长石含量 30%～38%，石英含量 25%，黑云母约 1%	Mo
前进东山	中粒二长花岗岩	据唐文龙，2007	中粒花岗结构	矿物粒度以 2～3mm 为主，主要矿物包括斜长石（40%～50%），钾长石（25%～30%），微条纹结构；石英（20%～25%），他形粒状；黑云母（1%～3%）；角闪石（<1%）	PbZn
	花岗斑岩	据唐文龙，2007	斑状结构	斑晶矿物有石英、斜长石、钾长石（具微条纹结构）和少量黑云母，石英最多。斑晶呈自形一半自形，斑晶约占全岩的 15%～20%。长石均有泥化和绢云母化。基质成分与斑晶一致，他形细晶花岗结构，粒度 0.05～0.1mm 左右	PbZn
	细中粒石英正长岩	据唐文龙，2007	细中粒花岗结构	条纹长石：85%～90%，粒度 2～4mm。斜长石：被包裹于条纹长石中，含量<5%，粒度 1.2mm×2.5mm。石英：粒度 0.2～0.5mm 左右，含量 5%～10%。暗色矿物≤1%。岩石显微裂隙和碎裂化带发育，最宽 0.5mm，局部网状交叉	PbZn
	细中粒黑云母石英闪长岩	据唐文龙，2007	细中粒花岗结构	矿物组合为斜长石 70%～75%，钾长石<10%，石英 10%～15%，黑云母 5%～10%。斜长石呈大小两种粒级，粗者达 2.4mm×8mm，细者一般 0.5mm×1.5mm；钾长石，隐现条纹结构，常包含细粒斜长石；黑云母粒度较细，0.2～0.5mm 左右，局部绿泥石化。石英以中粒级为主	PbZn
霍吉河	中细粒花岗岩（bH1）	公路旁探矿竖井	中细粒花岗结构	钾长石：正长石及少量微斜长石，粒度小于或等于 1.6mm×3.0mm，含量 60%。斜长石：更长石，粒度小于或等于 1.2mm×3.6mm，含量 15%。石英：粒度小于 0.5mm，含量大于 25%。黑云母含量 5%。金属矿物约 1%	Mo
	中细粒花岗闪长岩（bH11）	ZK0401，98m	交代残余结构、粒状变晶结构，局部二期结构	矿物粒径为 1.0～4.0mm。钾长石：约占 15%。斜长石：沿钾长石边部连生，约占 55%。石英：拉长变形，粒状或隐晶质集合体呈条带状，约占 25%。黑云母：约占 5%，局部碎裂。副矿物：磷灰石、磁铁矿、榍石（颗粒粗大）。捕虏体：黑云母片岩（1.3mm）	Mo

续表 3-1

矿区名称	岩石名称（薄片号）	采样位置及引文	结构构造	主要矿物组成及蚀变矿化等	与成矿关系
霍吉河	中细粒二长花岗岩	据郭嘉，2009	中细粒不等粒花岗结构	矿物一般粒度 2～3mm，个别碱长石粒度达 7mm。碱长石，粗粒者包有斜长石、黑云母等细粒包晶，不同程度泥化。含量在 30%～35%之间。斜长石，较普遍绢云母化。含量在 40%～45%之间。石英，含量在 20%左右。黑云母，粒度在 0.2～1mm，局部绿泥石化，含量约 5%	Mo
	硅化细粒花岗岩或斑状花岗岩（bH13）	TC2311	斑状结构、细粒花岗结构	斑晶由钾长石、斜长石和少量黑云母组成。基质为细粒状石英、钾长石、斜长石和黑云母。钾长石：粒径为 1.2～2.1mm，约占 40%。斜长石：粒径为 2.1～3.0mm，两端边部黑云母环绕，宽为 0.05～1.0mm，约占 25%。石英：基质中大量出现，粒径为 0.5～0.7mm，约占 30%。黑云母：大者 1.0mm，一般 0.07～1.2mm，约占 5%	Mo
	云英岩（bH12）	ZK07-28，150m	交代残余结构、不等粒变晶结构	原岩残留体为磁铁白云母石英岩，均被石英和绢云母交代，残留岩石约占 25%。蚀变矿物绢云母约占 20%，石英约占 55%。石英形态可分两种：一种为面型蚀变形成的他形粒状石英（0.15～0.25mm），石英颗粒间紧密镶嵌；另一种为网脉型板条状、半自形石英（0.55～1.25mm），从脉壁向中心呈梳状生长。晶体大小不一，有的较粗，有的中细粒和显微晶质，形成不等粒变晶结构。可见少量萤石和金属矿物	Mo
	碎裂硅化花岗岩（bH14）	TC2311	变余花岗结构，微碎裂构造	钾长石：他形粒状，边缘细粒化呈齿状，条纹长石，条纹斑点状模糊显示，粒径为 0.75～1.3mm，约占 38%。斜长石：他形粒状，聚片双晶模糊显示，绢云母化，约占 20%。石英：他形粒状集合体，局部堆积或不规则条带状，约占 40%。黑云母：不规则片状，较新鲜褐色，约占 2%	Mo
	爆破角砾岩（bx39-2）	TC2311	交代残留结构，角砾状构造	交代残留的为中细粒花岗岩角砾和钾长石、斜长石及石英、黑云母矿物碎屑。胶结物为以细小石英微晶为主的蚀变产物，见少量钾长石微晶，伴随细微粒不透明金属矿物。推测原岩为斑状花岗岩（bL13），构造破碎后经受以硅化为主的热液蚀变	Mo
二股东山	似斑状二长花岗岩（bD3）	平巷	似斑状结构、中粒花岗结构	斑晶为微斜条纹长石，含量 15%。基质：钾长石（更长石）40%，斜长石 30%，石英大于 25%，黑云母等 5%。局部绿泥石化	Fe 等

续表 3-1

矿区名称	岩石名称(薄片号)	采样位置及引文	结构构造	主要矿物组成及蚀变矿化等	与成矿关系
二股西山	绿帘透辉矽卡岩化花岗岩(bX12)	二股西山150m中段分层采场	交代残余结构、变余花岗结构	钾长石:板状,斑杂状消光,粒径为0.9~1.2mm,卡斯巴双晶,土化,约占50%。斜长石:1.2~1.67mm,半自形,聚片双晶,约占30%。石英:他形粒状,粒径为0.2~0.65mm,约占20%。蚀变矿化:绿帘石化,透辉石化	Fe、Cu等
	硅化花岗质角砾岩或矿石(bX1、bX2、bX4、bX5)	7线100m中段内接触带	交代残留结构,角砾状构造、网脉状构造	角砾:花岗岩类及其残留矿物,残留矿物主要为正长石、条纹长石、斜长石(更长石)及石英,钾长石含量多于斜长石。胶结物:主要为细粒石英,呈网脉状。推测原岩为花岗岩类。光片:金属矿物主要有黄铜矿、黄铁矿、方铅矿和闪锌矿等	Fe、Cu等
二股西山与东山之间	中粒花岗闪长岩(bX6)	二股桥东采石场	中粒花岗结构	正长石及少量微斜条纹长石,含量30%。斜长石(中长石)40%,石英大于20%,黑云母大于10%	
	似斑状细粒花岗闪长岩(bE12)	二股桥东采石场	似斑状结构、细粒花岗结构	斑晶:斜长石为主,少量石英,约占55%。基质:钾长石:微斜长石,约占15%。斜长石:约占50%。石英:约占30%。黑云母:约占5%。角闪石:少量	远矿围岩
	似斑状细中粒碱长花岗岩(bE11)	二股桥东采石场	似斑状结构、细中粒花岗结构	钾长石:似斑晶或基质,条纹长石、微斜条纹长石,个别似斑晶达8mm以上,约占53%。斜长石:被黑云母交代,约占25%,石英:约占20%。黑云母:黄绿色,片状,局部绿泥石化,占2%。后期蚀变矿物金属矿物和黑云母及绿泥石沿裂隙充填	远矿围岩
	中细粒二长花岗岩(bD4)	二股桥东采石场	中细粒不等粒花岗结构	正长石:粒度≤0.4mm×1.2mm,含量30%。斜长石:粒度≤1.0mm×2.0mm,含量25%。石英:粒度≤0.5mm,多数为0.06~0.5mm,含量35%。黑云母:含量5%。金属矿物:微细粒,含量3%	
袁家屯	中细粒或似斑状花岗闪长岩(bY4、bY5)	矿区探矿钻孔	中细粒花岗结构、局部似斑状结构	斜长石:粒径为1.0~2.8mm,斑晶为6.2mm,均被钾长石交代,约占50%。钾长石:条纹长石,粒径为0.85~1.1mm,约占15%。石英:粒径为0.15~0.3mm,蚀变的石英粒径为0.35~0.6mm,约占20%。黑云母:粒径为0.35~1.1mm,约占10%。角闪石:粒径为0.3~1.2mm,约占5%	PbZn等
九三站	细中粒二长花岗岩(bJ1、bJ2、bJ3)	采石场	细中粒结构、交代残余结构	钾长石:粒径为0.15~0.45mm,以原岩中的粗大条纹长石为主,条纹呈细脉状,周围钠长石环绕成不连续的环边结构,粒径为0.65~1.95mm,约占35%。石英:部分充填于钾长石之间,约占35%。斜长石:边缘被钾长石交代,粒径为1.6~4.0mm,个别达9.0mm,约占30%。黑云母:少量。钾长石化:交代斜长石呈孤岛状残留体,钾长石不均匀消光,颗粒粗	Mo、W、Sn

续表 3-1

矿区名称	岩石名称（薄片号）	采样位置及引文	结构构造	主要矿物组成及蚀变矿化等	与成矿关系
五道岭	细粒碱长花岗岩	据五道岭储量检测核实报告	细粒花岗结构、似斑状结构	主要矿物成分钾长石 40%～60%，酸性斜长石 15%，石英 35%～40%，斑晶主要为正长条纹长石及少量石英，边缘不规整，有基质之长石或石英小晶体穿入。斑晶 3～5mm，基质 0.5mm。靠近矿体遭受强烈蚀变，石英细脉发育	Fe、Mo
	细粒多斑状正长花岗岩(bW42)	主矿井	斑状结构、细粒花岗结构	斑晶：斑晶 55%。条纹长石，粒径为 1.2～2.6mm，约占 40%。斜长石，粒径为 0.8～1.4mm，约占 3%。石英，粒径为 1.0～2.2mm，约占 12%。基质：45%，矿物粒径 0.07～0.2mm。钾长石 15%，斜长石 12%，石英 18%	
	黄铁绢英岩(bW1)	矿体南盘近矿围岩	显微细粒状片状变晶结构	原岩全已交代，交代假象结构。岩石主要矿物成分为石英，其次为绢云母和黄铁矿。石英：条带状，粒径为 0.35～0.55mm，边缘锯齿状，波状消光，交代作用形成的石英，约占 55%。绢云母：小鳞片状，约占 25%。黄铁矿：粒径为 0.15～0.85mm，他形粒状，约占 20%	Fe、Mo
	碳酸盐化硅化蚀变岩(bW2)	矿体南盘近矿围岩	半自形柱粒状变晶结构	石英：板条状，粒状，粒径为 0.2～0.4mm，粒径为 0.15mm×0.5mm 和 0.03mm×0.35mm，边缘锯齿状。蠕虫状石英，原岩基质中石英重结晶而成，粒径为 0.02～0.05mm。石英约占 90%. 碳酸盐矿物：不规则状，残留状，粒径为 0.05～0.1mm，约占 10%	Fe、Mo
弓棚子	中粒花岗闪长岩(bG2)	竖井附近	中粒花岗结构	斜长石：粒径为 0.75～1.4mm，聚片双晶，环带状结构，约占 45%。石英：粒径为 0.2～0.6mm，约占 25%。钾长石：粒径为 0.25～1.2mm，边部自形晶斜长石镶嵌，外围斜长石环带，占 15%。黑云母：粒径为 1.2～1.8mm，约占 10%。角闪石：粒径为 0.25～1.5mm，多色性明显，约占 3%	Cu、W、Zn、Fe
	细粒碱长花岗岩(bG3)	竖井口毛石堆	细粒花岗结构	正长石：约占 40%。歪长石：粒径为 0.1mm×0.45mm，约占 10%。斜长石：粒径为 0.3～0.45mm，约占 10%。石英：粒径为 0.1～0.3mm，0.3mm 占多数，局部不规则脉状，硅化石英约占 25%。绿帘石：粒径为 0.15～0.35mm，约占 15%	Cu、W、Zn、Fe
	细粒花岗闪长岩(bG5)	竖井附近	细粒花岗结构	岩石主要由斜长石(40%)、石英(30%)、黑云母(15%)、钾长石(15%)及少量角闪石和黑云母组成	Cu、W、Zn、Fe

续表 3-1

矿区名称	岩石名称（薄片号）	采样位置及引文	结构构造	主要矿物组成及蚀变矿化等	与成矿关系
新明	细粒二长花岗岩（bXM1）	近矿围岩	细粒花岗结构、多斑状结构	斑晶由石英、斜长石、钾长石、少量角闪石、黑云母组成。占80%以上的连斑结构。基质与斑晶成分相同。钾长石：约占45%。斜长石：约占25%。角闪石：约占3%。黑云母：约占2%。石英：约占25%	Fe
大安河	中细粒辉石闪长岩（bDA1）	主矿体露天采坑	中细粒花岗结构、反应边结构	斜长石：粒径为0.3～2.8mm，约占65%。普通辉石：边部角闪石反应边，粒径为0.3～0.65mm，约占10%。角闪石：约占15%。黑云母：粒径为0.35～0.65mm，约占5%。石英：他形粒状，粒径为0.25～0.4mm，约占5%	Au
一面坡	粗中粒碱长花岗岩（bYM1）	一面坡头道沟	粗中粒花岗结构	矿物粒径为2.5～6mm，以中粒为主。条纹长石：含量约55%。石英：含量约30%。斜长石：约占10%。黑云母：约占5%。蚀变：石英绢云母细脉穿插其中	PbZn
石头河子冷山屯	闪长玢岩（bLS1、bLS2）	矿点附近探槽	斑状结构，基质为交织结构	斑晶成分：斜长石，中长石，粒径为0.8～5.4mm，约占25%。黑云母：约占10%。基质成分：斜长石和黑云母定向排列呈交织结构。斜长石：以中长石为主，粒径为0.1～0.15mm，约占50%。黑云母：粒径为0.02～0.1mm，约占15%	Cu
林海	中粒碱长花岗岩（bLH1）	矿体附近	中粒花岗结构	矿物粒径为1.6～3.0mm，以中粒为主。岩石由黑云母2%，斜长石10%，条纹长石48%和石英40%组成	Fe
明理	花岗斑岩（bM1）	矿体附近	斑状结构、隐晶质结构	斑晶：石英粒径为0.28～0.85mm，约占3%～5%。斜长石粒径为0.8～3.6mm，约占10%。钾长石粒径为0.5～2.8mm，约占5%。黑云母少量。基质：隐晶质石英和长石组成显微晶质结构。石英含量大于长石含量。磁铁矿粒径为0.7～0.8mm。蚀变：后期绿帘石脉状穿插，脉宽0.12～0.15mm，绿帘石交代斜长石	PbZn

滨东矿集区：五道岭地区和九三站—袁家屯地区呈侵入体呈岩基状，弓棚子地区呈岩株状。弓棚子地区以细粒—中粒花岗闪长岩为主，见细粒碱长花岗岩等，铜多金属矿主要产于土门岭组接触带中及其附近。五道岭矿区出露花岗岩类以中细粒—细粒碱长花岗岩为主，边缘相为黄铁绢英岩化细粒碱长花岗岩，钼多金属矿主要产于黄铁绢英岩化细粒碱长花岗岩与五道岭组接触带中及其附近。袁家屯矿区出露花岗岩类中以细粒花岗闪长岩为主，局部具似斑状结构，铅锌多金属矿床产于花岗岩类与土门岭组接触带中及其附近。九三站矿区岩石类型以细中粒二长花岗岩为主，局部为碱长花岗岩，钼矿化产于岩体内。

一面坡地区：一面坡侵入体呈岩基状，岩石类型以粗中粒碱长花岗岩，在岩体内分布有铅锌矿化。

林海矿区：侵入体呈岩基或岩株状，岩石类型以中细粒碱长花岗岩和中细粒二长花岗岩为主。铁矿产于花岗岩类与张广才岭群新兴组接触带中及其附近。

第二节　与成矿有关的燕山晚期火山岩建造与成矿

小兴安岭-张广才岭成矿带浅成低温热液型金矿床与中生代中酸性火山岩建造关系密切。高松山矿区和东安矿区及新民北山矿区出露下白垩统板子房组和宁远村组火山岩及次火山岩类。早白垩世火山作用形成的火山岩及次火山岩与成矿有着密切的时空和成因联系。

板子房组火山岩主要有安山岩、粗安岩、安山质凝灰角砾岩等，宁远村组火山岩主要为英安岩、流纹岩、流纹质凝灰岩等。板子房组火山岩 K－Ar 年龄为 109～85.7Ma，宁远村组火山岩 K－Ar 年龄为 118～97.4Ma（赵洪海等，2011），它们为同期火山活动产物。高松山金矿近矿围岩主要为下白垩统安山岩，次为流纹岩等。而东安金矿近矿围岩中的火山岩则以潜流纹岩为主，次为潜流纹质凝灰岩。此外，西林矿田出露的辉绿玢岩墙也为早白垩世火山活动的产物。

安山岩：深灰色—灰绿色，斑状结构。斑晶以中长石为主，角闪石、黑云母少量。中长石粒径 2～10mm，含量约 30％。角闪石为半自形粒状，粒度 0.1～1mm，含量 3％～5％。黑云母粒度 0.1～2mm，含量 1％左右。基质为隐晶质，含量为 70％左右。岩石中见有杏仁构造，杏仁体为石英，粒径在 2～4mm 不等（图版Ⅰ－5、图版Ⅰ－6）。

粗安岩：灰绿色，斑状结构，块状构造。斑晶以更长石、正长石为主，角闪石、黑云母少量。更长石粒度 0.1～3mm，含量 10％～25％；正长石粒度 0.2～3mm，含量 10％～15％，多变为绢云母；角闪石粒度 0.1～2mm，含量 2％～5％；黑云母粒度 0.1～1mm，含量 1％左右。角闪石和黑云母斑晶具暗化边。基质为似粗面结构，以斜长石和钾长石微晶为主，并具有较明显的定向排列，含量 55％～70％。

安山质凝灰角砾岩：灰紫色，角砾凝灰结构，块状构造。角砾成分为安山岩，棱角-次棱角状，大小在 3～10mm 之间，含量占 35％。岩屑与角砾同成分，含量占 40％，粒度小于 2mm。火山尘占 25％，粒度小于 0.1mm。

英安岩：绿灰色，深灰色。块状构造，斑状结构。斑晶以中长石为主，其次为角闪石、微斜长石、黑云母。中长石（An＝35～40）粒度 0.5～5mm，含量 15％～20％；角闪石粒度 0.5～2mm，含量 5％～10％；微斜长石粒度 0.5～2mm，不均匀分布，含量 3％～5％；黑云母粒度 0.5～1mm，星点状分布，含量 1％左右。角闪石和黑云母斑晶具暗化边。基质为玻晶交织结构，以微晶质的中长石、石英、角闪石为主。中长石，大致定向排列，含量 25％～30％；石英微晶含量 5％左右，角闪石呈微晶，已绿泥石化，含量 3％左右。副矿物为锆石、磷灰石。

（潜）流纹岩：灰白色，流纹构造，斑状结构。斑晶主要为更长石、透长石、石英，更长石（An＝26～

30)粒度0.2～1mm，含量1%左右；透长石粒径0.2～1mm，含量1%左右；石英具轻微熔蚀，粒度0.2～1mm，含量1%左右，基质为隐晶质结构，含量95%以上。副矿物为锆石、磷灰石(图版Ⅰ-7)。

(潜)流纹质凝灰岩：岩石为灰黑色，凝灰结构，层理构造(图版Ⅰ-8)。岩屑主要由流纹岩组成，呈棱角状、次棱角状，粒度0.1～2mm，含量1%～4%。晶屑为石英、斜长石等，呈棱角状、次棱角状，粒度0.1～1mm，含量2%～10%。胶结物为火山灰。

辉绿玢岩：西林矿田的辉绿玢岩呈岩墙状，沿裂隙式火山通道或断裂构造侵位，岩墙长达2km以上，厚几米至数十米不等，向下延深大于500m，在走向及倾向上均有分支。本书测得辉绿玢岩角闪石Ar-Ar年龄为(100.60±1.2)Ma，与早白垩世火山岩年龄相近，应为同期火山活动产物。岩石呈灰绿色或暗灰色，斑状结构，块状构造，在边部可见杏仁状构造。斑晶主要由普通角闪石组成，偶见辉石，斑晶含量可达5%～8%。基质以间粒结构为主，局部可见辉绿结构，由板条状基性斜长石(An 60±)、微粒状角闪石、辉石、黑云母及磁铁矿等组成。

小西林铅锌矿床Ⅰ号主矿体下盘的辉绿玢岩脉南端侵位到燕山早期花岗岩类中，岩石遭受热液蚀变，蚀变类型主要有硅化、碳酸盐化、绿泥石化及蒙脱石化。辉绿玢岩形成于Ⅰ号铅锌主矿体成矿之后，在矿区局部地段亦可见辉绿玢岩穿切铅锌Ⅰ号矿体(图3-1)。但在其形成过程中对先前形成的铅锌矿体进行了改造，使其得到进一步富集，并形成浅成低温热液型铅锌矿石相。

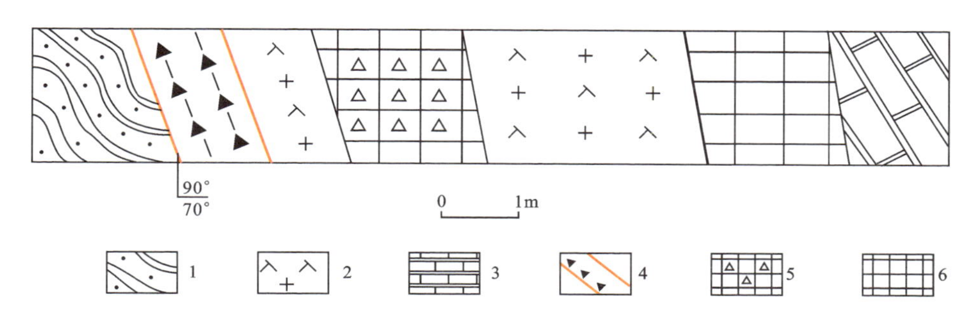

图3-1 小西林矿床+87m分层采场辉绿玢岩与Ⅰ号矿体关系素描图

1.变质砂岩；2.辉绿玢岩；3.大理岩；4.破碎带；5.铅锌矿体(块状矿石)；6.铅锌矿体(角砾状矿石)

在辉绿玢岩中见有浸染状及脉状铅锌矿化(图3-2)，当矿化强时同样构成铅锌矿石被开采利用。在成岩成矿之后断裂构造再次活动，使辉绿玢岩及铅锌矿石局部产生碎裂或形变。

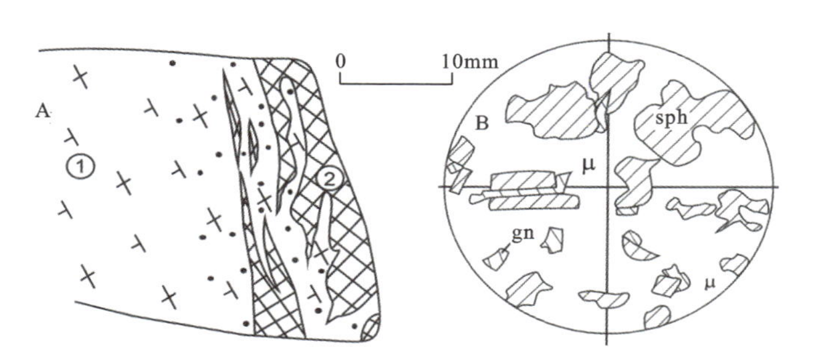

图3-2 方铅矿、闪锌矿化辉绿玢岩标本及反光镜下素描图(据阎鸿铨，1994)

①辉绿玢岩；②方铅矿、闪锌矿脉；sph.闪锌矿；gn.方铅矿；μ.辉绿玢岩

第三节　成岩成矿年代学

一、锆石 U - Pb 和辉钼矿 Re - Os 测年

2000年以来，尽管有许多学者对成矿带成矿相关岩浆岩年代学进行了研究，获得大量同位素年龄数据，但是同一矿区花岗岩类往往存在多样性，对矿区单一花岗岩类年代学研究所得出的结论可能以偏概全。为系统划分成矿带成矿系列和总结区域成矿规律，本书对成矿带主要矿床成岩成矿年龄进一步精确测定。共测定锆石 U - Pb 同位素定年样品 20 件，其中矿区测定样品 17 件，辉钼矿 Re - Os 定年同位素样品 18 件，角闪石 Ar - Ar 同位素定年样品 1 件。岩浆岩锆石 U - Pb 定年样品岩石学特征见表 3 - 1。所选取的锆石形态以长柱状和短柱状为主，颜色明亮，晶体内部可见自形生长环带，阴极发光(CL)图像显示所测锆石振荡环带结构发育，为典型的岩浆结晶锆石，测定结果详见表 3 - 2。

1. 翠宏山锆石 U - Pb 和辉钼矿 Re - Os 测年

细粒碱长花岗岩样品(TWC2)：采自 SJ_1 竖井Ⅲ6 号钼矿体围岩，岩石新鲜，主要由正长石及少量条纹长石和微斜长石(70%)、石英(30%)组成。锆石的 U 与 Th 质量分数分别为(64.4～1 255.0)×10^{-6} 和(28.8～1 460.0)×10^{-6}，Th/U 值为 0.43～1.46(>0.4)，具有岩浆成因特征。LA - ICP - MS 锆石 U - Pb 加权平均年龄为(182.1±2.1)Ma(图 3 - 3)。

辉钼矿样品(TWC1 和 TWC3)：2 件样品均采自 SJ_1 探矿竖井Ⅲ6 号钼矿体。TWC1 样品为角砾状钼矿石，辉钼矿呈细脉状浸染状分布于矿石中(图版Ⅰ-9 左)。TWC3 样品为团窝状钼矿石，辉钼矿呈团窝状分布于矿石中(图版Ⅰ-9 右)。2 件样品辉钼矿 Re - Os 同位素模式年龄分别为(182.0±6.4)Ma 和(186.7±2.7)Ma(表 3 - 3)。

2. 鹿鸣锆石 U - Pb 和辉钼矿 Re - Os 测年

共测定 3 件花岗岩类锆石测年样品和一组辉钼矿样品(11 件)。3 件锆石样品均采自鹿鸣钼矿床Ⅰ号矿体围岩，编号分别为 TWL2、DKL1 和 DKL2。11 件辉钼矿样品编号分别为 06001 - 1、06001 - 2、06001 - 3，06401 - 1、06401 - 2、06401 - 3、06401 - 6，TWL1、TWL2、TWL3、TWL4。

锆石样品：TWL2 岩性为中粒二长花岗岩(详见表 3 - 3，薄片号为 bL1、bL2、bL3)，DKL1 为细粒碱长花岗岩(详见表 3 - 3，薄片号为 bL6、bL11)。DKL2 为似斑状细粒碱长花岗岩(详见表 3 - 3，薄片号为 bL21)。锆石阴极发光(CL)图像振荡环带结构发育(图 3 - 4)，锆石 Th/U 值>0.4，具有岩浆成因特征。TWL2、DKL1 和 DKL2 样品 LA - ICP - MS 锆石 U - Pb 加权平均年龄分别为(187.1±1.2)Ma、(192.0±3.0)Ma 和(187.4±1.5)Ma(表 3 - 3 和图 3 - 4～图 3 - 6)，分别为中粒二长花岗岩、细粒碱长花岗岩和似斑状细粒碱长花岗岩结晶年龄。TWL2 样品 11 号分析点的 $^{206}Pb/^{238}U$ 年龄为(398±14)Ma，与其他分析点的年龄值显著不同，认为 11 号锆石为继承锆石。

表 3-2 小兴安岭-张广才岭成矿带同位素定年样品采集位置及测定结果表

矿床	样品编号	岩石/矿石	测定方法	采样位置	采样坐标		模式年龄(Ma)	等时线年龄(Ma)	加权平均年龄(Ma)
					东经	北纬			
翠宏山	TWC2	细粒碱长花岗岩	锆石 U-Pb	探矿竖井	128°44′16″	48°29′4.72″			182.1±2.1
	TWC1	角砾状钼矿石	辉钼矿 Re-Os	SJ₁ 竖井Ⅲ6号矿体	128°44′16″	48°29′4.72″	182.0±6.4		
	TWC3	团窝状钼矿石					186.7±2.7		
霍吉河	TWH2	中粒花岗闪长岩	锆石 U-Pb	探矿竖井	128°57′23″	48°30′55″			181.0±1.9
	DKH18	细粒花岗闪长岩	锆石 U-Pb	TC2311 东端	128°56′49″	48°30′31.78″			193.6±1.4
	TWH1-1	细脉状钼矿石	辉钼矿 Re-Os	探矿竖井东Ⅴ号矿体	128°57′23″	48°30′55″	177.3±2.4	176.3±5.1	181.2±1.8
	TWH1-2	细脉状钼矿石					177.6±3.0		
	TWH1-4	细脉状钼矿石					179.5±2.6		
	TWH1-5	细脉状钼矿石					179.8±2.6		
	TWH1-3	细脉状钼矿石					177.7±2.9		
鹿鸣	DKL1	细粒碱长花岗岩	锆石 U-Pb	ZK1204 西 80m	128°32′39″	47°22′20.98″			192.0±3.0
	DKL3	斑状碱长花岗岩		Ⅰ号矿体围岩	128°32′37″	47°22′22.08″			187.4±1.5
	TWL2	中粒二长花岗岩		ZK6401,216.3m	128°33′	47°22′6.87″			187.1±1.2
	06001-1	细脉状钼矿石	辉钼矿 Re-Os	07SJ 竖井Ⅰ号矿体	128°33′4″	47°22′6″	177.6±3.0	177.4±3.5	178.08±0.79
	06001-2	细脉状钼矿石					179.5±2.6		
	06001-3	细脉状钼矿石					179.8±2.6		
	06401-1	细脉状钼矿石		16SJ 竖井Ⅰ号矿体	128°33′20″	47°22′3″	177.7±2.9		
	06401-2	细脉状钼矿石					177.3±2.4		
	06401-3	细脉状钼矿石					177.5±2.5		
	06401-6	细脉状钼矿石					178.4±2.6		
	TWL1-1	细脉状钼矿石		ZK6401 孔深 321.6m			177.0±2.9		
	TWL1-2	细脉状钼矿石		ZK6001 孔深 153.1m			177.8±2.7		

续表 3-2

矿床	样品编号	岩石/矿石	测定方法	采样位置	采样坐标		模式年龄(Ma)	等时线年龄(Ma)	加权平均年龄(Ma)
					东经	北纬			
鹿鸣	TWL1-3	细脉状钼矿石		ZK1103 孔深 206.1m			177.7±2.5		
	TWL1-4	细脉状钼石石		ZK1104 孔深 83.5m			178.5±3.0		
小西林	TWS6	细粒斑状花岗岩	锆石 U-Pb	+500m 平巷Ⅰ号矿体下盘					193.6±1.4
大西林	DKD1	中细粒二长花岗岩	锆石 U-Pb	露天采坑	129°02′16″	47°33′3.21″			186.8±1.3
二股	DKE12	似斑状细粒花岗闪长岩	锆石 U-Pb	二股公路桥东采石场	128°22′7″	47°11′24.8″			185.8±1.7
二股西山	DKX12	斑铜矿化花岗岩	锆石 U-Pb	+100m 中段铜矿体下盘					185.8±1.7
									205.3±2.4
大安河	DKDA5	辉石闪长岩	锆石 U-Pb	露天采坑	128°28′40″	46°58′13″			195.1±1.1
									183.6±6.3
弓棚子	DKG2	细粒花岗闪长岩	锆石 U-Pb	竖井附近	127°26′40″	45°33′6″			180.7±2.3
五道岭	DKW41	黄铁绢英岩	锆石 U-Pb	选矿厂附近	127°13′52″	45°18′13″			179.2±3.2
袁家屯	DKY11	中粒花岗闪长岩	锆石 U-Pb	钻孔岩心					173.9±2.1
东安	DKA2	流纹质晶屑凝灰岩	锆石 U-Pb	探矿坑道	128°53′35″	49°16′21.26″			109.1±0.87
小西林	TWS2	辉绿玢岩	角闪石 Ar-Ar	+87m 分层采场					100.6 ± 1.2

注：锆石 U-Pb 年龄由中国地质大学(武汉)地质过程与矿产资源国家重点实验室(GPMR)测试；辉钼矿 Re-Os 年龄由国家地质实验测试中心测试，采用电感耦合等离子体质谱仪 TJA X-series ICP-MS 进行测量；角闪石 Ar-Ar 年龄由中国地质科学院地质研究所 Ar-Ar 实验室测试。

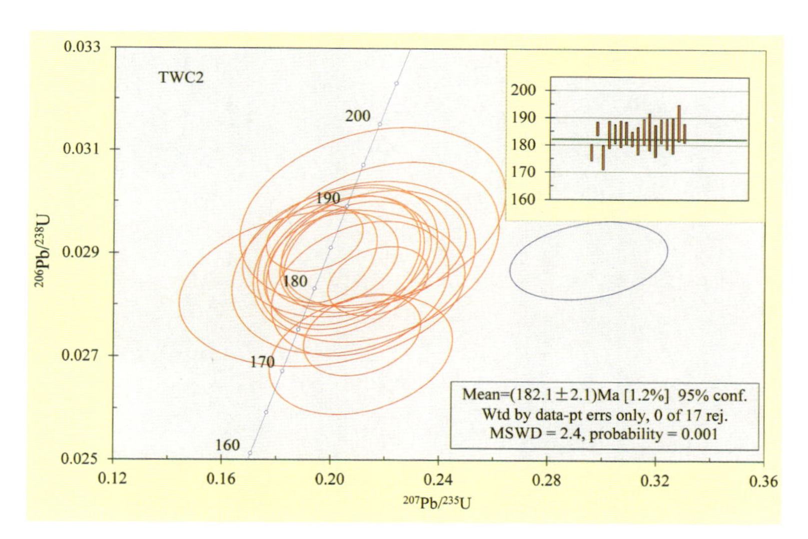

图 3－3　翠宏山细粒碱长花岗岩(TWC2)锆石 U－Pb 年龄谐和图

表 3－3　鹿鸣 TWL2 中粒二长花岗岩 LA－ICP－MS 锆石 U－Pb 测试结果

分析点	ω_B(×10^{-6})		Th/U	同位素比值及误差						年龄及误差(Ma)	
	Th	U		$^{207}Pb/^{206}Pb$	±1σ	$^{207}Pb/^{235}U$	±1σ	$^{206}Pb/^{238}U$	±1σ	$t(^{206}Pb/^{238}U)$	±1σ
01	82.4	181	0.45	0.051 0	0.002 5	0.204 8	0.010 2	0.029 2	0.000 4	185	2
02	144	265	0.54	0.050 5	0.003 8	0.205 2	0.015 0	0.029 7	0.000 5	189	3
03	253	351	0.72	0.051 2	0.002 1	0.207 5	0.008 6	0.029 3	0.000 3	186	2
04	164	304	0.54	0.051 9	0.002 1	0.210 7	0.008 2	0.029 6	0.000 3	188	2
05	154	288	0.53	0.049 7	0.002 4	0.197 6	0.009 0	0.029 3	0.000 3	186	2
06	229	371	0.62	0.048 6	0.003 0	0.194 7	0.010 9	0.029 2	0.000 6	185	4
07	102	197	0.52	0.052 7	0.003 9	0.214 4	0.015 0	0.029 7	0.000 5	188	3
08	255	479	0.53	0.050 2	0.002 1	0.204 9	0.007 8	0.029 7	0.000 3	189	2
09	321	549	0.59	0.050 1	0.001 5	0.205 7	0.006 2	0.029 7	0.000 2	189	2
10	67	135	0.50	0.052 9	0.003 9	0.211 1	0.015 2	0.029 6	0.000 5	188	3
11	2 598	830	3.13	0.638 3	0.044 3	4.792 7	0.242 3	0.063 7	0.002 3	398	14
12	105	196	0.54	0.049 5	0.002 4	0.199 6	0.009 3	0.029 6	0.000 4	188	2
13	106	157	0.68	0.052 2	0.002 9	0.208 2	0.011 7	0.028 8	0.000 3	183	2
14	130	251	0.52	0.052 5	0.002 6	0.211 5	0.010 0	0.029 2	0.000 3	186	2
15	62	137	0.45	0.057 1	0.003 8	0.232 6	0.015 6	0.029 7	0.000 4	189	3

注：由中国地质大学(武汉)地质过程与矿产资源国家重点实验室(GPMR)测试。

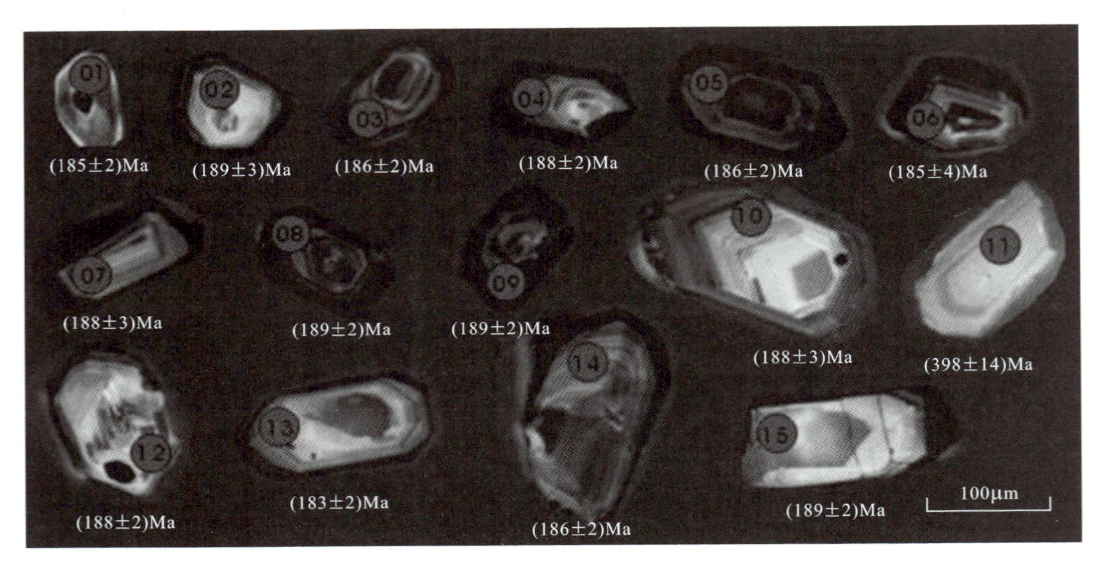

图 3-4　鹿鸣钼矿中粒二长花岗岩(TWL2)锆石 CL 图像

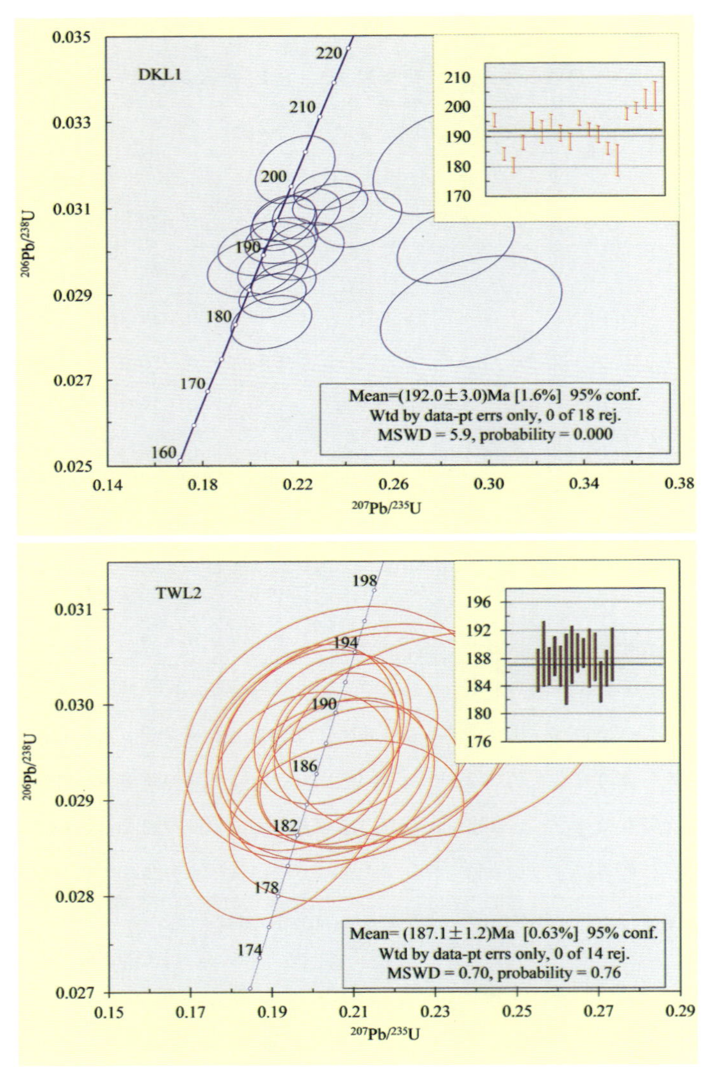

图 3-5　鹿鸣细粒碱长花岗岩(左)和中粒二长花岗岩(右)锆石 U-Pb 年龄谐和图

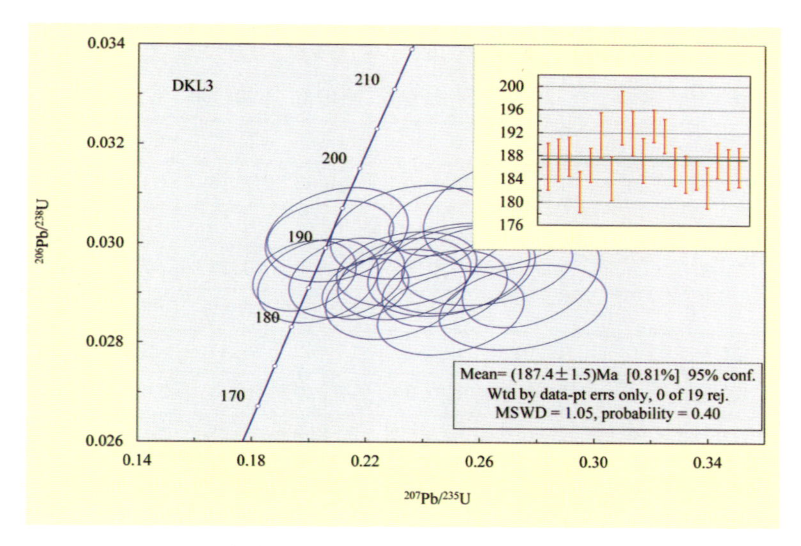

图 3-6 鹿鸣斑状碱长花岗岩锆石 U-Pb 年龄谐和图

辉钼矿样品:11 件样品构成一组,均为细脉状钼矿石(图版Ⅰ-10)。06001-1、06001-2、06001-3 样品采自 07SJ 竖井不同部位,06401-1、06401-2、06401-3、06401-6 样品采自 16SJ 竖井不同部位,TWL1、TWL2、TWL3、TWL4 分别采自 ZK6401、ZK6001、ZK1103 和 ZK1104。11 件辉钼矿样品样品测试结果如图 3-7 和表 3-4 所示。

获得 Re-Os 同位素等时线年龄和加权平均年龄分别为(177.4±3.5)Ma 和(178.08±0.79)Ma,代表该矿床成矿年龄。

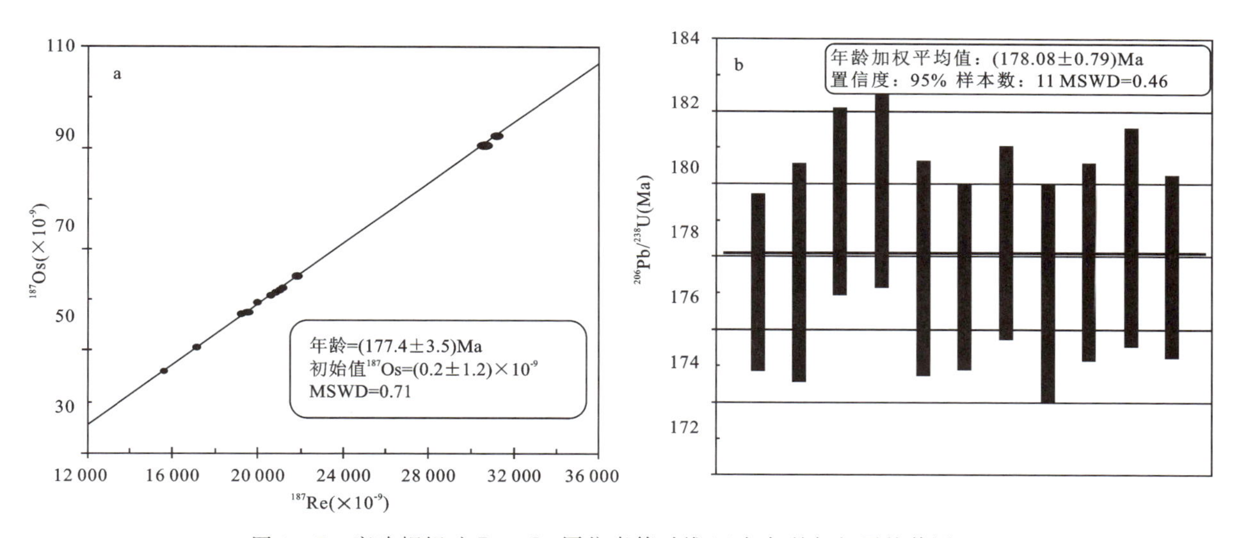

图 3-7 鹿鸣辉钼矿 Re-Os 同位素等时线(a)与年龄加权平均值图(b)

3. 霍吉河锆石 U-Pb 和辉钼矿 Re-Os 测年

共采集和测试 2 件含矿花岗岩类锆石测年样品,编号分别为 TWH2 和 DKH12。5 件辉钼矿样品,编号分别为 TWH1-1、TWH1-2、TWH1-3、TWH1-4 和 TWH1-5。

表 3-4 鹿鸣钼矿辉钼矿 Re-Os 同位素数据

样号	样品质量(g)	Re(×10⁻⁹)		普 Os(×10⁻⁹)		^{187}Re(×10⁻⁹)		^{187}Os(×10⁻⁹)		模式年龄(Ma)	
		测定值	不确定度	测定值	不确定度	测定值	不确定度	测定值	不确定度	测定值	不确定度
06001-1	0.052 48	48 610	0.59	0.023 1	0.024 0	30 560	0.37	90.52	0.73	177.6	3.0
06001-2	0.034 43	31 580	0.25	0.008 9	0.040 0	19 850	0.16	59.44	0.52	179.5	2.6
06001-3	0.030 24	30 400	0.24	0.010 1	0.045 2	19 110	0.15	57.33	0.53	179.8	2.6
06401-1	0.050 78	30 870	0.36	0.007 4	0.016 5	19 400	0.23	57.51	0.48	177.7	2.9
06401-2	0.050 10	33 540	0.25	0.005 0	0.033 6	21 080	0.16	62.36	0.51	177.3	2.4
06401-3	0.050 08	24 600	0.20	0.015 7	0.033 3	15 460	0.13	45.78	0.38	177.5	2.5
06401-6	0.050 05	27 090	0.23	0.007 3	0.024 7	17 030	0.15	50.67	0.44	178.4	2.6
TWL1-1	0.050 20	33 180	0.39	0.063 6	0.007 2	20 850	0.25	61.58	0.51	177.0	2.9
TWL1-2	0.050 08	32 610	0.30	0.057 0	0.021 7	20 500	0.19	60.82	0.51	177.8	2.7
TWL1-3	0.040 86	49 640	0.41	0.007 5	0.008 4	31 200	0.26	92.51	0.72	177.7	2.5
TWL1-4	0.050 47	34 600	0.41	0.020 7	0.007 1	21 750	0.26	64.77	0.54	178.5	3.0

注:①由国家地质实验测试中心测试;②表中误差为 2σ。

锆石样品:DKH12 样品采自西矿段的 TC2311 探槽,岩性为弱硅化斑状花岗岩(表 3-1,薄片号为 bH13)。TWH2 样品采自霍吉河钼矿床东矿段的探矿竖井,岩性分别为中细粒花岗岩(表 3-1,薄片号为 bH1)。锆石阴极发光(CL)图像(图 3-8、图 3-9 显示振荡环带结构发育,为典型的岩浆结晶

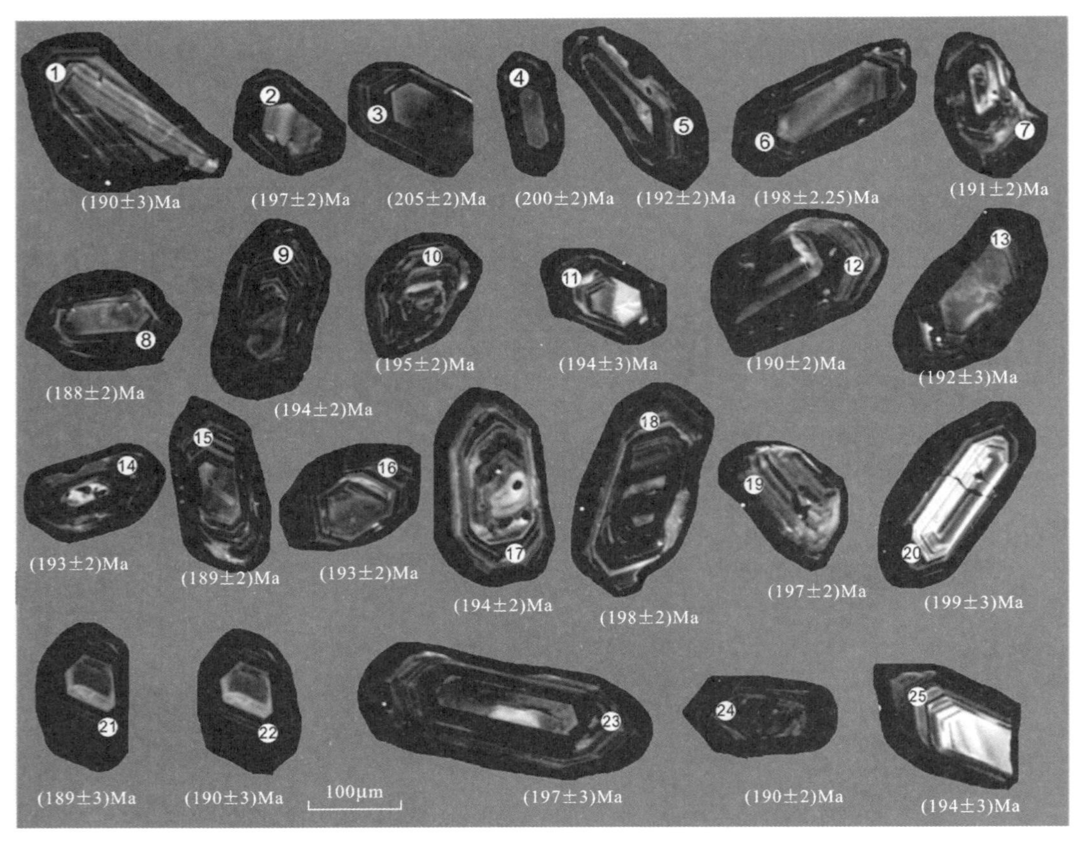

图 3-8 霍吉河钼矿斑状花岗岩(DKH12 样品)锆石阴极发光图像

锆石。锆石 Th/U 值>0.4，也显示具有岩浆成因特征。H2 和 H12 样品获得 LA－ICP－MS 锆石 U－Pb 加权平均年龄分别为(181.0±1.9)Ma、(193.6±1.4)Ma，分别代表中细粒花岗岩和斑状花岗岩结晶年龄(表 3－5、表 3－6、图 3－10)。

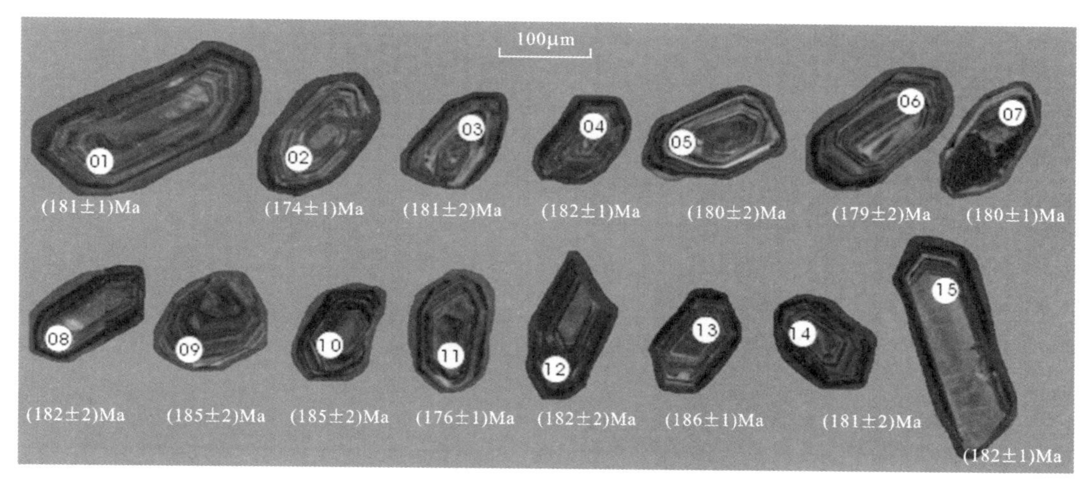

图 3－9 霍吉河钼矿中细粒花岗岩(TWH2 样品)锆石阴极发光图像

表 3－5 霍吉河 DKH12 斑状花岗岩 LA－ICP－MS 锆石 U－Pb 测试结果

分析点	ω_B(×10⁻⁶)		Th/U	同位素比值及误差						年龄及误差(Ma)	
	Th	U		$^{207}Pb/^{206}Pb$	±1σ	$^{207}Pb/^{235}U$	±1σ	$^{206}Pb/^{238}U$	±1σ	$t(^{206}Pb/^{238}U)$	±1σ
01	217	615	0.35	0.230 0	0.003 5	0.029 9	0.013 6	0.291 4	0.000 5	190	3
02	517	996	0.52	0.214 8	0.002 2	0.031 0	0.009 6	0.214 0	0.000 3	197	2
03	924	1 432	0.65	0.221 9	0.002 2	0.032 3	0.009 6	0.260 2	0.000 4	205	2
04	629	1 267	0.50	0.217 7	0.001 9	0.031 4	0.008 4	0.278 8	0.000 3	200	2
05	473	950	0.50	0.199 4	0.002 2	0.030 2	0.009 4	0.256 0	0.000 4	192	2
06	713	1 031	0.69	0.199 9	0.001 9	0.031 2	0.007 8	0.294 5	0.000 4	198	2.2
07	578	1 079	0.54	0.206 4	0.002 1	0.030 0	0.008 9	0.255 8	0.000 3	191	2
08	408	724	0.56	0.203 9	0.002 1	0.029 6	0.008 6	0.270 4	0.000 3	188	2
09	491	925	0.53	0.211 4	0.002 0	0.030 5	0.008 0	0.255 0	0.000 3	194	2
10	246	652	0.38	0.198 0	0.002 2	0.030 7	0.009 6	0.246 0	0.000 4	195	2
11	342	641	0.53	0.196 0	0.002 2	0.030 5	0.009 5	0.283 9	0.000 4	194	3
12	204	543	0.38	0.201 0	0.002 4	0.030 0	0.009 8	0.247 6	0.000 4	190	2
13	230	551	0.42	0.196 9	0.002 2	0.030 2	0.009 3	0.295 3	0.000 4	192	3
14	482	839	0.57	0.211 4	0.001 8	0.030 4	0.007 4	0.290 7	0.000 3	193	2
15	363	743	0.49	0.205 3	0.002 6	0.029 7	0.010 3	0.200 7	0.000 3	189	2
16	268	676	0.40	0.216 1	0.002 6	0.030 4	0.010 4	0.259 3	0.000 4	193	2
17	531	994	0.53	0.219 1	0.002 0	0.030 6	0.008 2	0.244 1	0.000 3	194	2
18	281	580	0.48	0.226 7	0.002 4	0.031 2	0.010 2	0.265 3	0.000 4	198	2

续表 3-5

分析点	$\omega_B(\times10^{-6})$		Th/U	同位素比值及误差						年龄及误差(Ma)	
	Th	U		$^{207}Pb/^{206}Pb$	±1σ	$^{207}Pb/^{235}U$	±1σ	$^{206}Pb/^{238}U$	±1σ	$t(^{206}Pb/^{238}U)$	±1σ
19	239	591	0.40	0.239 3	0.002 4	0.031 0	0.009 6	0.267 7	0.000 3	197	2
20	212	557	0.38	0.220	0.002 45	0.031 3	0.010 2	0.278 7	0.000 4	199	3
21	198	454	0.44	0.224 6	0.003 2	0.029 8	0.013 0	0.274 4	0.000 5	189	3
22	494	1 011	0.49	0.242 5	0.003 1	0.029 9	0.010 1	0.337 1	0.000 4	190	3
23	418	737	0.57	0.238 9	0.002 8	0.031 1	0.011 4	0.308 2	0.000 5	197	3
24	527	870	0.61	0.232 4	0.002 6	0.029 9	0.010 4	0.289 6	0.000 4	190	2
25	225	464	0.48	0.216 3	0.003 1	0.030 6	0.012 7	0.276 9	0.000 5	194	3

注:由中国地质大学(武汉)地质过程与矿产资源国家重点实验室(GPMR)测试。

表 3-6 霍吉河 TWH2 中粒二长花岗岩 LA-ICP-MS 锆石 U-Pb 测试结果

分析点	$\omega_B(\times10^{-6})$		Th/U	同位素比值及误差						年龄及误差(Ma)	
	Th	U		$^{207}Pb/^{206}Pb$	±1σ	$^{207}Pb/^{235}U$	±1σ	$^{206}Pb/^{238}U$	±1σ	$t(^{206}Pb/^{238}U)$	±1σ
01	291	521	0.56	0.049 1	0.001 5	0.192 0	0.005 7	0.028 3	0.000 2	180	1
02	411	565	0.73	0.052 1	0.001 7	0.195 6	0.006 2	0.027 3	0.000 2	174	1
03	358	529	0.68	0.052 0	0.002 3	0.204 7	0.009 2	0.028 5	0.000 4	181	2
04	351	533	0.66	0.049 3	0.001 6	0.194 9	0.006 3	0.028 6	0.000 3	182	2
05	305	411	0.74	0.051 7	0.002 2	0.199 5	0.008 2	0.028 3	0.000 4	180	2
06	263	445	0.59	0.053 5	0.001 7	0.208 1	0.006 5	0.028 2	0.000 3	179	2
07	350	619	0.57	0.049 9	0.001 4	0.195 5	0.005 4	0.028 3	0.000 2	180	1
08	193	353	0.55	0.050 0	0.001 9	0.196 4	0.007 1	0.028 6	0.000 3	182	2
09	255	508	0.50	0.050 7	0.001 6	0.204 2	0.006 5	0.029 1	0.000 2	185	2
10	241	454	0.53	0.050 5	0.001 6	0.203 6	0.006 7	0.029 1	0.000 3	185	2
11	399	675	0.59	0.049 5	0.001 5	0.189 7	0.005 4	0.027 7	0.000 2	176	1
12	843	845	1.00	0.051 2	0.001 4	0.202 3	0.005 7	0.028 6	0.000 3	182	2
13	258	486	0.53	0.051 4	0.001 6	0.207 3	0.006 5	0.029 2	0.000 2	186	1
14	284	471	0.60	0.050 4	0.001 5	0.201 1	0.005 8	0.029 0	0.000 2	184	2
15	312	332	0.94	0.053 3	0.002 1	0.209 8	0.007 9	0.028 7	0.000 3	182	2

注:由中国地质大学(武汉)地质过程与矿产资源国家重点实验室(GPMR)测试。

辉钼矿样品:5 件样品分别采自东矿段探矿竖井的不同部位,组成一组样品。样品均为细脉浸染状钼矿石,辉钼矿主要产于石英细网脉中,少部分呈浸染状分布于含矿花岗岩质岩石中。辉钼矿石英细脉宽一般为 0.3~0.6cm(图版Ⅰ-11)。5 件辉钼矿样品获得 Re-Os 等时线年龄和加权平均年龄分别为(176.3±5.1)Ma 和(181.2±1.8)Ma(表 3-7、图 3-11),代表该矿床成矿年龄。每件样品 Re、Os 质量分数相近,等时线上各个点未拉开,等时线年龄误差较大,加权平均值年龄更具代表性。

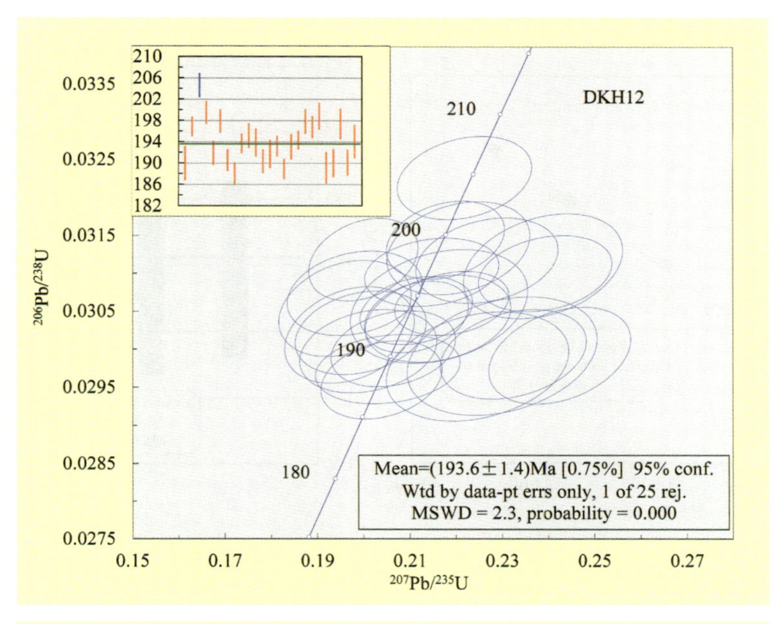

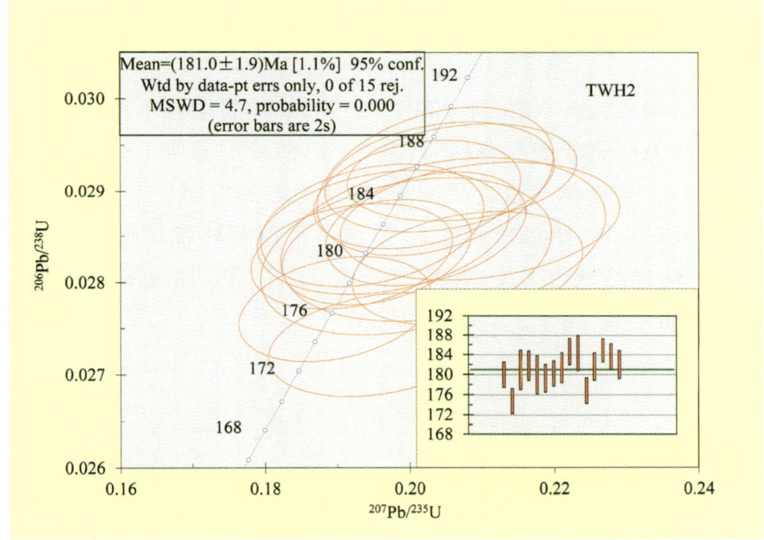

图 3-10 霍吉河细粒花岗岩(TWH2)和斑状花岗岩(DKH12)锆石 U-Pb 年龄谐和图

表 3-7 霍吉河钼矿辉钼矿 Re-Os 同位素数据

编号	样号	样重(g)	Re(ng/g)		普 Os(ng/g)		^{187}Re(ng/g)		^{187}Os(ng/g)		模式年龄 Ma	
			测定值	不确定度	测定值	不确定度	测定值	不确定度	测定值	不确定度	测定值	不确定度
100510-13	TWH1-1	0.050 68	33 540	0.25	0.005 0	0.033 6	21.08	0.16	62.36	0.51	177.3	2.4
100519-4	TWH1-2	0.050 80	48 610	0.59	0.023 1	0.024 0	30.56	0.37	90.52	0.73	177.6	3.0
100519-5	TWH1-4	0.050 99	31 580	0.25	0.008 9	0.040 0	19.85	0.16	59.44	0.52	179.5	2.6
100519-6	TWH1-5	0.050 63	30 400	0.24	0.010 1	0.045 2	19.11	0.15	57.33	0.53	179.8	2.6
100423-18	TWH1-3	0.030 89	30 870	0.36	0.007 4	0.016 5	19.40	0.23	57.51	0.48	177.7	2.9

注:①由国家地质实验测试中心测试,分析者:屈文俊,曾法刚。②表中误差为 2σ。其中,Re 和 Os 质量分数的计算误差包括稀释剂标定误差、质谱测量误差及质量分馏校正误差等。模式年龄的计算误差不仅包括稀释剂标定误差、质谱测量误差及质量分馏校正误差等,另外还包括^{187}Re 衰变常数 λ 的不确定度(1.02%)。

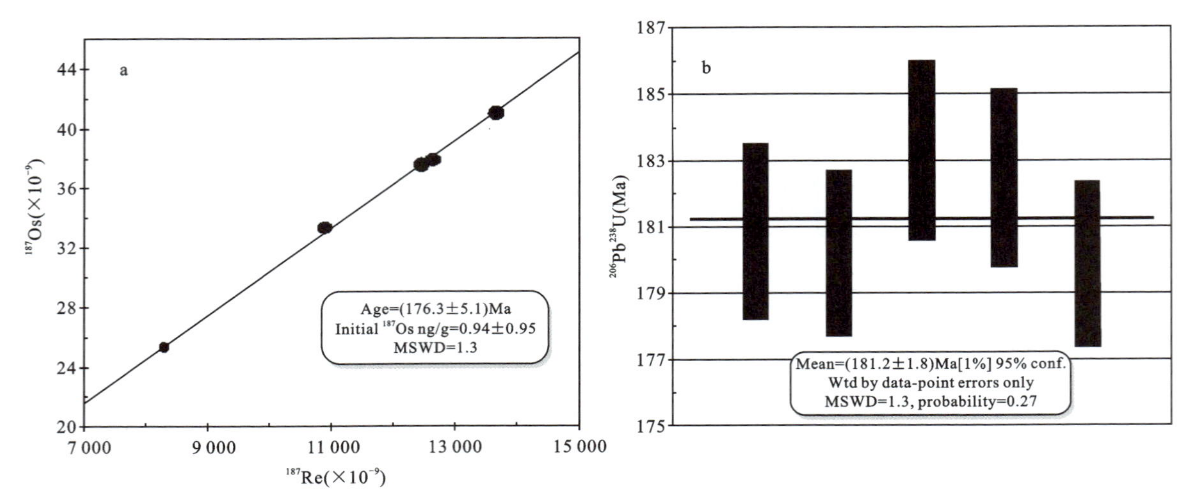

图 3-11　霍吉河辉钼矿 Re-Os 同位素等时线(a)与年龄加权平均值图(b)

4. 小西林锆石 U-Pb 和角闪石 Ar-Ar 测年

共采集 2 件测年样品，编号为 TWS6 和 TWS2。TWS6 样品采自小西林铅锌矿床+500m 平巷Ⅰ号矿体下盘近矿围岩，岩性为似斑状细粒花岗岩(表 3-1，薄片编号为 bS5)。TWS2 样品采自小西林铅锌矿床+87m 分层采场，Ⅰ号矿体下盘近矿围岩，岩性为辉绿玢岩。

TWS6 样品锆石 U-Pb 测年：阴极发光(CL)图像显示振荡环带结构发育，锆石 Th/U 值>0.4，具有岩浆成因特征。TWS6 样品获得 LA-ICP-MS 锆石 U-Pb 加权平均年龄为(193.6±1.4)Ma，代表似斑状细粒花岗岩结晶年龄(图 3-12)。

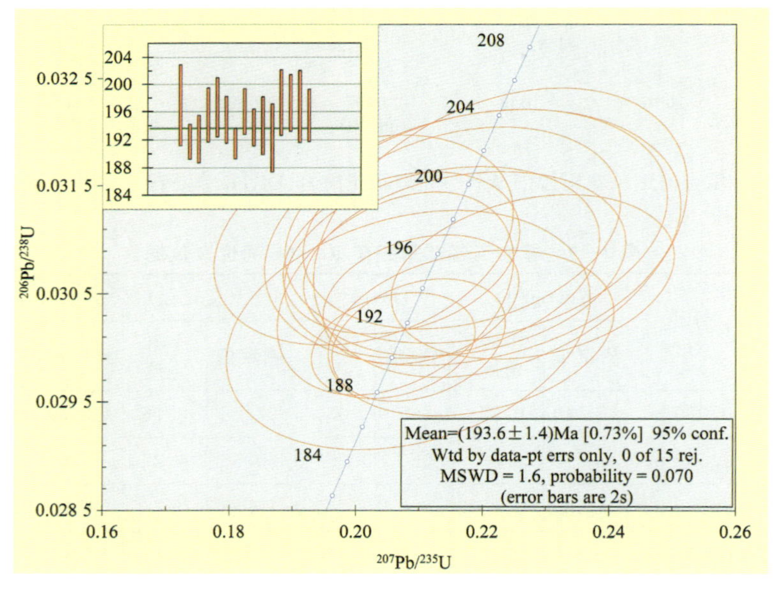

图 3-12　小西林似斑状细粒花岗岩(TWS6)锆石 U-Pb 年龄谐和图

TWS2样品角闪石Ar－Ar测年：采样阶段升温加热使用石墨炉，每一个阶段加热30min，净化30min。质谱分析采用多接收稀有气体质谱仪Helix MC，每个峰值均采集20组数据。所有数据在回归到时间零点值后再进行质量歧视校正、大气氩校正、空白校正和干扰元素同位素校正。中子照射过程中所产生的干扰同位素校正系数通过分析照射过的K_2SO_4和CaF_2来获得，其值为：$(^{36}Ar/^{37}Ar_o)_{Ca}=0.000\,238\,9$，$(^{40}Ar/^{39}Ar)_K=0.004\,782$，$(^{39}Ar/^{37}Ar_o)_{Ca}=0.000\,806$。$^{37}Ar$经过放射性衰变校正；$^{40}K$衰变常数$\lambda=5.543\times10^{-10}a^{-1}$。详细实验流程见相关文献（陈文等，2006；张彦等，2006）。用ISOPLOT程序计算坪年龄及正、反等时线，坪年龄误差以2σ给出。TWS2样品角闪石Ar－Ar测年结果如图3－13和图3－14所示，正、反等时线及坪年龄分别为(101.3±2.7)Ma、(101.9±1.7)Ma和(100.6±1.2)Ma。

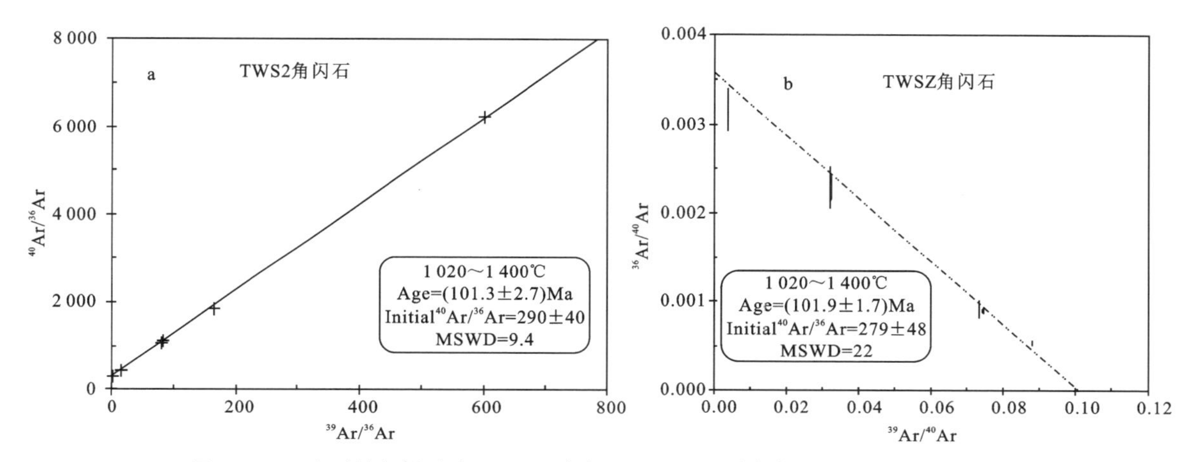

图3－13 小西林辉绿玢岩(TWS2)角闪石Ar－Ar同位素正(a)与反(b)等时线

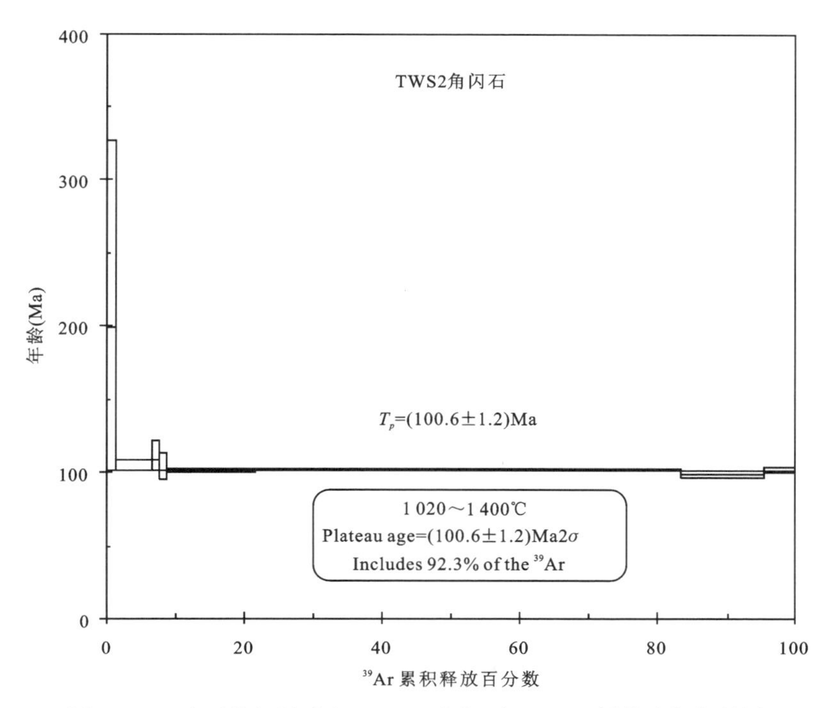

图3－14 小西林辉绿玢岩(TWS2)角闪石Ar－Ar同位素坪年龄图

5. 大西林锆石 U－Pb 测年

共采集和测试 1 件中细粒二长花岗岩锆石测年样品，编号为 DKD1。样品采自大西林铁矿床露天采坑近矿围岩(详见表 3－1，薄片编号为 bD1)。锆石阴极发光(CL)图像显示振荡环带结构发育，锆石 Th/U 值>0.4，具有岩浆成因特征。TWS6 样品获得 LA－ICP－MS 锆石 U－Pb 加权平均年龄为(186.8±1.3)Ma，代表中细粒二长花岗岩结晶年龄(图 3－15)。

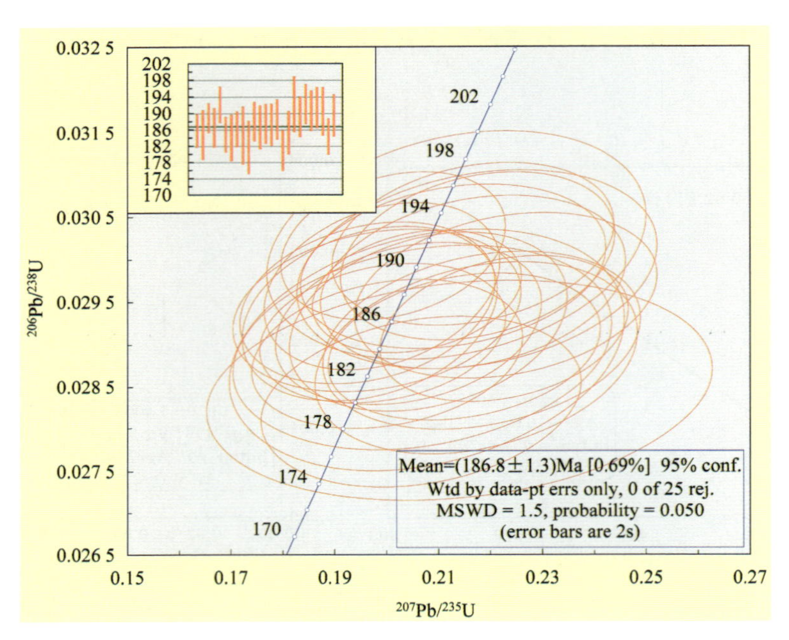

图 3－15　大西林中细粒二长花岗岩(DKD1)锆石 U－Pb 年龄谐和图

6. 二股锆石 U－Pb 测年

共采集和测试 2 件含矿花岗岩类锆石测年样品，编号分别为 DKX12 和 DKE12。

DKX12：采自二股西山多金属矿床＋100m 穿脉铜矿体下盘，岩性为斑铜矿化花岗岩。锆石阴极发光(CL)图像显示振荡环带结构发育，锆石 Th/U 值>0.4，具有岩浆成因特征。LA－ICP－MS 锆石 U－Pb 加权平均年龄为(186.9±1.1)Ma(n＝25)，代表成矿花岗岩结晶年龄(图 3－16)。

DKE12：采自二股公路桥东采石场东侧采石场，岩性为似斑状细粒花岗闪长岩。锆石阴极发光(CL)图像显示振荡环带结构发育，锆石 Th/U 值>0.4，具有岩浆成因特征。25 个分析点中有 3 个点的模式年龄大于 200Ma，加权平均获得两组年龄，其分别为(185.8±1.7)Ma(n＝22)和(205.3±2.4)Ma(n＝3)(图 3－17)。前者代表似斑状细粒花岗闪长岩结晶年龄，后者应为印支期(T_3)的继承锆石年龄。

7. 大安河锆石 U－Pb 测年

大安河金矿床是成矿带唯一一处与花岗岩类有关的金矿床。于主矿体露天采坑采集 1 件辉石闪长岩锆石测年样品，编号为 DKDA5(详见表 3－1，薄片编号为 bG5)。锆石阴极发光(CL)图像显示振荡环带结构发育，锆石 Th/U 值>0.4，具有岩浆成因特征。获得两组 LA－ICP－MS 锆石 U－Pb 加权平均年龄，一组为(195.1±1.1)Ma(n＝22)，另一组为(183.6±6.3)Ma，代表岩浆两次脉动成岩年龄(图 3－18)。

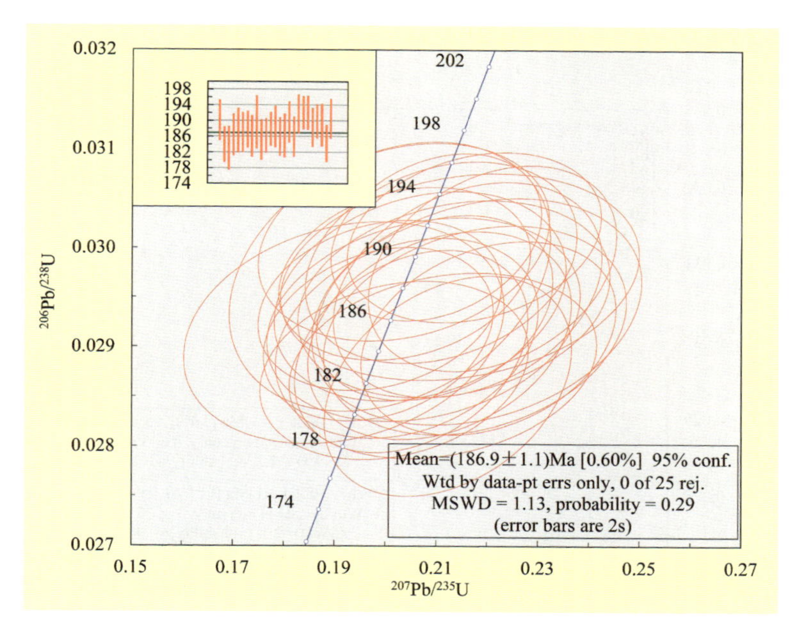

图 3-16　二股西山花岗岩(DKX12)锆石 U-Pb 年龄谐和图

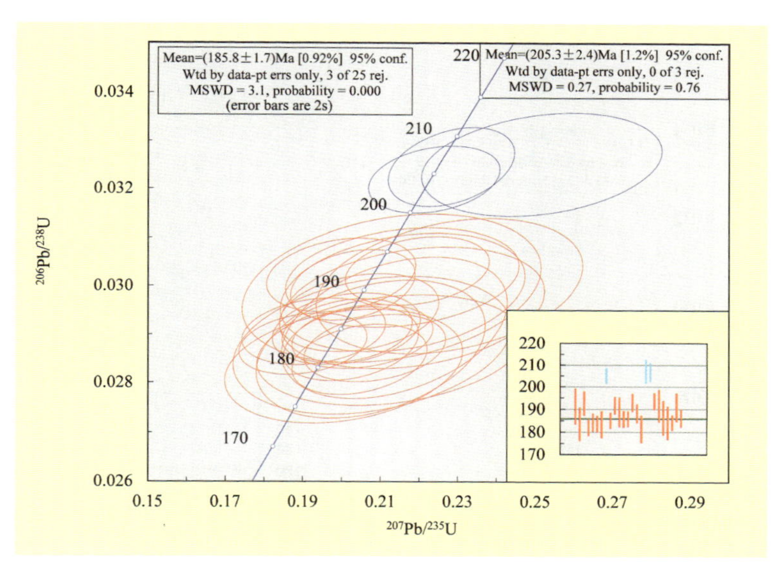

图 3-17　二股似斑状花岗闪长岩(DKE12)锆石 U-Pb 年龄谐和图

8. 弓棚子锆石 U-Pb 测年

弓棚子矿铜矿床位于滨东地区宾县境内,哈尔滨市阿城区平山镇北约 30km。矿床产于细粒花岗闪长岩与中二叠统土门岭组碎屑岩—碳酸盐岩接触带附近。于弓棚子铜矿床主井附近采集 1 件中细粒花岗闪长岩锆石测年样品,编号为 DKG2。细粒花岗闪长岩为近矿围岩,主要由斜长石(40%)、石英(30%)、黑云母(15%)、钾长石(15%)及少量角闪石和黑云母组成(详见表 3-1,薄片编号为 bD1)。

锆石阴极发光(CL)图像显示振荡环带结构发育,锆石 Th/U 值>0.4,具有岩浆成因特征。获得 LA-ICP-MS 锆石 U-Pb 加权平均年龄为(180.7±2.3)Ma(n=25),代表细粒花岗闪长岩结晶年龄(图 3-19)。这一结果与滨东地区成矿相关花岗岩年龄基本一致。

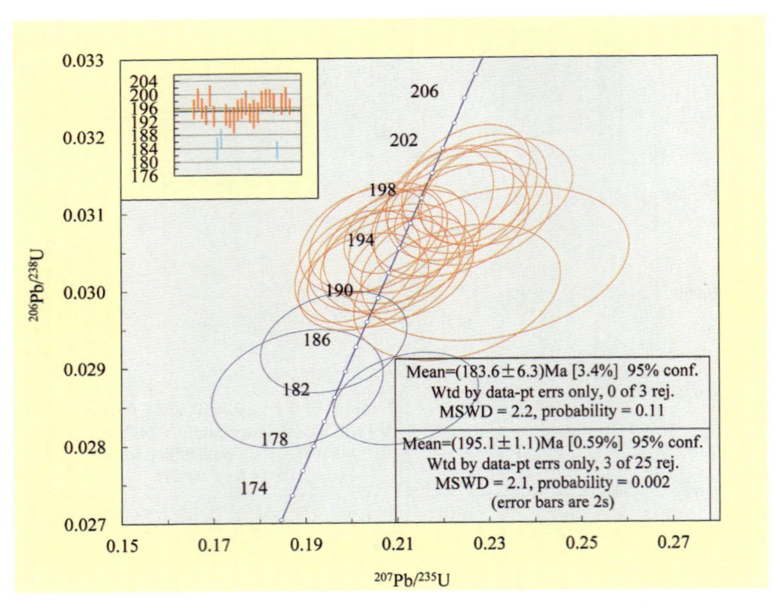

图 3-18　大安河辉石闪长岩(DKDA5)锆石 U-Pb 年龄谐和图

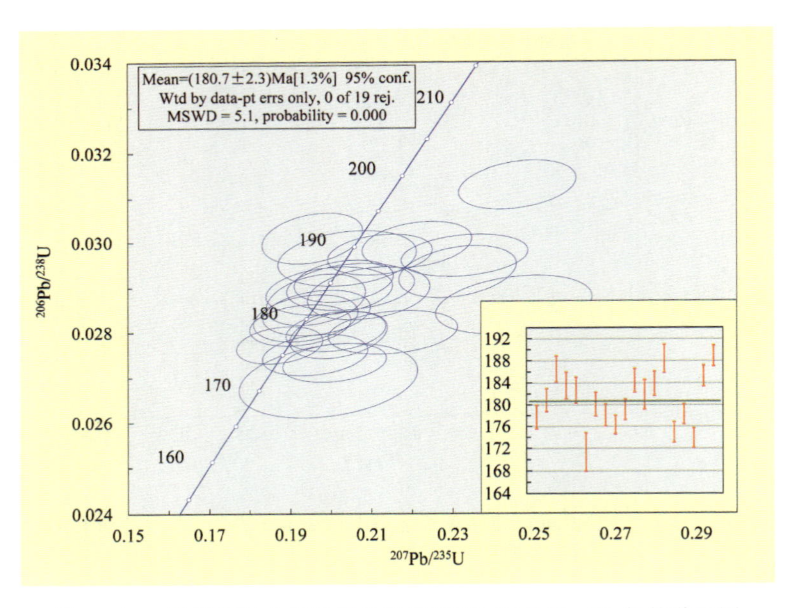

图 3-19　弓棚子细粒花岗闪长岩(DKG2)锆石 U-Pb 年龄谐和图

9. 袁家屯锆石 U-Pb 测年

袁家屯铅锌矿床哈尔滨市五常县境内，为一小型矿床，现由民营矿业公司开采。矿床产于花岗闪长岩与中二叠统土门岭组碎屑岩一碳酸盐岩接触带附近。样品采自钻孔中，为主矿体下盘近矿围岩，岩性为细粒花岗闪长岩(详见表 3-1，薄片号为 bY4、bY5)，编号为 DKY11。锆石 Th/U 值>0.4，具有岩浆成因特征。获得加权平均年龄为(173.9±2.1)Ma(n=23)，代表细粒花岗闪长岩结晶年龄(图 3-20)。第 4 号分析点和第 20 号分析点因仪器信号弱，数据不可靠而被剔除。

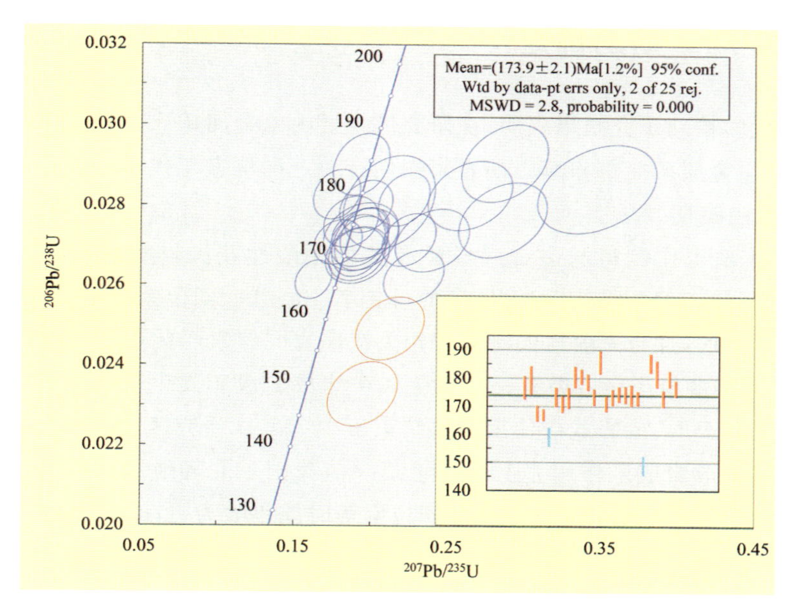

图 3-20　袁家屯细粒花岗闪长岩(DKY11)锆石 U-Pb 年龄谐和图

10. 东安锆石 U-Pb 测年

东安金矿床赋矿岩石既有花岗岩类，也有中生代火山岩。样品采自东安金矿探矿平巷，主矿体上盘潜流纹质晶屑凝灰岩，编号为 DKA2。锆石阴极发光(CL)图像显示振荡环带结构发育，锆石 Th/U 值>0.4，具有岩浆成因特征。获得 LA-ICP-MS 锆石 U-Pb 加权平均年龄为(109.1±0.87)Ma (n=25)，代表潜流纹质晶屑凝灰岩成岩年龄(图 3-21)。

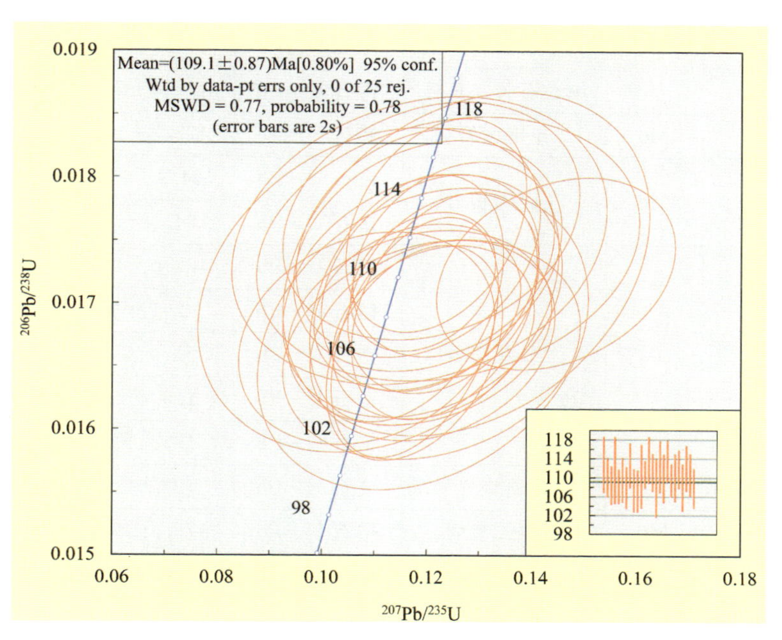

图 3-21　东安流纹质晶屑凝灰岩(DKA2)锆石 U-Pb 年龄谐和图

二、成矿带主成矿期的确定

上述同位素年代学精确研究结果表明，在研究区主要内生金属矿床中，除英城子金矿床和塔东铁矿床外，几乎所有原生金属矿床都与燕山期岩浆作用有关。同位素年代学研究表明，成矿带主成矿期为燕山早期(J_1)和燕山晚期(K_1)。

燕山早期(J_1)：本次工作测得与多金属成矿有关的中酸性花岗岩类锆石 U－Pb 同位素年龄为(173.9±2.1～195.1±1.1)Ma，与之相关矿床的辉钼矿 Re－Os 同位素年龄为(176.3±5.1～181.2±1.8)Ma，两者基本一致，且与先前他人测得的相关花岗岩同位素年龄(172.3±1.6～209±4)Ma 基本一致(表 3－8)。成矿带与花岗岩类有关的多金属矿床成岩成矿发生于晚三叠世—早侏罗世，成岩大致始于 T_3，成矿发生于 J_1，成岩成矿作用大致结束于 172Ma。研究区大量同位素测年结果显示，燕山早期该区存在大规模成岩成矿作用。上述测年结果与我国东北等地区钼矿床主成矿期一致，如内蒙古东部地区的新台门钼矿床辉钼矿 Re－Os 同位素等时线年龄为(178±5)Ma(张遵忠等，2009)，乌努格吐山斑岩铜钼矿床辉钼矿 Re－Os 同位素等时线年龄为(178.5±10)Ma(李诺等，2007)，燕辽成矿带的兰家沟钼矿床辉钼矿 Re－Os 同位素等时线年龄为(186.5±0.7)Ma，杨家杖子钼矿床辉钼矿 Re－Os 同位素模式年龄为(187±2～191±6)Ma(黄典豪等，1996；Huang et al，1996)。这些测年结果表明，早侏罗世我国东北地区岩浆—成矿作用的广泛存在(谭红艳等，2012)。

表 3－8　小兴安岭-张广才岭成矿带主成矿期成岩成矿同位素年龄统计表(数据引用前人研究)

矿田/矿区	矿床名称	矿种	赋矿侵入岩及矿石	测定方法	年龄(Ma)	来源	测定时间
翠宏山矿田	翠宏山	Fe	二长花岗岩	K－Ar	198	黑龙江省第三地质队	1984
				锆石 U－Pb	192.8±2.5	张振庭	2010
				锆石 U－Pb	199.0±3.1	张振庭	2010
				锆石 U－Pb	194.1±1.6	张振庭	2010
			细粒石英二长岩	锆石 U－Pb	177.5±2.1	刘志宏	2009
		Mo	花岗斑岩	锆石 U－Pb	172.3±1.6	刘志宏	2009
	霍吉河	Mo	花岗闪长岩	锆石 U－Pb	184.9±0.91	郭嘉	2009
				锆石 U－Pb	184.0±1.5	陈静	2011
鹿鸣矿田	鹿鸣	Mo	二长花岗岩	锆石 U－Pb	174.0±1.9	张苏江	2009
				锆石 U－Pb	201±4	张振庭	2010
				锆石 U－Pb	176±4	张振庭	2010
				锆石 U－Pb	195.4±1	陈静	2011
				锆石 U－Pb	195.4±1	陈静	2011
			花岗斑岩	锆石 U－Pb	197.6±1	陈静	2011
	翠岭	Mo	石英二长岩	锆石 U－Pb	178.3±1.1	张苏江	2009
	前进东山	Pb、Zn	二长花岗岩	锆石 U－Pb	209±4	张振庭	2010
			流纹岩	锆石 U－Pb	200.1±1.3	唐文龙	2007
			花岗斑岩	锆石 U－Pb	201.7±1.2	唐文龙	2007
	西岭南山	Pb、Zn	花岗斑岩	锆石 U－Pb	195.3±3.0	唐文龙	2007

续表 3-8

矿田/矿区	矿床名称	矿种	赋矿侵入岩及矿石	测定方法	年龄(Ma)	来源	测定时间
西林矿田	小西林	Pb、Zn	二长花岗岩	锆石 U-Pb	197±1	韩振哲	2011
				锆石 U-Pb	202.6±4.8	张振庭	2010
	大西林	Fe	二长花岗岩	锆石 U-Pb	200±1	韩振哲	2011
二股矿田	二股西山	Fe	花岗闪长岩	锆石 U-Pb	192.3±4.6	张振庭	2010
	二股-徐老九沟	Fe	花岗闪长岩	锆石 U-Pb	175.8±3.4	张振庭	2010
	二股西北河	Fe	花岗闪长岩	锆石 U-Pb	195.2±1.5	陈静	2011
	二股响水河	Fe	花岗闪长岩	锆石 U-Pb	193.8±1.3	陈静	2011
	二股东山	Fe	碱长花岗岩	锆石 U-Pb	179.3±4.6	张振庭	2010
大安河矿区	大安河	Au	(辉石)闪长岩	全岩 K-Ar	186.3±7.7	黑龙江省地质调查研究总院	2000
滨东矿集区	五道岭	Mo	碱长花岗岩		180.9	韩振新	2009
	五道岭、弓棚子、苏家围子	Cu、W、Mo、Zn、Fe	花岗质岩石	锆石 U-Pb	186.1~209.5	陈静	2011
逊克矿区	东安	Au	中粗粒碱长花岗岩	锆石 U-Pb	178.4±1.2	陈静	2011
			流纹岩	锆石 U-Pb	190.41±0.96	杨铁铮	2008
			流纹岩	锆石 U-Pb	108.8±2.8	杨铁铮	2008
			矿石	全岩 Rb-Sr	108	敖贵武	2004
	高松山	Au			120	陈桂虎	2012

燕山晚期(K_1):本次工作测得与火山作用有关的东安金矿床相关流纹质晶屑凝灰岩锆石 U-Pb 同位素年龄为(109.1±1.1)Ma,与流纹岩锆石 U-Pb 年龄(108.8±2.8)Ma(杨铁铮,2008)、金矿石全岩 Rb-Sr 同位素年龄 108Ma(敖贵武等,2004)、冰长石 Ar-Ar 年龄 105.14Ma(陈静,2011)和全岩 Rb-Sr 年龄 112Ma(叶鑫,2011)基本一致。高松山成矿年龄为 120Ma(陈桂虎等,2012)。三道湾子浅成低温热液型金矿床成矿年龄为 120~110Ma(陈静,2011),本次工作测得小西林铅锌矿床辉绿玢岩 Ar-Ar 同位素年龄为(100.6±1.2)Ma,与其锆石 U-Pb 年龄(112.2±1.0)Ma(陈静,2011)大致相近。与三道湾子金矿体上盘辉绿玢岩斜长石 Ar-Ar 年龄(115.0±1.1)Ma 和(118.9±1.2)Ma(陈静,2011)基本一致。综上所述,三道湾子、东安和高松山浅成低温热液型金矿床,同处于乌云-结雅火山活动带,其成岩成矿年龄大致为 120~100Ma,同为早白垩世火山活动产物,成岩成矿年龄非常接近,成岩始于 120Ma,金成矿年龄为 110~105Ma,稍晚于成岩。根据测年结果进一步表明,在早白垩世该区发生多旋回火山作用,多旋回火山作用不仅为金矿形成提供热动力,也为其提供物质运移的通道和载体及储存的构造空间。

第四节 区域矿床成矿系列

根据成矿系列理论和成矿系列划分原则(翟裕生等,1996)和岩浆岩建造与成矿的关系,将研究区主要金属矿产划分出如下 2 个矿床成矿系列(表 3-9)。

表 3-9 小兴安岭-张广才岭成矿带矿床成矿系列表

矿床成矿系列	矿床式	成矿组分		构造单元	赋矿地层	主要岩浆岩类	成岩成矿时代(Ma)	主要成因类型	主要矿床
		主要	次要						
燕山早期与花岗岩类有关的钨、钼、铜、铅、锌、锡、金、铁矿床成矿系列(Ⅰ)	翠宏山	W、Mo、Zn	Pb、Fe、Cu	小兴安岭花岗岩带	下寒武统铅山组	二长花岗岩、碱长花岗岩、花岗斑岩、细粒花岗岩等	U-Pb:199.0~172.3;Re-Os:186.7~182.0	复合型:矽卡岩型-斑岩型-热液型	翠宏山
	弓棚子	Cu、W、	Zn、Fe、Mo	张广才岭花岗岩带	下二叠统土门岭组	花岗闪长岩	U-Pb:180.7	复合型:矽卡岩型-热液型	弓棚子、大砬子
	小西林	Zn、Pb	Ag	小兴安岭花岗岩带	下寒武统铅山组	花岗闪长岩、花岗斑岩	U-Pb:199.5~197	热液型	小西林、二段、库南、五星
	鹿鸣	Mo	Cu、Au	小兴安岭花岗岩带	—	二长花岗岩、花岗闪长岩、花岗斑岩等	U-Pb:201.0~174.0;Re-Os:184.3~177.4	斑岩型	鹿鸣、霍吉河、翠岭、高岗山
	二股西山	Zn、Fe	Pb、Ag、Cu	小兴安岭花岗岩带	下寒武统铅山组	花岗闪长岩、正长花岗岩、碱长花岗岩	U-Pb:192.3~175.8	矽卡岩型	二股西山、二股东山、昆仑气、响水河、库滨、徐老九沟
	大西林	Fe	Zn	小兴安岭花岗岩带	下寒武统铅山组	二长花岗岩、花岗斑岩	U-Pb:199.5~197	矽卡岩型	大西林、库源、十林场、翠北、宏铁山、红旗山、阿廷河
	五营	Sn		小兴安岭花岗岩带	下寒武统铅山组	二长花岗岩、花岗闪长岩		矽卡岩型	五营
	五道岭	Mo	Fe、S	张广才岭花岗岩带	下二叠统五道岭组	细粒碱长花岗岩	180.9;U-Pb:179.2	矽卡岩型	五道岭
	石发	Zn、Fe、Mo	Fe、Pb、Cu	张广才岭花岗岩带	下二叠统土门岭组	碱长花岗岩、花岗斑岩	209.5~186.1	矽卡岩型	石发、白岭、张家湾、明理、苏家围子
	林海	Fe	Pb、Zn	张广才岭花岗岩带	新元古界张广才岭群	二长花岗岩、花岗闪长岩、碱长花岗岩等		矽卡岩型	林海、闹枝沟
	大安河	Au		小兴安岭花岗岩带	下二叠统土门岭组	(辉石)闪长岩	U-Pb:195.1	矽卡岩型	大安河
燕山晚期与火山活动有关的金、铅锌矿床成矿系列(Ⅱ)	东安	Au	Ag	乌云结雅火山活动带	下白垩统	潜流纹斑岩、潜英安岩潜凝灰岩、爆破角砾岩	U-Pb:109.1;Rb-Sr:108	浅成低温热液型	东安、高松山
	新民北山	Au	Ag、As	乌云结雅火山活动带	下白垩统	细粒碱长花岗岩、流纹斑岩		浅成低温热液型	新民北山
	小西林	Pb、Zn	Ag	小兴安岭花岗岩带	下寒武统铅山组	辉绿玢岩	Ar-Ar:100.60±1.2;U-Pb:112.2±1.0	浅成低温热液型	小西林

1. 燕山早期与花岗岩类有关的钨、钼、铅、锌、锡、金、铁矿床成矿系列(Ⅰ)

该成矿系列在成矿带分布最广,矿床成因类型和矿种多样,内部结构复杂而富有规律性。矿床成因类型主要有矽卡岩型、斑岩型、热液型及其复合类型,矿种以铅、锌、钼、钨、铜、金、铁为主,次为锡、硒、铟、银、镓等。

2. 燕山晚期与火山活动有关的金、铅锌矿床成矿系列(Ⅱ)

该矿床成矿系列以浅成低温热液型金矿床为主,主要矿床有东安和高松山两个大型金矿床,次为新民北山小型金矿床和小西林铅锌矿床中由辉绿玢岩叠加改造原有矿体形成的低温热液型铅锌矿石相。

第四章　燕山早期成矿系列地质特征

燕山早期是成矿带主成矿期之一，形成的矿床数量众多、分布最广，与小兴安岭和张广才岭燕山早期花岗岩带相对应。燕山早期成矿系列包括的矿床类型主要有矽卡岩型、斑岩型、热液型及其复合类型，矿种以有色金属为主，兼有铁和金等。该成矿系列的基本地质特征：与成矿有关的花岗岩类多样，主要为燕山早期形成的中酸性侵入岩；矽卡岩型矿床与古生代碳酸盐岩建造关系密切；接触带构造和断裂构造是控制该成矿系列形成的重要构造。

第一节　矽卡岩型矿床

该矿床类型在成矿带分布最广，主要包括小兴安岭地区的大西林、库源、库滨、库南、十林场、翠北、宏铁山、红旗山、阿廷河、二股西山、二股东山、昆仑气、响水河、五营、大安河等矿床，张广才岭地区的弓棚子、大砬子、五道岭、石发、白岭、张家湾、明理、苏家围子、林海、闹枝沟等矿床。其中，二股西山铅锌多金属矿床、大安河金矿床、五道岭钼矿床和林海铁矿床规模较大。

一、二股西山铅锌多金属矿床

矿床位于伊春市铁力市北东37km处，地理坐标为东经128°20′15″—128°21′05″，北纬47°10′10″—47°10′41″。二股西山多金属矿床是二股矿田具有代表性的矿床，成矿以锌、铁为主，其次为铅、铜、钼，并伴生铟、镉、银等。矿区出露的地层为下寒武统铅山组，侵入岩主要有中粒花岗闪长岩-中粗粒二长花岗岩-粗中粒碱长花岗岩-中细粒碱长花岗岩，岩石结构、构造变化不大，但矿物成分及含量变化较大。矿区构造以近南北向接触带构造和断裂构造为主，接触带构造常复合断裂构造。

共圈定5个矿体，其中以Ⅰ、Ⅱ、Ⅲ号矿体为主。矿体沿接触带构造分布，受构造控制明显，在平面及剖面上均呈舒缓波状。矿体沿走向、倾向均有膨胀、收缩和分支复合（图4-1）。矿体产状陡立，倾向、倾角随构造带的产状变化而变化。

Ⅰ号矿体：产于接触带的最北端（包括27个小矿体），是以锌为主的铅锌多金属矿体。走向南北，倾向西，倾角75°。矿体呈透镜状、似脉状，长约325m，最大厚度26.32m，平均厚8.27m，最大延深达400m。矿体北部以铁、铅锌为主，中部以铁矿为主，其间夹少量厚度不大的综合性矿体，如铁钼锡矿体、铁钼矿体、铁铜锌钼锡等矿体。南部以铁锌矿为主，其中可见夹一些铜、钨、钼等有色金属小矿脉。总的来看上部以铁锌矿为主，向下有逐渐被多金属矿化取代的趋势。锌的平均品位为1.85%。

Ⅱ号矿体：位于接触带的中部（包括两端延伸处的9个小矿体），是以铁为主的多金属矿体。矿体走向北北东转北北西，倾向西，倾角66°。矿体呈透镜状，长约300m，最大厚度8.83m，平均厚度4.44m，延深70m。矿种在垂向上变化不明显，只是向深部钨、钼、铜、铅锌有所增加。TFe品位平均为34.41%。

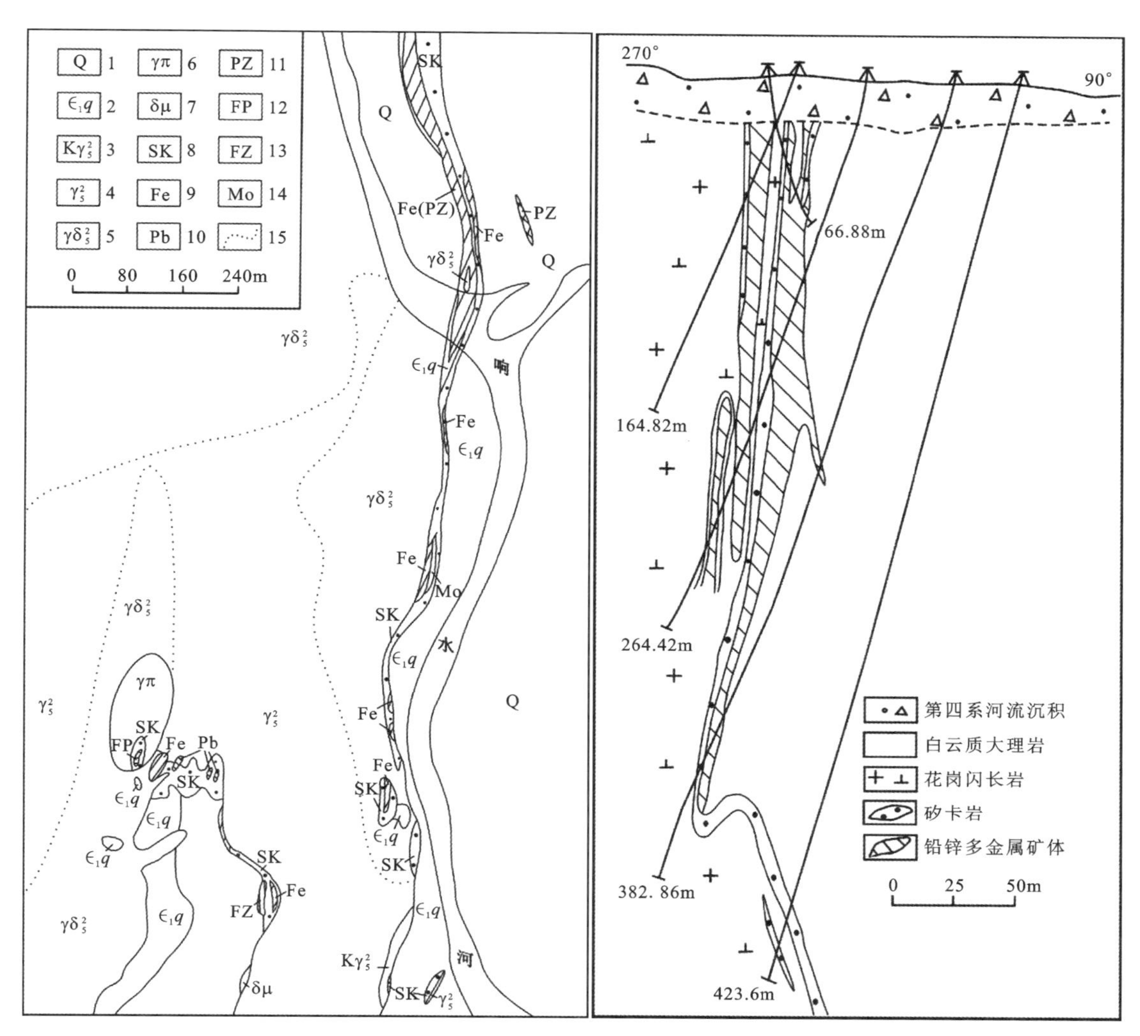

图 4-1 二股西山铅锌多金属矿床地质图(左)和Ⅳ勘探线剖面图(右)

(据黑龙江省第三地质队,1984,有改动)

1. 第四系;2. 下寒武统铅山组;3. 碱长花岗岩;4. 黑云母花岗岩;5. 花岗闪长岩;6. 花岗斑岩;7. 闪长玢岩;8. 矽卡岩;9. 铁矿体;10. 铅矿体;11. 铅锌矿体;12. 铁铅矿体;13. 铁锌矿体;14. 钼矿体;15. 岩相界线

Ⅲ号矿体:位于接触带的最南端(包括附近的8个小矿体),是以铁钼砷为主的铅锌多金属矿体。矿体走向北东,倾向西,倾角78°。矿体呈似脉状,长约240m,最大厚度12.07m,平均厚度为9.67m,延深200m。矿种在走向上和垂向上变化不大,只是靠近花岗岩时钨矿化有所加强。TFe平均品位为25.20%,Mo平均品位为0.22%,As平均品位为4.82%。

矿石中金属矿物主要是磁铁矿、闪锌矿、方铅矿、黄铜矿,其次有磁黄铁矿、黄铁矿、硼镁铁矿、辉钼矿等。脉石矿物均为矽卡岩矿物。矿石结构以自形、半自形和他形粒状结构为主,其次为交代残留、压碎、文象、乳浊及胶状结构。矿石构造以块状、条带状为主,其次为浸染状、角砾状及细脉状构造。按矿石矿物组合、结构、构造特征,二股铅锌多金属矿床的矿石可划分为8种主要类型:①块状磁铁矿矿石;②块状-浸染状磁铁矿、闪锌矿矿石;③浸染状-块状方铅矿、闪锌矿矿石;④星散状-细网脉状黄铜矿矿石;⑤浸染状辉钼矿矿石;⑥细脉-浸染状白钨矿矿石;⑦浸染状锡石矿石;⑧块状-浸染状磁黄铁矿矿石。

二股西山铅锌多金属矿床成因类型为矽卡岩型。接触带矽卡岩宽度一般5～20m，靠岩体一侧为钙矽卡岩，外侧为镁矽卡岩。铁、铅锌和硼镁铁矿多产于外矽卡岩带，铜和钼主要产于内矽卡岩带。成矿分两期：①矽卡岩成矿期，形成矽卡岩矿物和磁铁矿及硼镁铁矿等；②热液成矿期，形成绿帘石、绿泥石、蛇纹石、方解石、石英、磁黄铁矿、黄铁矿、辉钼矿、闪锌矿、黄铜矿等。

二、大安河金矿床

该矿床是黑龙江省目前发现的唯一矽卡岩型金矿床。矿区出露二叠系土门岭组变质石英砂岩夹大理岩，侵入岩为燕山早期闪长岩或辉石闪长岩，岩体边部可见石英闪长岩。侵入体呈岩株状，岩体南与土门岭组呈侵入接触，接触带构造呈宽缓"V"字形，明显与北东向、北西向及近东西向断裂构造拟合。断裂构造复合接触带构造，使矽卡岩发生破碎，形成较密集的节理和较大的裂隙，沿断裂带和接触带发育多处金矿化。

矿体主要赋存于闪长岩和二叠系土门岭组接触带矽卡岩中，个别产于内矽卡岩带的蚀变闪长岩中(图4-2)。共圈定12个矿体，主矿体为①号、②号、③号。①号矿体呈透镜状赋存于矽卡岩带中部，长108～250m，厚6.29m，最大垂深148m，金品位11.93g/t。②号矿体呈脉状赋存于外矽卡岩带，长75m，厚3.87m，最大垂深60m，金品位46.78g/t。③号矿体呈透镜状赋存于内矽卡岩带，长80～113m，厚3.82m，最大垂深96m，金品位5.93g/t。

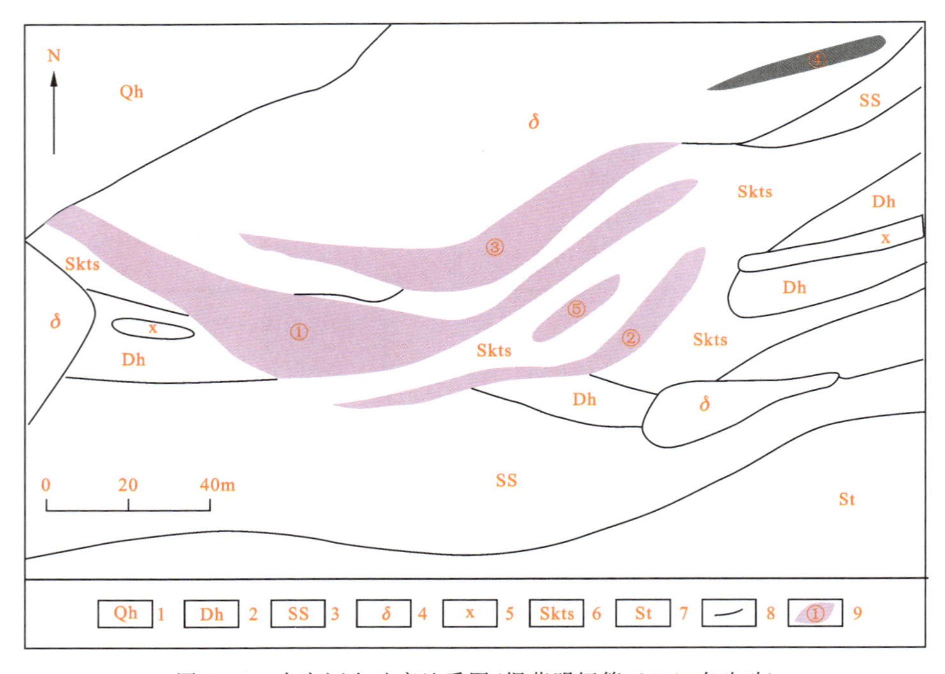

图4-2 大安河金矿床地质图(据薛明轩等，2001，有改动)

1. 第四系；2. 大理岩；3. 变质砂岩类；4. 闪长岩或辉石闪长岩；5. 煌斑岩；
6. 矽卡岩化变质砂岩；7. 矽卡岩；8. 地质界线；9. 金矿体及其编号

矿石类型属低砷贫硫单一金矿石，含少量银。矿石矿物中金主要以自然金、银金矿的形式存在，多为粒间金，少数为裂隙金和包裹金，金成色为829～951。伴生金属矿物含量小于0.4%，主要为黄铜矿、方铅矿、闪锌矿、黄铁矿、磁黄铁矿，其次为辉铋矿、毒砂、磁铁矿、白钨矿，见少量硫锑铋矿、辉锑矿、辉铋矿等。脉石矿物主要为透辉石、石榴子石、方柱石、石英、绿帘石、方解石，其次为绢云母、绿泥石、阳起石、钾长石、透闪石等。矿石结构以他形粒状为主，半自形粒状次之。矿石构造以块状、碎裂状、稀疏浸染状为主，细脉和团块状次之。自然金主要为显微金（平均粒径 0.03mm），呈尖棱角和枝杈状，赋存于硅酸岩矿物、石英和硫化物颗粒间。

蚀变与矿化主要发生于接触带，多期多阶段特征明显，由早到晚可分为 3 期：①矽卡岩化期，分早、晚期两个阶段，早阶段主要形成石榴子石、透辉石、方柱石等无水的简单矽卡岩矿物，晚阶段交代早阶段形成的矽卡岩矿物，形成阳起石、透闪石、绿帘石等含水的复杂矽卡岩矿物。矽卡岩化期形成微弱金矿化。②热液成矿期，也分为早、晚两阶段，早阶段主要交代早期的硅酸盐矿物，以形成石英、绿帘石、绿泥石、绢云母和少量黄铜矿、磁黄铁矿、毒砂、粗晶立方体黄铁矿为特征。晚阶段进一步交代早阶段硅酸盐矿物，以形成石英、碳酸盐和少量细粒黄铁矿、方铅矿、闪锌矿、黄铜矿、硫锑铋矿、辉锑矿、辉铋矿为特征。金矿化主要与绿帘石化、硅化和铋、锑矿化关系密切。③碳酸盐化期：代表热液成矿作用的尾声。金矿体主要产于矽卡岩带，矿床成因类型以矽卡岩型为主。

三、五道岭钼矿床

该矿床位于阿城市境内。矿区南部出露上二叠统—下三叠统五道岭组，由流纹岩、流纹质凝灰熔岩、安山岩、安山质凝灰熔岩、酸性和中酸性凝灰岩和凝灰质粉砂岩等组成（图 4－3、图 4－4）。矿区北部出露燕山早期中细粒—细粒碱长花岗岩，为岩株状—撮毛岩体的组成部分，其边缘相蚀变为黄铁绢英岩化细粒碱长花岗岩。区内发育北东东向、北北东向及北西向断裂，其中北东东向的五道岭-苏家围子断裂为控矿构造。该断裂长约 6km，发育于燕山早期花岗岩类与五道岭组火山岩接触带中。

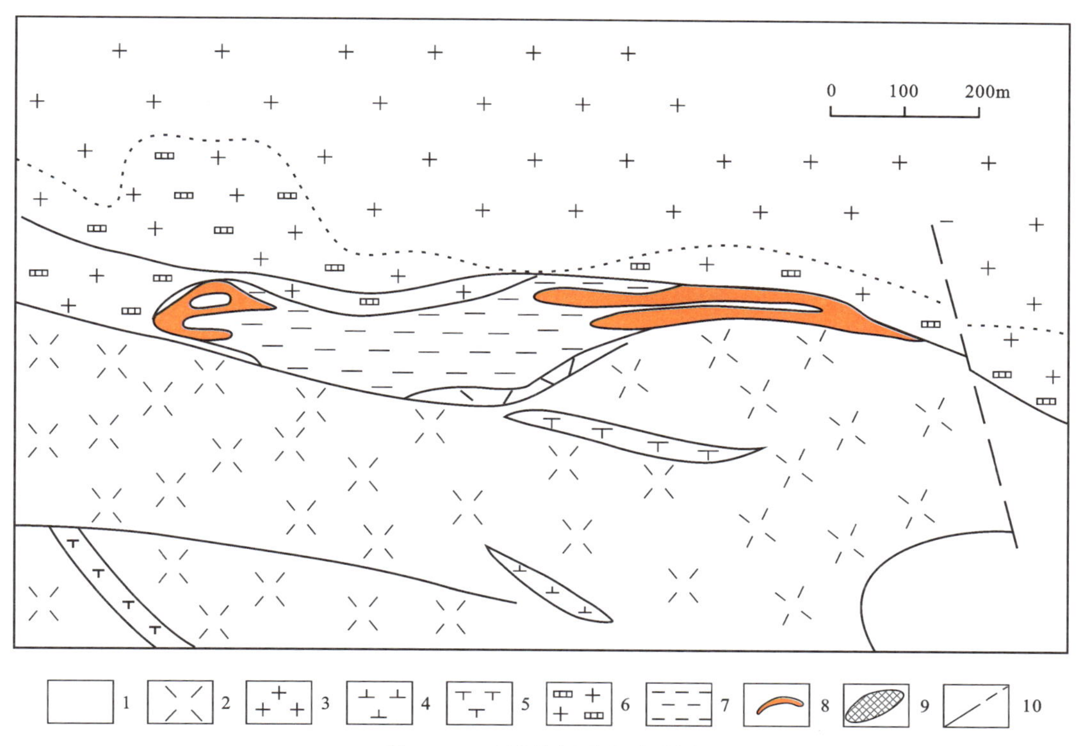

图 4－3 五道岭钼矿床地质图

1. 第四系；2. 五道岭组；3. 碱长花岗岩；4. 闪长岩；5. 花岗斑岩；
6. 黄铁绢英岩细粒碱长花岗岩；7. 矽卡岩；8. 钼矿体；9. 铁矿体；10. 断层

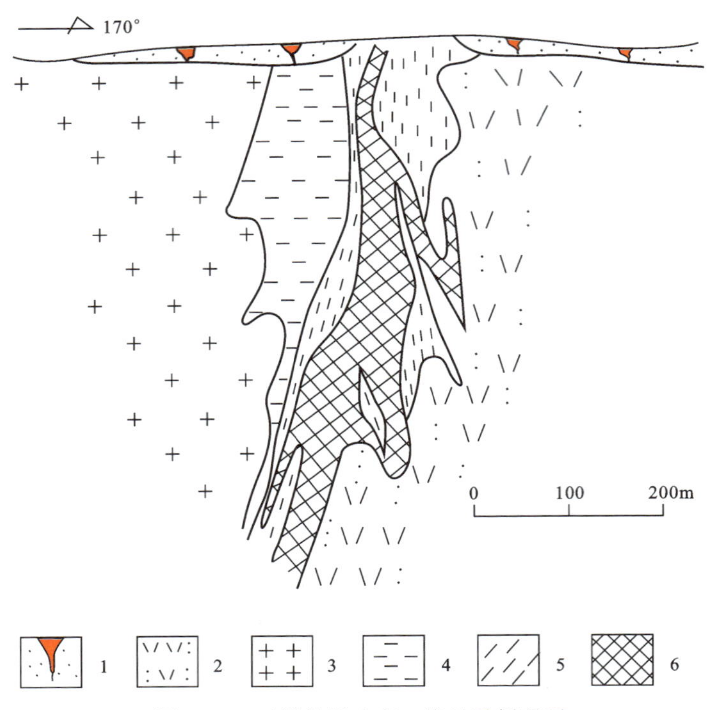

图 4-4　五道岭钼矿床 0 线地质剖面图

1. 表土；2. 流纹质凝灰岩；3. 碱长花岗岩；4. 黄铁绢英岩细粒碱长花岗岩；5. 矽卡岩；6. 钼矿体

矿床产于燕山早期花岗岩类与五道岭组接触交代形成的矽卡岩带，分为东、西两个矿段。东段为铁矿体及黄铁矿矿体，西段分布钼矿体。共圈定铁矿体和黄铁矿矿体各 1 条，钼矿体 7 条。其中 I 号钼矿体规模最大，矿体形态受接触带构造控制，呈不规则脉状，延长及延深稳定，垂深大。I 号钼矿体沿走向呈"S"形，在"S"形构造转折处，矿体剖面形态为漏斗状，其上下盘界面呈舒缓波状。I 号钼矿体的分支矿体发育于外接触带层间裂隙中。铁矿体和黄铁矿矿体均呈脉状，亦产于接触带矽卡岩中。

矿石结构以自形—他形粒状及斑状结构为主，此外有固熔体分离结构（叶片状和乳滴状）、交代残余结构、反应边结构、压碎结构等。矿石构造主要为块状、浸染状、网脉状及交错脉状构造，其次为角砾状构造。

矿石种类有钼矿石、铁矿石和黄铁矿矿石。钼矿石中金属矿物主要为辉钼矿，有少量黄铁矿、赤铁矿、黄铜矿、方铅矿、磁铁矿。铁矿石可分为磁铁矿石、磁铁赤铁矿石和镜铁矿，铁矿石中含少量黄铜矿、方铅矿、黄铁矿及次生褐铁矿。黄铁矿矿石主要含黄铁矿，有少量磁铁矿、赤铁矿及微量黄铜矿、方铅矿。各类矿石中脉石矿物主要为石榴子石、辉石、阳起石、绿帘石、方解石及绿泥石，其次有石英、长石、萤石等。

成矿分矽卡岩期和石英-硫化物-碳酸盐期。矽卡岩期分 2 个成矿阶段：①矽卡岩阶段，先后形成石榴子石矽卡岩、透辉石矽卡岩及绿帘石、阳起石矽卡岩；②磁铁矿化阶段，主要以交代石榴子石方式形成粒状磁铁矿。石英-硫化物-碳酸盐期分 3 个成矿阶段：①黄铁矿化阶段，形成的黄铁矿穿切早期形成的磁铁矿，伴有绿泥石化、绿帘石化、石英化和碳酸盐化；②赤铁矿、镜铁矿、黄铁矿化阶段，伴随绿泥石化和方解石化形成脉状或网脉状赤铁矿、镜铁矿和黄铁矿；③钼矿化阶段，主要形成辉钼矿，伴有黄铁矿及少量黄铜矿、方铅矿、闪锌矿，有关蚀变主要为绿泥石化、石英化和方解石化。

矽卡岩化是主要的近矿围岩蚀变，绝大多数矿体赋存于矽卡岩中。在内接触带发育有黄铁绢英岩化带，该蚀变带平行于矽卡岩带。角岩化分布于外接触带，平行于矽卡岩带呈长条状。此外，在接触带和外接触带还发育有黄铁矿化、碳酸盐化、绿泥石化、绿帘石化等蚀变。

矿体具水平和垂直分带，在水平方向上，矿区自东而西依次为磁铁矿体、黄铁矿体和辉钼矿体；在垂直方向，自下而上为磁铁矿—黄铁矿—辉钼矿。矿化有叠加现象，各矿体间或为锯齿状接触，或为递变过渡。

矿床的石榴子石中气液包裹体爆裂温度为400℃，磁铁矿为385℃，镜铁矿为330℃，黄铁矿为380～390℃，黄铜矿为255℃，反映成矿发生于高—中温条件，并且从早期到晚期成矿温度有所降低。矿床中金属硫化物的$\delta^{34}S$值为+3.3‰～+3.7‰，反映硫来源于硫同位素均一化程度很高的岩浆。形成碱长花岗岩类的岩浆具重熔成因，侵入到地壳浅部形成一些规模不大的岩体。该期侵入岩中富含辉钼矿、磁铁矿等副矿物，有的岩体还含较多的白钨矿、方铅矿等。此外，部分岩体中钼、铁、锌、铅、铜等含量较高。可以推测，形成碱长花岗岩的岩浆在最初的部分熔融过程中从源岩中汲取了成矿组分，在以后的分异演化中进一步富集，形成含矿岩浆。结合矿床地质特征，认为成矿物质主要来自重熔岩浆，矿床为矽卡岩-高中温岩浆热液成因。

四、林海铁矿床

矿床位于研究区南端的海林市二道河子乡境内，距柴河镇78km，地理坐标为东经129°30′03″，北纬45°13′56″。该矿床主要为铁矿，伴生锡和铅锌。

矿区出露地层主要为新元古界张广才岭群，呈捕虏体分布于花岗岩类中，岩性主要为绢云母片岩、角闪黑云片岩、石英岩夹透镜状或薄层状大理岩等，与花岗岩类接触普遍角岩化或形成角岩。侵入岩主要呈岩基状或岩株状，主要为中细粒碱长花岗岩和中细粒二长花岗岩，铁矿产于其与张广才岭群接触带。此外，矿区还广泛出露有混染花岗岩。矿区构造以接触带构造和断裂构造为主，走向以北东向为主，次为北东东向或近东西向。北东向构造控制主矿带（Ⅰ号矿带）展布及绝大多数矿体分布，它与北东东向或近东西向构造交会部位是铁矿最为富集部位。Ⅰ号矿带长1 300m，宽60～80m，延深150～250m。矿带由10条铁矿体组成，矿体主要产于花岗岩类与张广才岭群新兴组接触带。矿体呈脉状、透镜状或扁豆状。围岩蚀变较简单，主要为矽卡岩化，其次有硅化、黄铁矿化等。矿石中金属矿物以磁铁矿为主，少量锡石、黄铁矿、闪锌矿、方铅矿、黄铜矿、磁黄铁矿及辉钼矿等。脉石矿物主要为石榴子石、透辉石等矽卡岩矿物。铁矿化主要形成于矽卡岩期，锡或铅锌矿化形成于热液期，成矿分2期、5个阶段。第一期为矽卡岩期，分2个阶段：①矽卡岩阶段，主要形成矽卡岩；②磁铁矿化矽卡岩阶段，为铁的主要成矿阶段，形成磁铁矿化和石榴子石等矽卡岩矿物。第二期为热液期，分3个成矿阶段：①磁铁矿阶段，又一次形成磁铁矿，伴生阳起石、绿帘石、蛭石等；②锡矿化阶段，主要形成锡石、毒砂及磁黄铁矿；③石英-硫化物-碳酸盐阶段，形成石英化、萤石化、碳酸盐化、黄铁矿化等热液蚀变。

第二节 斑岩型矿床

该类矿床主要有霍吉河矿床、鹿鸣矿床、翠岭矿床和高岗山矿床等。其中，霍吉河钼矿床和鹿鸣钼矿床规模较大，具有代表性，将其分述如下。

一、霍吉河钼矿床

霍吉河钼矿床是翠宏山矿田重要矿床，位于黑龙江省逊克县，地理坐标为东经128°57′30″，北纬

48°30′58″。矿床于2004年由黑龙江省第六地质勘察院发现，后经该院勘探于2009年提交钼金属资源量在27.5万t以上，平均品位约0.07%。矿床分东、西两个矿段，西矿段矿体数量及规模均优于东矿段（图4-5）。

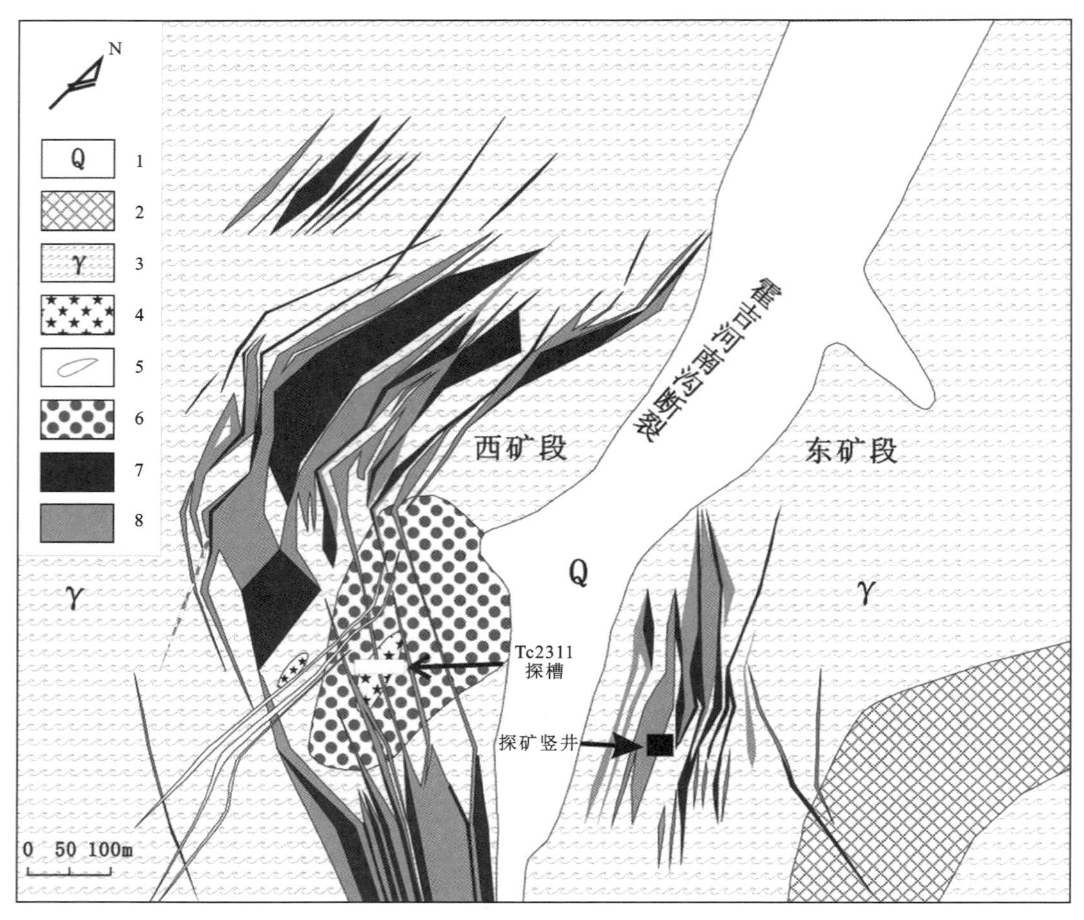

图4-5　霍吉河钼矿床地质图（据魏玉明等，2009，有改动）

1. 第四系；2. 西林群片理化中酸性火山岩；3. 细—中粒花岗闪长岩；4. 蚀变细粒花岗闪长岩；5. 钠长斑岩脉；6. 爆破角砾岩；7. 钼矿体（Mo≥0.06%）；8. 钼矿体（0.06%>Mo>0.03%）

1. 矿区地质特征

出露地层主要为西林群片理化中酸性火山岩。侵入体呈岩基状，岩石类型主要为燕山早期细—中粒花岗闪长岩，局部可相变为中细粒二长花岗岩、中细粒碱长花岗岩等。矿区钠长斑岩脉较为发育，为成矿后形成。此外，还见有花岗斑岩脉。矿区断裂和破碎带构造发育，主要呈南北向、北西西向和北北西向。

主干断裂：霍吉河南沟断裂规模最大，是矿区的主干断裂，它纵贯矿区并将其切分为东、西两个矿段。绝大多数钼矿体分布于该断裂的两侧。断裂走向近南北向，倾向东，倾角较缓。西矿段成矿后钠长斑岩脉体显示，该组断裂构造具多期活动特征。

破碎带：主要发育于矿层间，长一般为数百米至千余米，呈近南北向、北西西向和北北西向。沿破碎带花岗岩类岩石强烈破碎蚀变，但矿化微弱。破碎带间岩石普遍碎裂，构成碎裂岩带，碎裂状花岗岩类岩石是主要的容矿岩石，次为爆破角砾岩。近南北向破碎带，倾向东，倾角一般为20°，西矿段沿近南北向平行排列的矿体均受该组破碎带控制。北西西向破碎带倾向北东，倾角 15°～25°，西矿段沿北西西向平行排列的矿体均受该组破碎带控制。该组破碎带与近南北向破碎带交会部位矿体规模较大，矿石品位较高。北北西向破碎带发育于东矿段，倾向东，倾角 10°～30°，东矿段矿体群多受该组破碎带控制。

爆破角砾岩：在南北向与北西西向破碎带交会部位，发育有爆破角砾岩筒，出露面积约 0.16km，向西倾，倾角 75°～80°。角砾岩呈灰白色—肉红色，角砾成分单一，为细粒花岗闪长岩，角砾大小一般在 10mm 左右，以棱角状为主，少数为次棱角状。胶结物为灰白色石英、钾长石、黑云母及交代残余斜长石等矿物。交代石英质纯，他形粒状或不规则状，粒度 0.5～2.0mm。爆破角砾岩局部矿化，为次要容矿岩石。

2. 矿床地质特征

钼矿体主要产于花岗岩类中，矿区共圈出工业钼矿体 40 条，低品位矿体 27 条。西矿段工业钼矿体 35 条，主矿体编号为Ⅴ、Ⅵ、Ⅶ、Ⅷ。东矿段工业钼矿体 5 条，编号分别为Ⅰ、Ⅱ、Ⅲ、Ⅳ、Ⅴ，主要矿体为Ⅱ～Ⅴ号矿体。工业钼矿体长 200～1 695m，厚 2～55m，钼平均品位 0.066%～0.120%。西矿段矿体倾向北偏东或倾向东，倾角 15°～30°。东矿段矿体走向 317°～335°，倾向北东，倾角 10°～30°。矿体有分支复合现象，形态以（不规则）脉状为主，见透镜状和扁豆状等（表 4－1、图 4－6）。

表 4－1 霍吉河钼矿床主要矿体特征

矿段	矿体编号	勘探线号	长度（m）	厚度（m）		赋存标高（m）		平均品位（%）	产状			形态
				最大	平均	最高	最低		走向	倾向	倾角	
西矿段	Ⅲ	7～12	700	27	16	530	350	0.077	15°	E	20°～25°	脉状
	Ⅳ	11～12，31～47	1 225	12.5	9	534	220	0.066	N：5°～8°；S：310°	E	18°～20°	脉状
	Ⅴ	11～23，31～47	1 695	117.7	34	550	230	0.068	N：8°～10°；S：300°	E	25°	脉状
	Ⅵ	15～16，23～24	1 300	131	39	568	100	0.070	N：15°；S：320°	E	20°	脉状
	Ⅶ	3～12，23～24	1 350	143.5	41	585	100	0.069	330°	E	20°～25°	脉状
	Ⅷ	23～24	1 250	141	55	580	70	0.064	0°	E	25°	脉状
	Ⅸ	16～23	1 000	14	8	300	－20	0.065	0°	E	10°～20°	脉状
	Ⅹ	15～16	600	62	19	340	－40	0.070	0°	E	20°	脉状
	Ⅺ	0～16	200	24	19	270	0	0.066	0°	E	20°	脉状
	Ⅻ	0～16	200	34	27	140	－35	0.070	0°	E	20°	脉状
	ⅩⅧ	24	420		29	567	483	0.076	5°	E	25°	脉状
东矿段	Ⅱ		470	10				0.073	315°～320°	E	10°～30°	复脉状
	Ⅲ		787	31.5				0.106	315°～320°	E	10°～30°	脉状
	Ⅳ		300	16				0.070	315°～320°	E	10°～30°	扁豆状
	Ⅴ		100	28				0.092	315°～320°	E	10°～30°	透镜状

注：据魏玉明，2009。

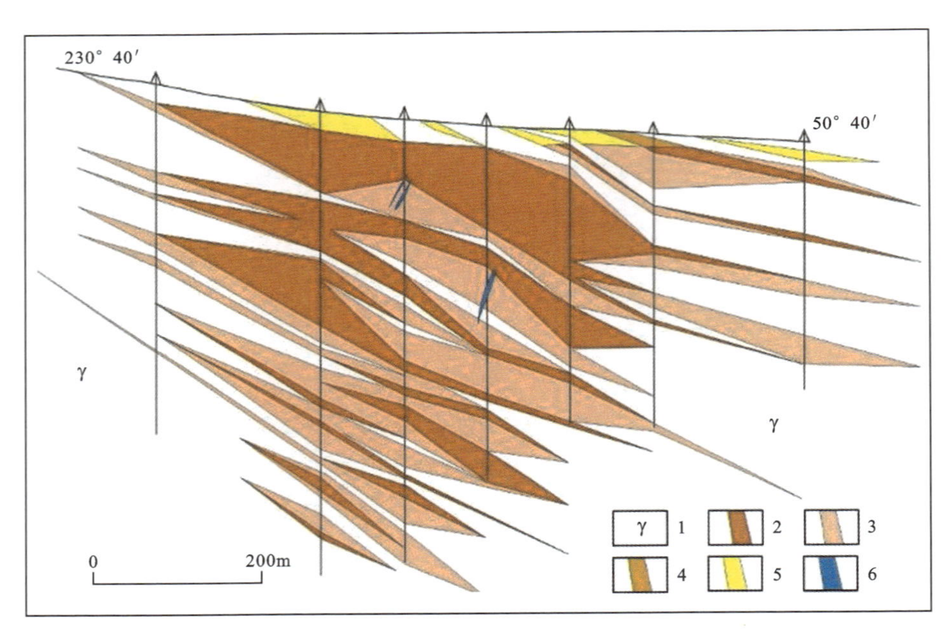

图 4-6 霍吉河钼矿床西矿段 7 勘探线地质简图(据魏玉明等,2009,有改动)

1. 细—中粒花岗闪长岩/中细粒二长花岗岩/中粒碱性化花岗岩;2. 钼矿体(Mo≥0.06%);3. 钼矿体(0.06%>Mo>0.03%);4. 半氧化矿;5. 氧化矿;6. 钠长斑岩

矿石矿物成分主要有 20 余种。金属矿物主要为辉钼矿、磁铁矿、黄铁矿,少量的黑钨矿、锡石、黄铜矿、闪锌矿、磁黄铁矿、自然金等。其中有用矿物仅辉钼矿 1 种(表 4-2)。

根据辉钼矿集合体在矿石中产出的方式,钼矿石可划分为细脉状、浸染状、团窝状和角砾状 4 种构造类型。细脉状构造是最主要的矿石类型,辉钼矿与石英、钾长石、黑云母等组成细的网脉,沿岩石网状裂隙充填而形成一种构造形式。细脉宽度一般为 0.2~1mm,少数大于 1cm。细脉常与浸染状构造密切相伴出现。浸染状构造是主要矿石构造类型,辉钼矿集合体呈浸染状,主要分布于花岗闪长岩矿物颗粒间,矿物集合体直径一般为 0.01~1mm,少量大于 1mm。团窝状构造是指浸染状辉钼矿相对集中呈团窝出现,团窝大小一般为 2~3mm,构成了明显斑点团窝状矿石,这种构造不多见。角砾状构造仅见于爆破角砾岩中。

表 4-2 主要金属矿物特征

矿物名称	形态与粒度	一般特征	产出特点
辉钼矿	多为半自形叶片状,六方叶片状,多呈片状集合体,片径 0.1~3.5mm,属中粒级团块构造、浸染状构造	灰白色略带红棕色,双反射强,强非均质性,具波状消光	多与硅酸盐矿物伴生,少量与黄铁矿共生
磁铁矿	他形粒状结构,细脉浸染构造,粒径 0.04~0.1mm	灰色,均质体	多与透明矿物共生,有时与黄铁矿共生
黄铁矿	他形粒状或片状集合体粒径 0.1~0.6mm	浅黄色,均质体	与石英等透明矿物及黄铜矿、磁铁矿共生
黄铜矿	他形粒状,粒径 0.1~0.3mm	浅铜黄色,弱非均质体	嵌生于石英或包含于黄铁矿中

续表 4-2

矿物名称	形态与粒度	一般特征	产出特点
黑钨矿	板状,半自形晶集合体 1～2mm	灰色、反射率近于闪锌矿,非均质体	生长于透明矿物中,与磁铁矿共生
闪锌矿	他形集合体	灰色,均质体	镶嵌在透明矿物中,内部有黄铜矿固溶体析出
自然金	半自形一他形粒径 0.05～0.1mm	金黄色,均质体	与石英等透明矿物共生
磁黄铁矿	他形粒状,具脉状结构	反射色淡黄色,非均质体	分布在黄铁矿周围

3. 蚀变与矿化

围岩蚀变有钾长石化、硅化、绢云母化、黏土化、绿泥石化、硬石膏化及碳酸盐化等。矿化与硅化和绢云母化关系密切。蚀变与矿化可划分为 3 个阶段:早期石英-钾化(石英-钾长石-黑云母化),伴有很少量的稀疏浸染状钼矿化;中期石英-绢云母化,为主要钼矿化阶段;晚期黏土-碳酸盐化,伴有微弱金属矿化。蚀变具一定分带性,以爆破角砾岩为中心向外依次为:石英-钾长石化带,石英-绢云母化带和黏土化带。石英-钾长石化带,主要发育于角砾岩筒深部。石英-绢云母化带大致环绕石英-钾长石化带,大致与辉钼矿化区域相吻合。黏土化带不发育,主要发育于矿体上下盘。除黏土化带外,其余两蚀变带部分相互重叠或过渡。

4. 矿床成因类型

与传统意义上的斑岩型矿床有所不同,成矿带斑岩型钼矿床产于岩基状或岩株状花岗岩类岩体内而非小斑岩体内。之所以称之为斑岩型矿床,是因其矿化特征与典型斑岩型矿床极为相似,即花岗岩质岩石全岩矿化,矿石类型以细脉浸染状为主,且以较低品位为主。蚀变类型和蚀变分带与斑岩型矿床相似。

二、鹿鸣钼矿床

矿床位于铁力市北东直线距离 53km 处,矿区中心地理坐标为东经 128°34′00″,北纬 47°21′25″。2004 年开始勘查,勘查程度接近于详查阶段,目前控制经济基础储量约 30 万 t,全矿床 Mo 平均品位约为 0.088%,最高品位 2.479%,估算资源量 60 万 t。

1. 矿区地质特征

鹿鸣钼矿床产于花岗质岩体中,赋矿花岗岩主要为中粒二长花岗岩、细粒花岗闪长岩、花岗岩、细粒斑状碱长花岗岩或花岗斑岩(图 4-7)。

中粒二长花岗岩:鹿鸣花岗岩体主体为中粒(似斑状)二长花岗岩(图版Ⅰ-12),局部见巨斑状二长花岗岩(图版Ⅰ-13)。二长花岗岩具中粒花岗结构,主要由条纹长石(35%)、斜长石(30%)、石英(≤25%)、黑云母(3%～5%)和角闪石(3%～5%)组成。副矿物有磷灰石、锆石、褐帘石和榍石。条纹长石粒径 0.5～4.8mm,边缘或与石英文象交生,或有斜长石镶边,内部或有斜长石镶嵌。斜长石由环带状中长石和更长石组成,粒径 2.0～4.0mm,绢云母化。石英他形粒状,粒径 1.2～2.0mm,微裂隙发育。赋矿二长花岗岩普遍碎裂,石英辉钼矿细脉沿裂隙充填。细粒花岗岩或斑状花岗岩:在矿

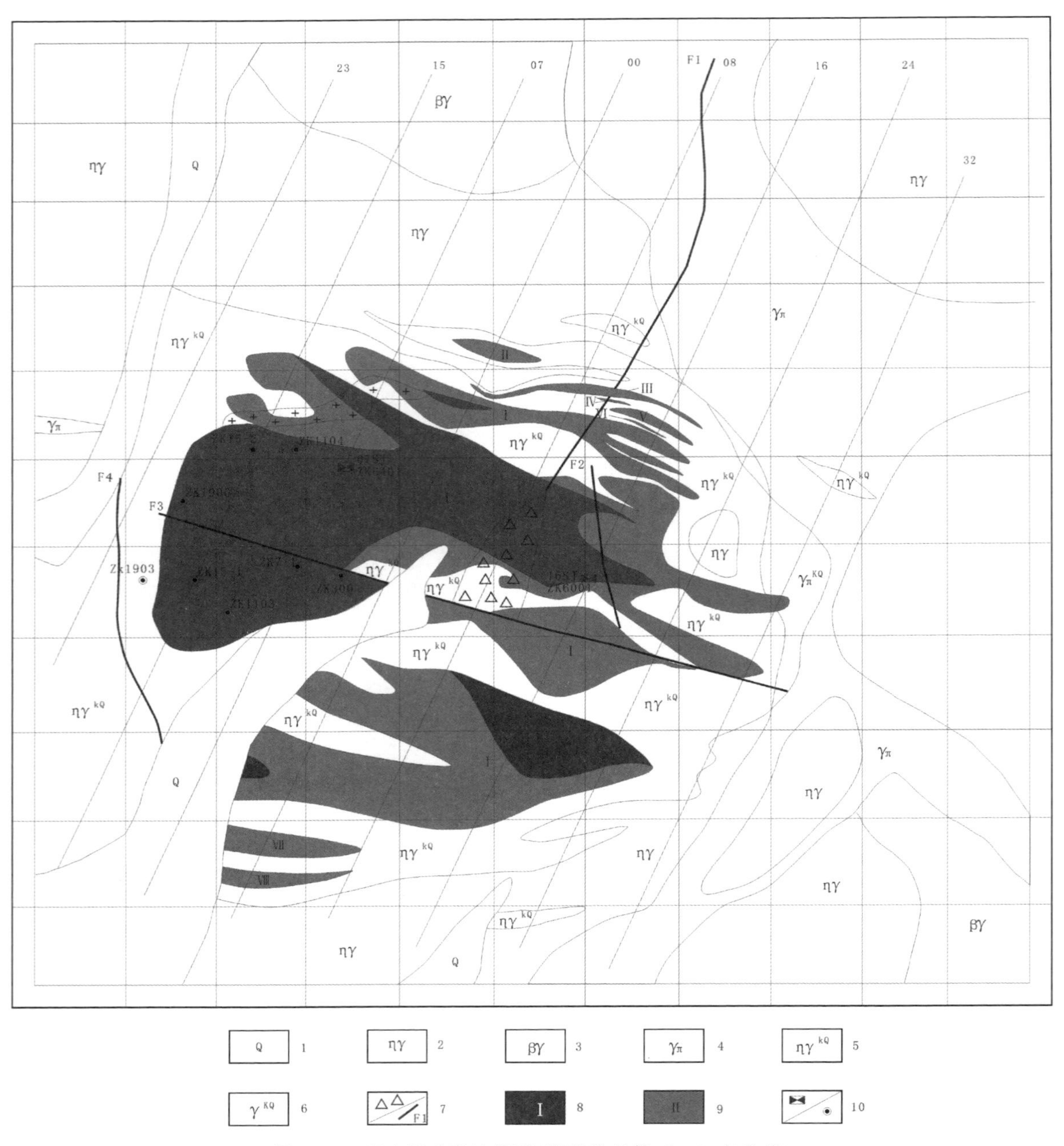

Q 1　ηγ 2　βγ 3　γπ 4　$ηγ^{kQ}$ 5　$γ^{kQ}$ 6　F1 7　I 8　II 9　10

图 4-7　鹿鸣钼矿床地质图(据贾维林等,2006,有改动)

1. 第四系;2. 二长花岗岩;3. 黑云母花岗岩;4. 花岗斑岩;5. 钾硅化二长花岗岩;6. 钾硅化花岗斑岩;7. 爆破角砾岩/断层;8. 钼矿体(Mo≥0.06%);9. 钼矿化体(0.06%>Mo≥0.03%);10. 竖井/钻孔

区地表未见新鲜细粒花岗岩或花岗斑岩,仅在7～15线选矿试验样品采坑见强硅化细粒花岗岩,钻孔中见二长花岗斑岩或花岗斑岩(图版Ⅰ-3,图4-8)。岩石具细粒或斑状结构,块状构造为主,局部见晶洞构造。斑晶多为钾长石,少量斜长石、石英等,斑晶分布不均,大小约2～5mm,含量一般为2%～5%,局部可达10%。基质具细粒结构,大小0.5～1mm,由碱性长石(半自形板状,条纹结构,约占30%～35%)、斜长石(更长石,约占28%～32%)、石英(他形粒状,波状消光,填隙分布,约占25%～30%)、黑云母(棕色片状,约占2%～3%)等组成。岩石中见混合不平衡现象普遍,如黑云母中包裹斜长石、钾长石包裹斜长石，且被石英穿插或交代等。副矿物有褐帘石、磷灰石、榍石等(韩振哲，2010)。

矿区构造以断裂为主，有北东向、北西西向和北北西向3组断裂构造。北东向断裂构造主要为F_1，从形态弯曲上判断，F_1断裂可能为张性断裂，局部与其他断裂构造复合。北西西向断裂F_3为压性断裂构造，断层泥发育。北北西向断裂F_2出露规模不大。3组断裂的交汇部位恰好处在矿区中心，也是赋矿花岗岩破碎最为强烈的部位。

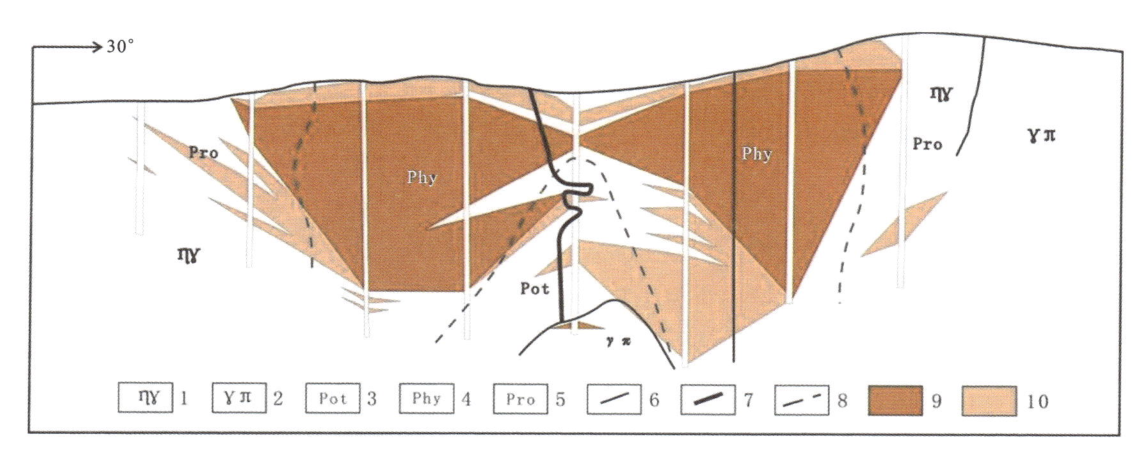

图4-8 鹿鸣钼矿床4勘探线地质剖面图(据贾维林等，2006，有改动)

1. 二长花岗岩；2. 花岗斑岩；3. 钾化带；4. 石英-绢云母化带；5. 青磐岩化带；
6. 岩性界线；7. 断层；8. 蚀变带界线；9. 富钼矿体；10. 贫钼矿体

2. 矿床地质特征

矿床由8条矿体组成，其中Ⅰ号矿体是矿区的主要矿体，其他矿体较之规模很小。Ⅰ号主矿体在平面上总体呈月牙状，东西控制最大长度约1 100m，南北宽度约800m，控制垂深达498.20m。

钼矿化以细脉浸染状和细脉状矿石为主，细脉状矿石采自ZK6401钻孔孔深183.7m处，细脉浸染状矿石采自ZK6401钻孔孔深135.2m处。原生矿石中主要金属矿物为辉钼矿、黄铜矿、黄铁矿，次为磁黄铁矿、辉铜矿、斑铜矿、方铅矿、闪锌矿、毒砂、磁铁矿、赤铁矿等。浅表见较多钼华、褐铁矿和铜蓝。脉石矿物主要为钾长石、斜长石、石英及黑云母等。辉钼矿呈灰色鳞片状集合体，片径一般为0.02～0.4mm，镜下见辉钼矿集合体中包裹着黄铜矿晶粒。黄铜矿微量，呈黄色或黄铜色，他形—半自形粒状，多与黄铁矿连晶，个别则被黄铁矿包裹，少数晶体呈星点状分布于矿石中，颗粒大小在0.02～0.25mm之间。黄铁矿呈淡黄色或黄白色，他形粒状，少数呈自形、半自形粒状。黄铁矿主要呈两种形式存在于岩矿石中，一种以弥散状分布于矿石中，另一种则以脉状、不连续脉状充填于岩矿石裂隙中，还有少部分晶体与磁黄铁矿或黄铜矿呈连晶，个别晶体中包裹着黄铜矿细小晶粒及被磁黄铁矿交代，颗粒大小在0.01～0.4mm之间。磁黄铁矿微量，浅玫瑰棕色，他形粒状，呈星点状分布于矿石中或与黄铁矿连晶，粒径为0.01～0.05mm。

3. 围岩蚀变

矿区二长花岗岩、花岗闪长岩、细粒碱长花岗岩或花岗斑岩，因热液活动而形成的蚀变种类较多，主要有硅化、钾化(钾长石化、黑云母化)、绢云母化、绿泥石化、绿帘石化、黏土化、碳酸盐化等。其中硅化、钾化、绿泥石化是最主要的蚀变，其分布范围大，与钼矿化关系较为密切。矿区围岩蚀变具有分带性，中部为钾长石化带，向外是石英-绢云母化带，最外侧为青磐岩化带(图4-8)。

钾化带:分布在矿区中部,在LMZK1200钻孔中见钾长石化花岗斑岩,钾长石呈脉状和面状两种蚀变。地表二长花岗岩中交代黑云母增多,但钾长石化不发育。该蚀变带钼矿化相对较弱,构成了矿体内部弱矿化核。

石英-绢云母化带:环绕钾化带分布,呈不规则椭圆状,西部以F_3断裂为界。碎裂二长花岗岩中细脉状、网脉状石英非常发育。也可见面状硅化,常见长石斑晶内有细粒交代石英出现。斜长石普遍绢云母化。

青磐岩化带:在矿区外围发育。青磐岩化在不同部位特征稍有不同,矿区北部和北东部二长花岗岩强烈绿泥石化,局部伴有黄铁矿化,偶见辉钼矿细脉。绿泥石化主要呈细脉状、薄膜状。矿区南部和东南部二长花岗岩以碳酸盐化和黄铁矿化为主,碳酸盐化以较大颗粒方解石脉出现,往往伴生有标型较为特殊的黄铁矿化现象。

4. 矿床成因类型

根据矿床地质特征,认为鹿鸣钼矿床属于斑岩型矿床。尽管赋矿岩石主要为二长花岗岩,但在LMZK1200钻孔中见钾长石化花岗斑岩体,钼矿体围绕斑岩体分布,且花岗斑岩体中也见有钼矿化,钼矿化与花岗斑岩时空关系密切。矿石以细脉浸染状为主,蚀变类型和蚀变分带与斑岩型铜矿相似。

第三节 热液型矿床

燕山早期与花岗岩类有关的热液型矿床,主要包括小西林二段铅锌矿床、五星铅锌矿床和库南铅锌矿床等。该类型矿床的铅锌多金属矿体主要产于中酸性花岗岩体外接触带的铅山组中,矿体受断裂构造控制。小西林矿床是成矿带最重要的铅锌矿床,也是该类型矿床中最具代表性的矿床。小西林铅锌矿床Ⅰ号矿体下盘围岩中存在糜棱岩化石榴子石钙硅角岩标志层,在二段铅锌矿床中也发现该标志层,根据成矿条件分析认为二段铅锌矿床与小西林铅锌矿床成因类型相同。

1. 矿区地质特征

小西林矿床位于伊春市西林东南18km处,地理坐标为东经129°09′00″,北纬47°24′00″。矿床由Ⅰ号主矿体和若干小矿体组成,通常所说的小西林矿床就是指Ⅰ号铅锌矿体,其占矿床矿石总储量的90%,其余矿体主要为规模不大的铁矿体。

矿区出露地层主要为下寒武统铅山组,由下而上分为两个岩性段,即变质碎屑岩段和变质碳酸盐岩段,F_1断裂以西为碎屑岩段,以东为碳酸盐岩段(图4-9、图4-10)。F_1断裂是矿区主干断裂构造,出露长达数千米,宽10～50m,走向近南北向,倾向东,局部倾向西,倾角70°～80°,局部直立。F_1断裂与地层产状时而一致,时而呈较大角度斜交。F_1断裂具韧-脆性断裂和多期次活动特征,沿断裂西侧发育有含石榴子石绢云母绿泥石糜棱岩带,在断层上盘白云质大理内产生层理置换和形成密集的劈理及碎裂岩。这些构造面理产状与F_1断裂产状完全一致。此外,矿区还见有北西向与北东向两组共轭断裂,其规模较小,断层面倾角一般为50°～70°。

矿区燕山早期花岗岩类出露广泛,呈岩基或岩株状,主要为花岗闪长岩,靠近接触带可相变为细粒二长花岗岩、细粒碱长花岗岩和花岗斑岩等。脉岩以辉绿玢岩为主,次为闪长玢岩和花岗斑岩等。燕山晚期辉绿玢岩呈脉状充填于F_1断裂中,其南端侵入到燕山早期花岗岩中,并直接构成矿体的下盘围岩。辉绿玢岩脉长达2km以上,厚度几米至十几米不等,最大厚度可达30余米,向下延深大于

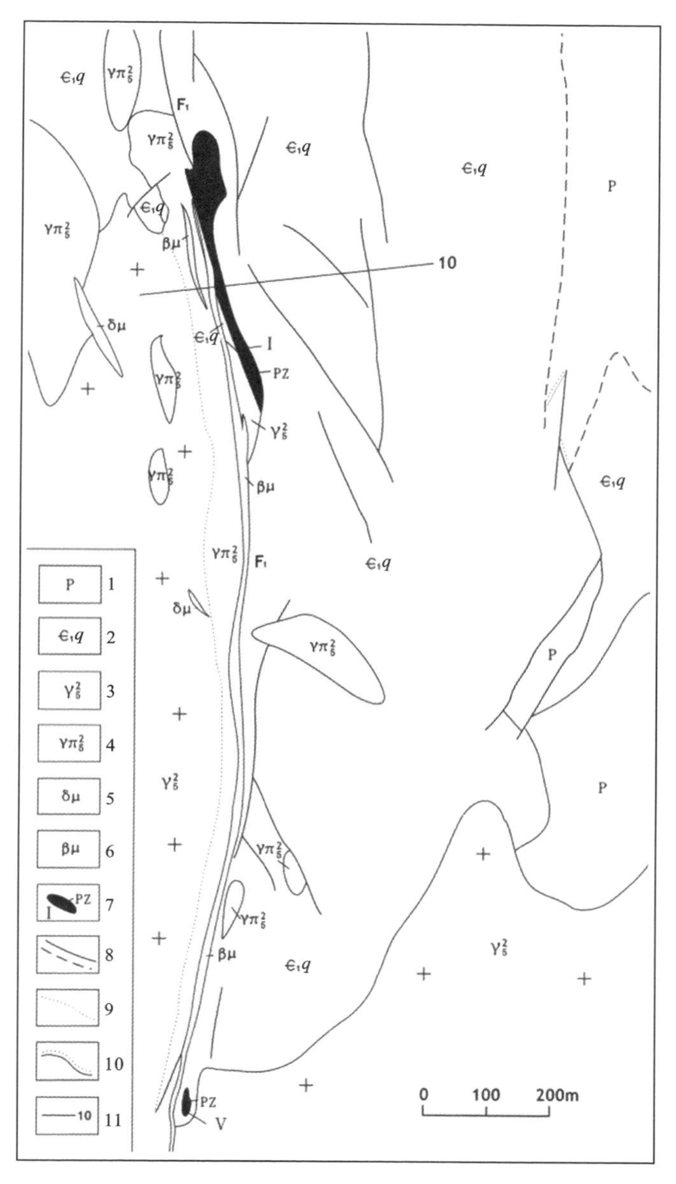

图 4-9 小西林矿区地质简图(据阎鸿铨等,1994)

1. 二叠系火山岩;2. 下寒武统铅山组;3. 燕山早期斑状花岗岩或花岗斑岩;4. 燕山早期花岗岩;5. 闪长玢岩;6. 辉绿玢岩;7. 铅锌矿体及编号;8. 断裂及推测断裂;9. 推测地质界线;10. 角度不整合界线;11. 勘探线及编号

500m,在走向及倾向上均有分支。

2. 矿床地质特征

铅山地段的Ⅰ号矿体是小西林矿床的主矿体,此外还有Ⅴ号铅锌矿体和Ⅶ号铁矿体等。铅山地段的矿体严格受断裂带控制,围岩主要为辉绿玢岩和铅山组的白云质大理岩。Ⅰ号矿体产于辉绿玢岩与白云石大理之间的断裂构造中,由一个巨大不规则的板状矿体和十几个规模较小的隐伏分支矿体组成。主矿体地表出露长500余米,厚度最小为2m,最大可达45m,一般厚为10~15m,向下延深达500m。矿体总体走向近南北向,倾向东,倾角70°~80°。矿体上盘与白云质大理岩接触,上界面多呈舒缓波状。矿体下盘为辉绿玢岩,界面平直而陡立,倾角多在80°~90°之间,并随 F_1 断裂产状变化

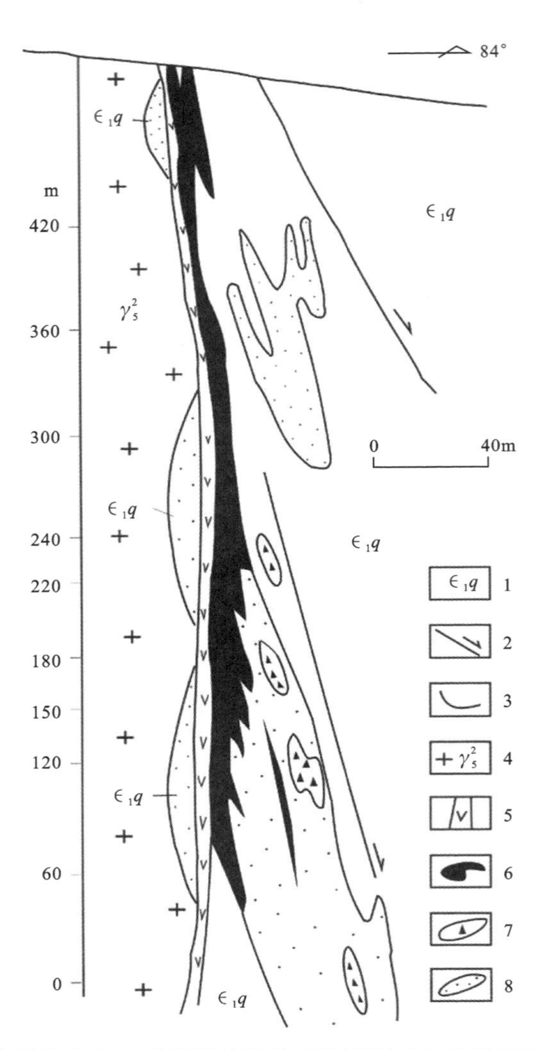

图 4-10　小西林矿床 10 勘探线地质剖面图(据黑龙江省第三地质队,1984)

1. 下寒武统铅山组;2. 断裂;3. 地质界限;4. 燕山早期花岗岩;

5. 辉绿玢岩脉;6. 条带状和块状矿石;7. 角砾状矿石;8. 细脉浸染状矿石

而变化。在产状发生变化处,Ⅰ号矿体往往变厚并出现分支的从属矿体。这些分支矿体长一般几米至 290m 不等,多呈脉状或透镜状。Ⅰ号矿体在走向上基本连续,在 180m 中段以下,分成 2 个或 3 个矿体并自然尖灭,尖灭后又有独立矿体产出,向南侧伏。在 60m 中段,Ⅰ号矿体由 2 个尖灭再现的矿体组成,矿体北端膨胀迅速尖灭,矿体南端延至二长花岗岩中并出现分支,可见分支矿脉切穿白云质大理岩条带。在主矿体上盘白云质大理岩碎裂强烈部位,矿液沿劈理及裂隙贯入,形成细脉浸染状矿体和网脉状矿体,在构造角砾岩中矿液沿裂隙充填胶结白云岩角砾,则形成角砾状矿石(图 4-11a、图 4-11b)。在矿区南部二长花岗岩的构造角砾岩中,矿液沿裂隙充填胶结花岗岩角砾,同样形成角砾状矿石(图 4-11c)。

矿石中金属矿物比较简单,主要是磁黄铁矿,在Ⅰ号主脉矿石中占 0%~85%,其次是闪锌矿、方铅矿、黄铁矿和磁铁矿,伴生少量黄铜矿、毒砂、白铁矿和菱铁矿及黝铜矿。脉石矿物主要是白云石、方解石、石英、黑云母、白云母、长石、透辉石、透闪石、阳起石、绿帘石、绿泥石等。矿石结构以自形、半自形和他形粒状结构为主,其次为交代残留、压碎、文象、乳浊及胶状结构。矿石构造以块状、条带状

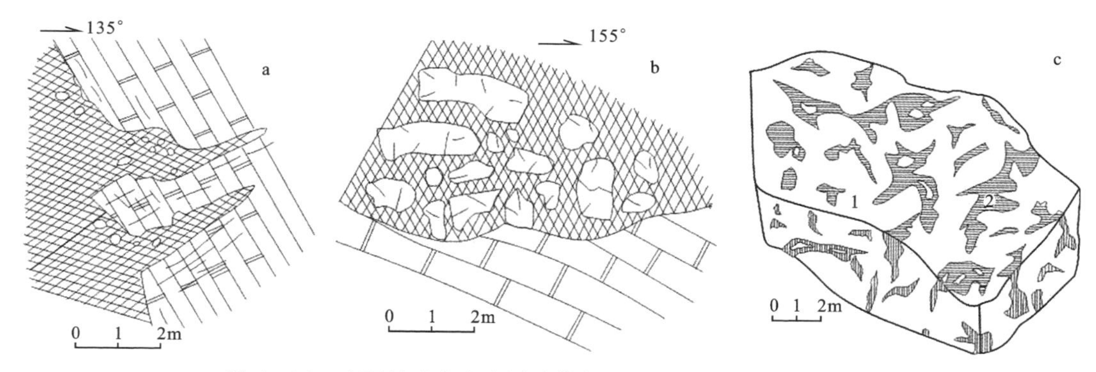

图 4-11 小西林矿床多金属矿体产出状态(据阎鸿铨等,1994)

a. 白云质大理岩内小矿体边界受裂隙控制;b. 囊状矿体边界及矿化岩石角砾;

c. 角砾状花岗岩矿石(1. 二长花岗岩;2. 铅锌矿脉)

为主,其次为浸染状、角砾状及细脉状构造。按矿石矿物组合、结构、构造特征,小西林铅锌矿床的铅锌多金属矿石可划分为 6 种类型,即①块状-脉状磁铁矿矿石;②块状-脉状磁黄铁矿矿石;③块状-脉状闪锌矿矿石;④块状-脉状方铅矿矿石;⑤角砾状方铅矿、闪锌矿矿石;⑥细脉-浸染状方铅矿、闪锌矿矿石。

3. 矿化阶段与蚀变分带

成矿大致分 6 个阶段:①氧化物阶段,于接触带沉淀磁铁矿和钛铁矿;②硅化和铁锰碳酸盐化阶段,在矿体上盘边缘部分围岩中,有呈细脉和网脉状产出的菱铁矿或锰菱铁矿;③硫化物阶段或主要铅锌矿化阶段;④石英-硫化物阶段,形成后期微量铅、锌硫化物和晚期胶状黄铁矿及白铁矿;⑤低温热液阶段,主要形成方解石化和绢云母化;⑥表生氧化物阶段。

由于围岩岩性的差异,蚀变强度及类型亦不尽相同,主要蚀变为矽卡岩化、硅化、白云母化、绢云母化、碳酸盐化及绿泥石化等。围岩蚀变主要发育在花岗斑岩与围岩接触带附近。由接触带向岩体方向依次为:①强硅化透闪石化绿泥石化带;②绢云母化绿泥石化带,与铅锌矿化和磁铁矿化密切;③绢云母化带,伴生黄铁矿化。由接触带向地层一侧依次为:①强硅化带,空间上与矿体关系密切;②弱硅化铁锰碳酸盐化带,紧靠矿体上盘分布,矿体尖灭,此带亦消失;③碳酸盐化弱硅化带,伴生黄铁矿化,其分布范围广。

4. 矿床成因类型探讨

小西林铅锌矿床Ⅰ号矿体成因类型仍存在争议,有热液型(韩振新等,2004)、接触交代型(邵军等,2006,2011)、海底喷流沉积型(阎鸿铨,1994)和热水喷流沉积型(陈静,2011)之说。本书认为Ⅰ号矿体属热液成因类型,主要依据如下。

Ⅰ号铅锌矿体受 F_1 断裂构造控制,矿体尖灭端大理岩破碎强烈,与围岩大理岩形成鲜明对比(图 4-10、图 4-11)。矿体上下盘矽卡岩不发育,围岩蚀变以中低温热液蚀变矿物组合为主。产于大理岩中的细脉浸染状矿体、网脉状矿体和角砾状矿体(图版Ⅰ-13)以及二长花岗岩中的角砾状矿体(图版Ⅰ-14),它们往往与块状和条带状矿体相贯通,应为同期产物。Ⅰ号矿体与细粒斑状花岗岩或花岗斑岩空间关系密切,辉绿玢岩脉于主成矿期之后形成,对矿体进行改造,使靠近岩脉一侧的铅锌矿体进一步富集。

第四节　复合成因类型矿床

成矿带复合成因类型矿床是指其包含矽卡岩型、斑岩型、热液型中的两种以上成因类型的矿床。复合成因类型矿床主要有翠宏山矽卡岩型-斑岩型-热液型多金属矿床和弓棚子矽卡岩型-热液型铜多金属矿床。

一、翠宏山多金属矿床

翠宏山矿床位于逊克县境内东南部，东经 128°43′30″—128°44′58″，北纬 48°28′01″—48°29′45″。翠宏山矿床聚矽卡岩型、斑岩型和热液型 3 种成因类型于一身，是该成矿系列中最具代表性的矿床。矿区分为 3 个矿段，即翠宏山矿段、翠南矿段及翠岗矿段，通常所说的翠宏山矿床即为翠宏山矿段。翠宏山矿段中铁矿和钼矿为中型，钨矿为大型，铅锌矿属中型，铜矿属小型。此外，矿石中还伴生有益组分硒、铟、银、镓等。

1. 矿区地质特征

矿区出露下寒武统西林群铅山组镁质碳酸盐岩-碎屑岩建造。燕山早期花岗岩类发育，呈岩基状，铅山组在其中呈残留体状产出(图 4-12、图 4-13)。侵入岩主要有粗中粒碱长花岗岩、粗中粒二长花岗岩、细粒碱长花岗岩、中细粒石英二长岩和花岗斑岩等。矿区断裂构造和接触带构造发育。

北北西向与北东向共轭断裂：北北西向断裂带是该区主要控矿构造，与北东向友好河-库尔滨河断裂共轭，在两组断裂交汇部位往往形成厚大的透镜状矿体。北北西向断裂出露长 1～1.5km，呈舒缓波状，总体走向 330°，断裂带中的岩石普遍糜棱岩化或碎裂。北东向断裂走向 60°，倾向南东，倾角较缓，局部地段产状陡立。北东向断裂往往与地层的层间破裂带相贯通。北东向断裂带中的构造角砾岩，角砾成分主要是碱长花岗岩和灰岩，胶结物主要为长英质和被硅铁质。

接触带构造：常复合北北西向断裂构造，是最主要的控矿构造类型，在平面上呈连续的反“L”字形，全长 4km，主要蚀变矿化体赋存其中或近侧。按接触面产状、形态、与围岩关系、矿化强弱等程度，还可细分 9 种类型(表 4-3)。

破碎带：主要指发育在地层围岩的层间剥离构造。如Ⅱ号矿体的从属铅锌矿脉，受一系列层间破碎带控制。其次是岩体内的破裂带，矿液沿其充填或交代形成$Ⅴ_2$、Ⅳ号等铁多金属矿体，矿体呈似脉状、扁豆状，规模不大，矿化类型单一。碎裂岩带：断续出露于碱长花岗岩侵入体的内接触带，平面上呈“U”字形，但北北西向碎裂岩带最为发育，最宽处达 150m，沿碎裂岩带碱长花岗岩普遍碎裂，局部可见糜棱岩(图版Ⅰ-15)。碎裂岩带是钼钨矿体的主要控矿构造，如$Ⅲ^1$、$Ⅲ_8$、$Ⅲ_9$号等钼钨矿体均产于碎裂岩带中。

2. 矿床地质特征

矿体产于花岗岩类岩体与铅山组接触带及其附近。翠宏山地段有 60 条矿体，其中主矿体 6 条(Ⅰ、Ⅱ、Ⅲ、Ⅳ、Ⅴ、Ⅶ)，分支矿体 4 条($Ⅲ^1$、$Ⅲ_8$、$Ⅲ_9$、$Ⅲ_{16}$)，从属矿体 50 条。主要矿体类型有：Ⅰ号磁铁矿体，Ⅰ、Ⅴ、Ⅶ号铁多金属矿体，Ⅱ号及从属铁锌矿体和铅锌矿体，Ⅲ、$Ⅲ^1$、$Ⅲ_8$、$Ⅲ_9$、$Ⅲ_{16}$号钼、钨矿体，Ⅳ号多金属矿体(表 4-4)。

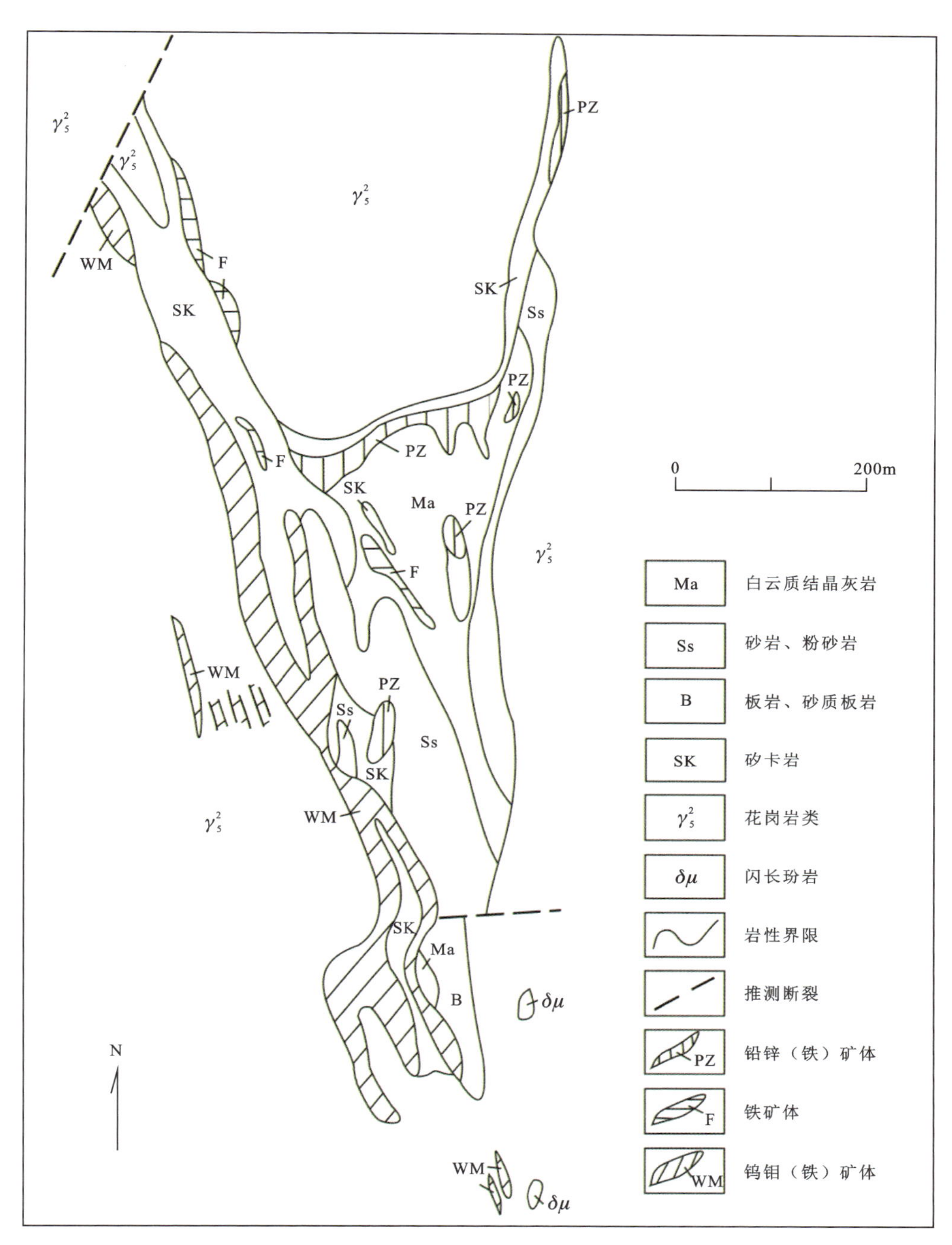

图 4-12　翠宏山钨钼多金属矿床地质图(据邵军等,2006)

矿石含近 40 种矿物,主要金属矿物有磁铁矿、辉钼矿、白钨矿、闪锌矿、方铅矿、黄铜矿、锡石、毒砂、黄铁矿、磁黄铁矿、褐铁矿等。脉石矿物主要有透辉石、石榴子石、金云母、斜硅镁石、黑柱石、符山石、阳起石、绿帘石、透闪石、绿泥石、萤石、蛇纹石、石英、斜长石、方解石、白云石等。矿石结构和构造类型复杂多样。矿石结构以他形—半自形晶粒状为主,半自形—自形晶粒状次之。矿石构造以致密块状、浸染状、团块状为主,角砾状(图版Ⅰ-16)、交错状、网脉状、团窝状次之(图版Ⅰ-16)。

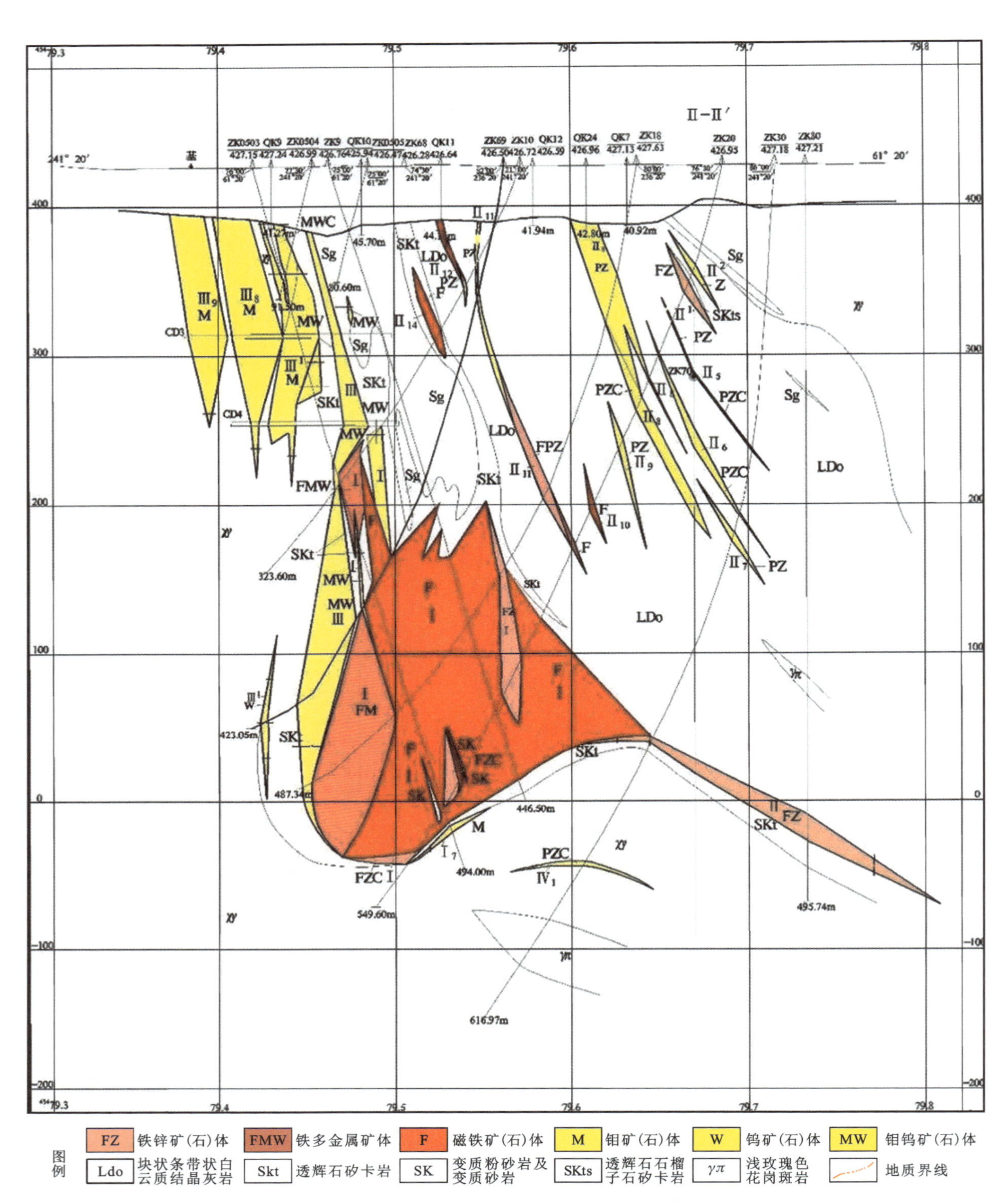

图 4-13 翠宏山钨钼多金属矿床 54 线剖面图(据魏玉明等,2008,有改动)

表 4-3 接触带类型及特征

接触带类型	接触面形态	产状	与围岩关系	与其他构造类型的关系	矿化强度
陡斜型	舒缓波状	近直立	与围岩层理斜交	陡斜与缓斜接触带近直交并连通	强
缓斜型	舒缓拱式平整	倾角 20°～45°	斜交或顺层		中等
阶梯型	阶梯状，接触面较平直	沿走向，急剧倾伏，倾角 0°～80°	与层理斜交	与围岩中破裂带可以连接	中等
内凹型	平滑的半弧形	弧度大	近于整合或小角度斜交	内凹和外凸接触带呈互补关系，它们与岩体中的糜棱岩化带毗邻	强
外凸型	略具平滑弧形	弧度小	近于整合		中等
圈闭型	形状不规则，周边圆滑	弧度 360°	捕虏包围围岩	与矽卡岩孔隙构造吻合	最强
超覆型	平滑拱形或直线状	倾角 10°～30°	围岩在下，岩体在上，斜切层理	超覆与隐伏型组成的双接触带矿化最强	弱
隐伏型	波状弯曲	倾角 10°～40°	围岩在上，岩体在下，斜交或近平行层理		中等
锯齿型	较平直，锐角尖灭	齿间夹角 30°左右	顺层侵入为主，多呈雁行排列，呈锯齿状	与层间破裂带有关或相连	中等

表 4-4 翠宏山矿床主要矿体特征一览表

矿体编号	矿体分布(线)	矿体赋存位置	控矿构造	矿体形态	长度(m)	平均水平厚度(m)	最大埋深(m)	矿体产状	矿石类型	主要矿石构造	平均品位(%)	资源量	矿体类型	规模
Ⅰ	58—42	矿床北段西接触带	接触带	复杂的透镜状	400	40	540	倾向 69°20′，倾角 86°12′	磁铁矿石、铁钼钨矿石、铁锌铜矿石	致密块状、浸染状、角砾状、团块状	TFe:46.20	Fe 矿石量 2 542.4 万 t、Pb 金属量 124t、Mo 金属量 2 972t、Zn 金属量 30 586t、WO_3 金属量 4 881t、Cu 金属量 789t	铁及铁多金属	中型
Ⅱ	58—42	底部隐伏接触带	接触带	似层状	400	垂直厚度 14.63	610	倾伏角 26°，东翼倾角 50°、西翼倾角 40°	铁锌矿石 铅锌铜矿石	致密块状、浸染状、皱纹条带状	TFe:38.92；Zn:1.97	Fe 矿石量 367 万 t、Zn 金属量 80 941t	铁锌	大—中型
Ⅲ	74—8	西接触带Ⅰ号矿体西侧碎裂碱长花岗岩内	碎裂岩带	似层状	1 650	10.09	660	倾向 250°14′，倾角 87°06′	钼钨矿石	浸染状	Mo:0.138；WO_3:0.199	Mo 金属量 40 192t、WO_3 金属量 57 411t	钼钨	中—大型
Ⅲ[1]	70—8	为Ⅲ号矿体分支矿体，Ⅲ号矿体西侧，碎裂碱长花岗岩内	碎裂岩带	似层状	1 550	9.41	560	倾向南西，倾角 83°	钼矿石	浸染状、团块状	Mo:0.108；WO_3:0.160	Mo 金属量 16 914t、WO_3 金属量 21 372t	钼钨	大—中型
$Ⅲ_8$	62—8	与Ⅲ号矿体平行，Ⅲ[1]矿体西侧，糜棱岩化或碎裂碱长花岗岩中	剪切带、碎裂岩带	似层状	1 350	7.90	300	倾向南西，倾角 75°～89°	钼矿石	浸染状、团块状	Mo:0.114；WO_3:0.098	Mo 金属量 8 700t、WO_3 金属量 4 978t	钼钨	中型
$Ⅲ_9$	58—8	$Ⅲ_8$ 号矿体西侧，糜棱岩化碎裂碱长花岗岩中	剪切带、碎裂岩带	似层状或似脉状	1 250	10.18	300	倾向南西，倾角 84°～88°	钼矿石	浸染状、团块状	Mo:0.143	Mo 金属量 9 210t	钼	中型
$Ⅲ_{16}$	50—42	$Ⅲ_9$ 号西侧，糜棱岩化碎裂细粒碱长花岗岩中	剪切带、碎裂岩带	似层状或似脉状	200	13.50	270	倾向南西，倾角 76°～89°	钼矿石	浸染状、团块状	Mo:0.108	Mo 金属量 1 804t	钼	小型
Ⅳ	58—54	Ⅰ号矿体隐伏膨大部位的下方，裂碱长花岗岩中的碎裂带中	碎裂岩带	脉状	100	9.72	350	倾向南西，倾角 77°	铁钼钨铜锡矿石	致密块状、浸染状	TFe:39.42；Mo:0.374；WO_3:0.627；Cn:0.35	Fe 矿石量 4.1 万 t、Mo 金属量 154t、WO_3 金属量 257t、Cn 金属量 144t	铁多金属	小型
Ⅴ	30—15	碱长花岗岩与白云质结灰岩的接触带	接触带	似脉状-扁豆状	1 150	3.60	50	倾向南西，倾角 83°～89°	铁多金属矿石	浸染状、致密块状	TFe:38.46；Mo:0.097；WO_3:0.204；Pb:1.65；Zn:3.15	Fe 矿石量 53.5 万 t、Mo 金属量 599t、WO_3 金属量 324t、Pb 金属量 14 984t、Zn 金属量 17 741t	铁多金属	中—小型
Ⅶ	30—20	白云质结晶灰岩与角岩化砂岩层间破碎带中	层间破碎带	似脉状-扁豆状	300	5.22	150	倾向南西，倾角 35°～70°	铁多金属矿石	浸染状、团块状	TFe:23.49；Mo:0.344；WO_3:0.329；Pb:7.88；Zn:3.39	Fe 矿石量 4.7 万 t、Mo 金属量 392t、WO_3 金属量 270t、Pb 金属量 1 734t、Zn 金属量 7 671t	铁多金属	小型

注：据黑龙江省地质勘察六院，2008。

3. 成矿期次

根据矿床地质特征和矿物共生组合关系，成矿划分为4期，可进一步划分为5个阶段：①成矿前热接触变质及动力变质期：铅山组产生角岩化和大理岩化，碱长花岗岩糜棱岩化。②气液交代变质期：可分为早期石英-钾长石化、矽卡岩化及矽卡岩阶段、白钨矿化阶段和磁铁矿化阶段。③热液成矿期：可进一步分为辉钼矿化阶段和铜、铅锌矿化阶段(图版Ⅰ-17左)。可见该期形成的含铜钼细脉穿插块状磁铁矿(图版Ⅰ-17右)。④成矿后热液蚀变期：碳酸盐化、绿泥石化，可见黄铁矿-碳酸盐(网)脉。

4. 矿床成因类型

翠宏山钨钼多金属矿床与岩浆热液活动密切相关，成因类型并非为单一的矽卡岩型。根据矿石组构及相应的蚀变矿物组合等特征，从区域矿床成矿系列角度看，认为该矿床成因类型属矽卡岩型-斑岩型-热液型复合类型矿床，主要依据如下。

矽卡岩型矿体(或矿石相)：产于接触带的Ⅰ号钨锡铁矿体(矿石相)，围岩主要是矽卡岩或矽卡岩化的岩石，成矿作用以接触交代为主。钨锡铁矿体形成后，在热液叠加成矿作用下形成多金属矿体。

斑岩型矿体(或矿石相)：产于花岗岩体中的Ⅲ号矿体的分支矿体及其附属矿体主要为钼矿体，钼矿石组构具斑岩型钼矿特征。这些钼矿体远离接触带，与接触交代作用无直接关系，是热液成矿作用的产物。靠近Ⅰ号矿体的Ⅲ号矿体为接触交代作用与热液成矿作用相叠加形成的钨钼(铁)矿体。

热液(脉)型矿体(或矿石相)：产于外接触带或铅山组中的Ⅱ号矿体的分支和附属矿体主要为铅锌铜矿体，与小西林和二段铅锌矿床特征极为相似，成矿温度以中温为主，它们远离接触带，是热液成矿作用的产物。靠近Ⅰ号矿体的Ⅱ号矿体为接触交代作用与热液成矿作用相叠加形成的铁锌矿体。

二、弓棚子铜多金属矿床

弓棚子铜矿床位于滨东地区宾县境内，哈尔滨市阿城区平山镇北约30km。矿区出露地层主要为下二叠统土门岭组碎屑岩-碳酸盐岩。侵入岩主要有燕山早期中粒花岗闪长岩和黑云母花岗岩，二者在深部相连，它们均侵入土门岭组。花岗闪长岩(弓棚子岩体)呈岩株状，岩体边部可相变为花岗闪长斑岩或细粒碱长花岗岩。矿区构造以接触带构造和层间破碎带为主，走向为近南北向、北西向和北东东向。

矿体受接触带构造和层间构造控制，呈透镜状、脉状或不规则状，常见分支复合、膨胀收缩等形态变化。矿体种类有铜锌矿体、铅锌矿体、钨矿体及钼矿体。铜锌矿体和铅锌矿体赋存在距接触带100～200m的土门岭组层间破碎带中，钨、钼矿体则主要赋存在接触带矽卡岩中或花岗闪长岩体内。赋存在地层中的矿体产状与地层产状一致，矿体形态受围岩产状的变化控制。由于土门岭组呈向斜构造，矿体的剖面形态也大致呈"U"形(图4-14)。钨、钼矿体包绕着铜锌矿体及铅锌矿体。钨矿体主要赋存在接触带的矽卡岩化花岗闪长岩及角岩中，矿体产状与接触带产状基本一致，在岩体与围岩接触部位的矿体形态较简单，向外侧围岩层间形成分支。有些小型白钨矿体产在接触带外侧的层间矽卡岩中。铜锌及铅锌矿体赋存在土门岭组层间剥离构造中。

成矿元素组合主要为铜-锌-钨组合和铁-锌组合，共生有铅、钼等。矿石中的金属矿物主要是铜、锌、铅、钼的硫化物、磁铁矿、黄铁矿和白钨矿等。

与成矿有关的蚀变以矽卡岩化为主，此外有硅化、绿泥石化、绢云母化、绿帘石化、黄铁矿化等。矽卡岩体呈不规则的脉状、似层状、透镜状、窝状等各种形态。矽卡岩类型有石榴子石矽卡岩、透辉石

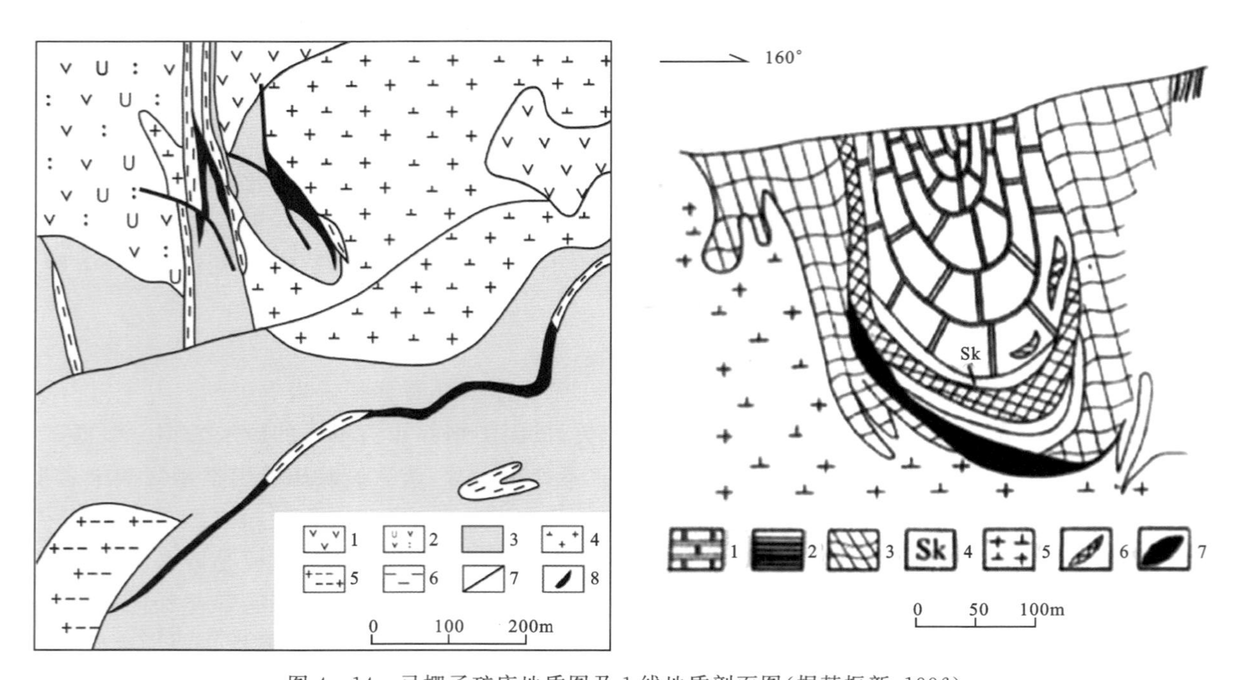

图 4-14 弓棚子矿床地质图及 1 线地质剖面图(据韩振新,1996)

左图:1、2. 中生界火山岩;3. 下二叠统土门岭组;4. 花岗闪长岩;5. 黑云母花岗岩;6. 矽卡岩;7. 断层;8. 矿体

右图:1. 大理岩;2. 板岩;3. 角岩;4. 矽卡岩;5. 花岗岩;6. 铜锌矿体;7. 钨矿体

矽卡岩、透辉石石榴子石矽卡岩、绿帘石矽卡岩、绿帘石透辉石矽卡岩等。透辉石榴子石矽卡岩和透辉石矽卡岩与成矿关系密切。

矿床成因类型为接触交代-高中温热液型。在矽卡岩阶段形成的矽卡岩体和钨、钼及铁矿体主要分布于接触带或内接触带,主要受接触带构造控制,成矿作用以接触交代作用为主。在其后的中温热液成矿阶段形成的铜、锌、铅矿体,主要分布在远离接触带 100～200m 的地层中,主要受断裂构造或层间剥离构造控制,由成矿热液以充填-交代方式形成。

第五章　燕山晚期成矿系列地质特征

该矿床成矿系列主要分布于研究区北部的乌云结雅火山活动带，东安金矿床和高松山金矿床是该成矿系列的两个重要矿床，此外还有新民北山金矿床和小西林与辉绿玢岩有关的铅锌矿床。如前所述，小西林铅锌矿床中的网脉状和角砾状矿（石）体，由燕山晚期（K_1）火山活动改造小西林Ⅰ号铅锌矿体形成，属浅成低温热液型。虽然它不是成矿带主要矿床类型，但它却是两个成矿系列叠加成矿的唯一见证。区域广泛出露下白垩统中酸性—中基性火山岩建造，局部出露中生代及古生代花岗岩类。金矿床与下白垩统中酸性火山-次火山岩时空关系密切，受火山构造控制。

第一节　高松山金矿床

矿床位于黑龙江省伊春市乌伊岭林业局美丰林场西北部，行政区划属黑龙江省逊克县管辖，地理坐标为东经129°13′—129°23′，北纬44°05′—44°52′。矿区距伊春市乌伊岭林业局49km，美丰林场22km。该矿床由武警黄金一总队发现并勘查，目前提交金资源/储量已超过20t。

矿区内出露地层主要有下白垩统板子房组（K_1b）和宁远村组（K_1n）。板子房组火山岩主要为安山岩、玄武安山岩、粗安岩、安山质火山角砾岩、安山质凝灰角砾岩。宁远村组火山岩主要为流纹岩、英安岩、流纹质凝灰岩。矿区构造以断裂为主，具多期活动特点。沙阿其河断裂总体走向为北西向，倾向210°，延长7km。近东西向断裂是沙阿其河断裂次级断裂，为金矿的容矿构造。矿区发育多条东西向断裂，断裂长300～2 746m，宽0.49～7.9m，走向为70°～115°，倾向南，倾角55°～72°。从坑道到探槽都可以看到近东西向控制线状矿体的控矿构造，具多期次活动的特征，断裂面呈舒缓波状，成矿主要表现为沿断裂带岩石普遍碎裂，沿节理充填有含金石英细脉，或沿断裂发育有含金爆破角砾岩。

矿区火山机构——火山口及产于其中的爆破角砾岩发育，火山机构沿近东西向断裂构造呈串珠状分布，单个火山口呈线状或长轴较长的椭圆状，火山颈中常常充填有各类爆破角砾岩（图版Ⅰ-18、图版Ⅰ-19、图版Ⅰ-20、图版Ⅰ-21）。常见有角砾岩、震碎角砾岩。角砾多为棱角状，大小悬殊而混杂，角砾成分以各类酸性火山岩为主，既有刚性角砾也有半塑性角砾，既有单一成分角砾也偶见复式角砾。胶结物有3种，一种为灰白色火山灰及岩粉，另一种为紫红色铁质物，第三种为石英和玉髓。石英和玉髓常沿角砾间隙或空洞及裂隙充填，其含量与金矿化强度呈正相关。早白垩世火山活动沿构造发育部位有次英安岩及次安山岩形成，在钻孔中见其脉状或小岩株状侵位于火山碎屑岩、凝灰岩及流纹岩中。

土壤地球化学异常以Au为主，异常与矿体分布吻合，异常的走向往往反映出矿体的走向，多元素异常的叠加部位可以反映出矿体的空间位置。矿化蚀变带表现为高阻异常，正负高磁异常陡变梯度带往往是矿体赋存部位。

矿体严格受构造控制，呈脉状产出。金矿赋存在沿构造破碎带分布的爆破角砾岩和碎裂岩中，围岩主要是安山岩和爆破角砾岩。线性火山口中多为硅质胶结的爆破角砾岩。共圈定出14条工业金矿体，2条矿化体，规模最大者为1-Ⅰ号矿体。矿体产状同上述近东西向断裂构造产状。部分矿体特征见表5-1和表5-2。

表5-1 高松山金矿床1-Ⅰ和1-Ⅱ矿体特征表

矿脉编号	矿体编号	长度(m)	垂深(m)	产状(°)		水平厚度(m)		品位(g/t)		资源量(kg)
				倾向	倾角	最大	平均	最大	平均	
1	1-Ⅰ	2 046	28～368	176～205	55～72	7.90	1.78	150.01	4.85	3 181
	1-Ⅱ	300	164	200	70	3.94	2.47	108.60	12.30	1 153

注：据武警黄金一总队高松山1号矿脉详查报告。矿床伴生Ag平均品位9.59g/t，可综合回收利用。

表5-2 高松山金矿床3-Ⅲ、3-Ⅳ和3-Ⅴ矿体特征表

矿脉编号	矿体编号	地表长度(m)	矿块号	资源类别	面积(m^2)	厚度(m)	体积(m^3)	矿石量(t)	平均品位(g/t)	金属量(kg)
3	3-Ⅲ	1 400	1	333	6 124	1.61	9 860	26 621	3.32	88
			2	333	6 006	4.43	26 607	71 838	4.42	318
			3	333	6 051	2.52	15 249	41 171	2.03	84
			小计	333	18 181	2.72	51 715	139 630	3.34	489
	3-Ⅳ	360	1	334	15 200	0.88	13 376	36 115	3.92	142
	3-Ⅴ	1 400	1	334	52 398	1.59	83 360	225 072	1.19	257
	合计			333+334	85 779	1.73	148 451	400 817	2.24	898

注：据武警黄金一总队成果汇报材料。矿床伴生Ag平均品位9.59g/t，可综合回收利用。

地表以20～100m间距由36个槽探工程控制，矿体最大厚度7.90m，平均厚度2.02m，厚度变化系数75%。地表单样最高品位56.01g/t，单工程最高品位23.54g/t，单工程最低品位1.32g/t，平均品位5.68g/t，品位变化系数152%。

1-Ⅱ号矿体：赋存标高378～241m，总体产状200°∠70°。地表由9个工程控制，长度300m，最大延伸135m，深部以100m线距，100m或200m点距，由10个钻孔控制，最高品位108.60g/t，平均品位12.30g/t，品位变化系数170%，最大厚度3.94m，平均厚度2.47m，厚度变化系数60%。

矿石类型为含金石英脉+蚀变岩型。矿石结构为自形—半自形—他形结构、交代结构、胶状结构。黄铁矿呈自形一半自形晶结构，少量呈他形结构。褐铁矿交代黄铁矿，铜蓝、孔雀石交代黄铜矿。矿石构造主要为星散浸染状构造、角砾状构造、空洞状构造(图版Ⅰ-19、图版Ⅰ-20、图版Ⅰ-21)。星散浸染状是指黄铁矿在矿石中呈星散浸染状。角砾状构造表现为硅化岩破碎后呈角砾状，主要被铁质物胶结。空洞状构造是指褐铁矿交代硫化物过程中，硫化物流失而形成空洞状。

矿石中物质组成简单，金属矿物含量很少(表5-3、表5-4)。金属矿物主要为褐铁矿、黄铁矿及很少量的磁铁矿、赤铁矿、黄铜矿、铜蓝、方铅矿、闪锌矿等。贵金属矿物主要为自然金、银金矿。非金属矿物主要为石英、长石、云母、高岭土、方解石等。石英是矿石中最主要的矿物，在矿石中含量60%以上。石英的结晶程度不高，多为不规则粒状结合体，矿物粒度多分布在1～5mm之间。石英颗粒间隙是金属矿物和金矿物的主要嵌布场所。

表 5-3　矿石矿物相对含量表

矿物种类	金属矿物				非金属矿物			合计
	赤铁矿、磁铁矿、褐铁矿	黄铁矿	闪锌矿、方铅矿、黄铜矿	孔雀石、铜蓝	石英	高岭土、长石	方解石等其他	
相对含量(%)	4.81	0.55	0.03	0.01	62.3	23.5	8.8	100.0

表 5-4　金属矿物相对含量表

矿物名称	褐铁矿	黄铁矿	黄铜矿	磁铁矿	方铅矿	闪锌矿
相对含量(%)	60	12	10	6	6	6

矿石中金呈浅黄色—黄色,平均成色750‰,粒度以中细粒金(0.074～0.01mm)为主,占66.5%,金矿物粒度粗细不均,自然金最大粒度为0.3mm×0.34mm×0.04mm(略有变形)(表5-5)。

表 5-5　自然金粒度分析结果表

粒度区间(mm)	0.3～0.1	0.1～0.074	0.074～0.053	0.053～0.037	0.037～0.01	<0.01	合计
相对含量(%)	10.5	11.8	16.3	20.4	29.8	11.2	100.0

矿石中金主要以粒间金、空洞边部金、包裹金形式产出,粒间金与空洞边部金占有绝对优势,占含量的91.8%。自然金的形态以针状和不规则状为主,其次为角砾状、板片状、长角砾状、尖角砾状、浑圆状等(表5-6)。

表 5-6　金矿物赋存状态测量结果表

赋存状态		相对含量(%)		合计
粒间金	褐铁矿与脉石金	17.4	55.6	100.0
	脉石晶粒间	38.2		
空洞边部金	脉石空洞边部	5.8	36.2	
	褐铁矿空洞边部	30.4		
包裹金	脉石中	4.8	8.2	
	褐铁矿中	3.4		

围岩蚀变较明显的是硅化、绿泥石化、绢云母化、冰长石化。与成矿较为密切的是硅化和黄铁矿化,是区内金矿的主要找矿标志之一。

硅化:石英呈浅灰白色微晶产出,常与绢云母类矿物混杂,表面不洁净,正交偏光下Ⅰ级灰白干涉色。

绿泥石化:呈墨绿色、绿色,单偏光呈浅绿色、浅黄色,多为鳞片状集合体。分为3期,一期为安山岩,粗安岩,英安岩中角闪石、黑云母蚀变产物,呈原矿物假象;二期伴随灰色、灰黑色交代石英、冰长石产出;三期伴随白色交代石英、冰长石、黄铁矿产出,常穿切白色交代石英,与成矿关系密切。

绢云母化:绢云母呈灰色、浅黄色隐晶质鳞片状集合体产出,正交偏光下干涉色鲜艳、绚丽,与硅化密切伴生。

冰长石化:冰长石呈浅肉红色,单偏光无色透明。呈窄条状产出,具菱形切面,低负突起。正交偏光下,干涉色为Ⅰ级灰白。以其与硅化、绢云母化密切伴生和其独特的形态可与钾长石类矿物区别,为该类型金矿的标型蚀变矿物。冰长石分3期,一期为微斜长石的低温变种,二期与灰色、灰黑色交代石英相伴产出,三期为与白色石英相伴产出。

上述地质特征及流体包裹体特征(详见第六章)显示,高松山金矿为火山期后热液作用形成的浅成低温热液型金矿(赵洪海等,2011;刘桂阁等,2006;王艳忠等,2006;边红业等,2009;陈桂虎等,2012;唐忠等,2010)。

第二节　东安金矿床

东安金矿床位于逊克县南东45km处,东经128°48′30″—128°55′30″,北纬49°14′00″—49°17′30″。1998—2003年由黑龙江省有色707队发现并勘查,仅Ⅴ号主矿体获得资源/储量Au 23 596kg,Ag 200 395kg,占矿床总资源/储量的97%。

矿区出露地层主要为下白垩统中性—中酸性—酸性火山熔岩及火山碎屑岩,中—上新统孙吴组砂砾岩和第四系玄武岩、砂砾岩及冲洪积层。下白垩统火山岩主要为安山岩、粗安岩、流纹岩、英安岩、流纹质凝灰岩等(图版Ⅱ-1、图版Ⅱ-2、图版Ⅱ-3)。矿区断裂构造和火山机构发育。

断裂构造:近南北向断裂及矿床北部北北东向追踪南北向库尔滨河壳断裂和南部北西向转北西西向都尔滨河断裂是该区规模较大的断裂构造,也是该区控岩控矿断裂。金矿体(含矿交代石英岩脉带)、细粒碱长花岗岩脉和隐爆角砾岩发育于近南北向断裂与库尔滨河断裂和都尔滨河断裂交汇部位,该组断裂与上述两条规模较大的断裂相交汇贯通,并大致呈等间距排列。其中控制Ⅴ号矿体的断裂构造规模最大,长>1 200m,宽1~25m,延深>358m,走向315°~0°,倾向225°~90°,倾角70°~89°。在185m中段以上该断裂为东侧潜流纹质火山岩与西侧中粗粒碱长花岗岩分界线,向深部延伸至中粗粒碱长花岗岩中。断裂面呈舒缓波状,在产状的变化部位矿化富集。Ⅴ号矿体沿走向上以中部12~28线产状变化部位厚度和品位俱佳,在垂向上以185中段产状变缓部位厚度和品位俱佳。

火山机构:矿区火山机构主要表现为线状或椭圆状火山喷发口,发育于纵向断裂与斜切断裂构造交汇部位。潜火山岩(潜流纹岩及潜流纹质凝灰岩等)侵入其中,并侵入早于其形成的细粒碱长花岗岩墙。目前发现5处潜火山岩体,均沿近南北向断裂呈椭圆状小岩株状或岩脉状展布。其中Ⅴ号矿体东侧潜火山岩体规模最大,出露面积约0.3km^2,与Ⅴ号主矿体关系密切。

矿区出露侵入岩主要为燕山早期中粗粒碱长花岗岩(178.4±l.2)Ma(陈静,2011)、细粒碱长花岗岩和花岗斑岩,燕山晚期潜流纹岩、潜流纹质凝灰岩。中粗粒碱长花岗岩是岩金矿体的主要围岩,细粒碱长花岗岩和潜流纹岩是岩金矿体的次要围岩。

早侏罗世中粗粒碱长花岗岩:呈岩基状,出露面积约7km^2。岩石呈肉红色,块状构造,中粗粒花岗结构(图版Ⅱ-4)。碱性长石主要由微斜长石和条纹长石组成,呈半自形板状,粒度0.2~7mm,卡氏双晶发育,有的弱绢云母化,含量46%~56%。斜长石牌号An=8~10,属更长石。呈半自形板状,聚片双晶发育,粒度0.2~5mm,不均匀分布,具不同程度的绢云母化,含量10%~15%。石英呈他形粒状,粒度0.2~7mm,具波状消光,不规则分布,含量25%~35%。黑云母呈他形粒状,粒度0.1~1.5mm,不均匀分布,多次生变化为绿泥石,含量1%~3%。副矿物为锆石、磷灰石。

早侏罗世细粒碱长花岗岩：呈脉状或岩墙状，岩石呈肉红色，块状构造，细粒花岗结构。碱性长石由微斜长石和条纹长石组成，呈他形粒状，粒度 0.1～2mm，含量 52%～58%。斜长石牌号 An=27，为更长石（图版Ⅱ-5）。呈半自形板状，具聚片双晶，粒度 0.1～2mm，含量 10%～15%。石英呈他形粒状，粒度 0.1～2mm，波状消光，均匀分布，含量 25%～30%。暗色矿物主要为黑云母和角闪石，呈他形粒状，粒度 0.1～0.5mm，含量不足 0.5%～2%。副矿物为锆石、磷灰石。

花岗斑岩：呈脉状，岩石呈灰色，块状构造，斑状结构，基质隐晶质结构。斑晶为碱性长石、斜长石、石英和少量的暗色矿物黑云母等。碱性长石主要为正长石（图版Ⅱ-6），呈自形—半自形板状，粒度 0.2～3mm，含量约 20%。斜长石牌号 An=27，为钠长石，呈自形—半自形板状，粒度 0.2～3mm，含量约 10%。石英呈他形粒状，粒度 0.2～3mm，含量约 5%。黑云母呈半自形片状，多次生变化为绿泥石，粒度 0.5～2mm，含量约 3%。基质为长英质，含量约 62%。副矿物为锆石、磷灰石。

潜流纹岩：岩石呈浅灰色、浅绿灰色。块状构造，斑状结构（图版Ⅱ-7）。斑晶主要为微斜长石、石英、白云母。微斜长石呈半自形板状，粒度 0.5～1mm，含量 1%～2%，多绢云母化。石英呈他形粒状，具熔蚀，粒度 0.2～1mm，含量 1%～5%。白云母呈他形粒状，不均匀分布，粒度 0.1～1mm，含量 1%。基质为隐晶质结构，由长英质组成，含量 75%～85%。局部见中粗粒碱长花岗岩、细粒碱长花岗岩和流纹质凝灰岩岩屑或角砾（图版Ⅱ-8、图版Ⅱ-9）。

潜流纹质凝灰岩：晶屑成分为钾长石、石英、斜长石、黑云母。粒径：0.5～1.0mm，约占 20%。石英棱角状、次棱角状，局部熔蚀成港湾状。钾长石次棱角状，蚀变为土状，成分为条纹长石。岩屑次棱角状，成分为火山灰凝灰岩、玻屑凝灰岩，直径 0.6～2.0mm，占 10%。填隙物由火山灰脱玻为霏细状显微晶质或隐晶质长英质成分，充填于上述火山碎屑之间。

爆破角砾岩：有 2 种爆破角砾岩，一种为矿体围岩中的角砾岩（图版Ⅰ-21），一种为矿体中的角砾岩（图版Ⅱ-9、图版Ⅱ-10）。围岩中的角砾岩：岩石呈酱紫色、肉红色，角砾状构造，碎裂状构造，胶结物或具斑状结构。角砾成分复杂，含有来自不同深度的围岩角砾，主要为细粒碱长花岗岩、潜流纹岩和中粗粒碱长花岗岩角砾。角砾以棱角状为主，少数为次棱角状，粒度一般 2～30mm，含量 70%～90%。胶结物一般为酱紫色硅质，也有熔岩胶结者，前者普遍含黄铁矿，呈细脉状、网脉状分布，脉宽1～10mm。

矿体受近南北—北北西—北西向断裂控制。主要赋存于中粗粒碱长花岗岩的强硅化蚀带，其次赋存于细粒碱长花岗岩、隐爆角砾岩及潜流纹岩的强硅化蚀变带。矿化范围一般与交代石英岩一致，矿体与围岩界线清晰。矿体在 185m 中段以上赋存于潜流纹岩与中粗粒碱长花岗岩之间的断裂带中。矿体与潜流纹岩、细粒碱长花岗岩和隐爆角砾岩带空间关系密切，矿体上下盘常发育有细粒碱长花岗岩及隐爆角砾岩带。

矿区共圈定 13 条金矿体，其中Ⅴ号矿体为主矿体。Ⅴ号矿体及其两侧的平行小矿体分布于 19—44 线长 800m、宽 160m 的范围内（表 5-7）。

矿石结构以他形粒状为主，自形、半自形粒状次之。矿石构造以角砾状、浸染状、脉状一网脉状为主，梳状、晶簇、晶洞、条带状次之。矿石中金属矿物总含量 2.8%，硫化物主要为黄铁矿，其次为毒砂、方铅矿、黄铜矿、辉铜矿、铜蓝、闪锌矿；氧化物主要为磁铁矿、赤铁矿（针铁矿）、褐铁矿；贵金属矿物主要为银金矿、自然银、辉银矿。脉石矿物种类比较简单，主要为各种颜色、粒度石英，其次为冰长石、高岭石、少量绢云母、绿泥石。

金矿物的赋存状态：以粒间金为主，含量 57.3%，裂隙金次之，含量 34.9%，包裹金少量，含量 7.8%。自然银、辉银矿赋存状态：以粒间银为主，含量 88.3%，包裹银次之，含量 9.2%，空洞边银少量，含量 2.5%。矿石中银金矿金的成色较低，为 501～651。

表 5-7　Ⅴ号矿体及其附属矿体特征表

矿体编号	地表分布（线号）	深部分布（线号）	形态	延长(m)	垂深(m)	水平厚度:经济的/次边际经济的
5	11—14	13—44	大脉状	325～770	110～358	6.70/2.10
5-1	隐伏	7、6、20	脉状	断续 350	110	0.58/1.66
5-2	隐伏	19、7、6—12	脉状	断续 400	60～220	3.64/1.87
5-3	7、10—14	13—5、6—8、12—14	脉状	400	75～135	1.57/1.54
5-4	19、13	19、7、16、36	脉状	断续 700	50～75	1.72/1.29

矿体编号	产状(°)			Au 平均品位($\times10^{-6}$)	资源/储量(kg)		
	走向	倾向	倾角	经济/次边际经济	Ag	经济的 Au/Ag	次边际经济的 Au/Ag
5	351—0—335—315	81—90—245—225	70—89—78	9.05/2.44	75.8/47.0	23 345/195 557	251/4 838
5-1	354—356	86—88	78—84	4.80/2.48	59.3/46.7		13/250
5-2	353—337	83—67	88—81	12.77/1.17	153.4/27.1	497/5 970	6/139
5-3	357—348—352	87—78—82	66—86—82	5.87/2.93	70.6/16.9	124/1 513	12/69
5-4	357—344	87—74	84	6.04/2.07	14.5/5.2	54/130	2/5

围岩蚀变特征显示热液活动具多期次期特点，蚀变矿化可划分为成矿早期、成矿期和成矿晚期 3 期，蚀变矿物生成可划分为 6 个阶段。成矿早期绢云母-石英阶段：绢云母、微晶石英、磁铁矿、黄铁矿。成矿期乳白色石英阶段、灰色石英-冰长石阶段、石英-绿泥石-硫化物阶段、网脉状白色石英阶段：绢云母、乳白色石英、冰长石、黄铁矿、灰色石英、毒砂、黄铜矿、辉铜矿、铜蓝、方铅矿、闪锌矿、银金矿、自然银、辉银矿、绿泥石、网脉状白色石英。与矿化关系密切的为灰色石英岩化和与其伴生的冰长石化（图版Ⅱ-11～图版Ⅱ-23）。成矿晚期玉髓-萤石阶段：玉髓、萤石、黄铁矿、银金矿、自然银、辉银矿。

矿床地质特征及流体包裹体特征（详见第六章）显示，东安金矿为火山期后热液作用形成的浅成低温热液型金矿（薛明轩等，2002，刘智明等，2004；郭继海等，2004；于建波等，2005；陶卫星，2006；霍亮等，2010）。

第六章 成矿系列地球化学特征及成因探讨

第一节 燕山早期成矿系列

一、主量元素

燕山早期与成矿相关的花岗岩类岩石化学分析结果如表6-1～表6-3所示。岩石中SiO_2含量为56.44%～78.99%，Al_2O_3为10.52%～17.68%，TiO_2为0.05%～4.96%。K_2O+Na_2O一般为5.64%～14.88%，绝大多数>7.0%，平均为7.93%。K_2O/Na_2O一般为0.70～6.70，绝大多数>1，具高钾特征。CaO含量为0.1%～9.04%，MgO为0.10%～4.75%。A/CNK值为0.63～1.29，82件样品中只有4件样品的A/CNK值>1.1(1.13～1.29)，其他均小于1.1，A/NK值均大于1.0，属偏铝质Ⅰ型花岗岩类。绝大多数样品的利特曼指数σ为1.88～3.05，属钙碱性花岗岩类。少数样品的σ>3.3或<1.8，是由岩石遭受钾长石化或硅化造成。在$\omega(SiO_2)-\omega(K_2O)$图解中，岩石样品绝大部分落入高钾钙碱性和钾玄岩系列区(图6-1a)，在A/CNK-A/NK图解中大部分样品落入偏铝质花岗岩类区域(图6-1b)。在$\omega(SiO_2)-\omega(Fe_2O_3)/\omega(FeO)$图上，该区花岗质岩体氧化程度不均一，部分岩体或岩体局部属氧化程度较高的磁铁矿系列，部分或局部属氧化程度相对较低的钛铁矿系列(图6-1c)，可能反映出岩浆分异程度不高。总体来看，由辉石闪长岩→花岗闪长岩、二长花岗岩→正长花岗岩、碱长花岗岩，SiO_2和K_2O质量分数呈逐渐增高趋势，CaO和MgO质量分数呈逐渐降低趋势，即岩浆向酸性方向和富钾方向演化。

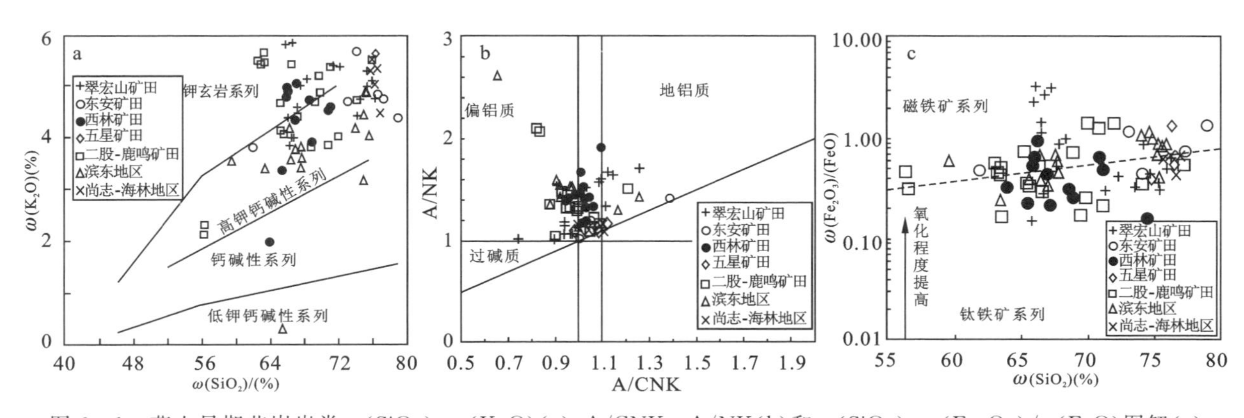

图6-1 燕山早期花岗岩类$\omega(SiO_2)-\omega(K_2O)$(a)、A/CNK-A/NK(b)和$\omega(SiO_2)-\omega(Fe_2O_3)/\omega(FeO)$图解(c)

表 6-1　燕山早期与成矿相关花岗岩类岩石化学分析结果

矿田/地区	矿床	样号	采样位置	岩性	SiO_2	TiO_2	Al_2O_3	Fe_2O_3	FeO	MnO	MgO	CaO	Na_2O	K_2O	P_2O_5	LOS	总量	K+Na	K/Na	A/CNK	σ
翠宏山	翠宏山	GSC1	探矿竖井	细粒碱长花岗岩	65.75	0.44	16.20	0.49	3.30	0.13	0.42	1.93	4.39	5.98	0.11	0.29	99.43	10.37	1.36	0.87	4.73
		GSC2	探矿竖井	细粒碱长花岗岩	66.71	0.39	15.70	0.79	2.79	0.14	0.35	1.61	4.53	5.89	0.09	0.50	99.49	10.42	1.30	0.86	4.58
		WLC1	探矿竖井	细粒碱长花岗岩	73.57	0.06	11.91	0.40	1.22	0.05	0.11	2.40	2.85	6.42	0.01	0.82	99.81	9.27	2.25	0.70	2.81
		WLC2	水文钻孔	粗中粒碱长花岗岩	72.31	0.19	13.25	0.96	2.30	0.09	0.25	0.89	4.01	5.44	0.03	0.16	99.86	9.45	1.36	0.86	3.05
		WLC41	探矿竖井	细粒碱长花岗岩	71.35	0.29	13.29	0.76	2.53	0.049	0.38	1.50	3.39	5.40	0.06	0.84	99.84	8.79	1.59	0.87	2.73
		WLC42	探矿竖井	细粒碱长花岗岩	74.73	0.11	12.22	0.58	1.30	0.067	0.17	0.93	4.13	4.77	0.01	0.81	99.83	8.90	1.15	0.82	2.50
		C41-1	探矿竖井	细粒碱长花岗岩	76.28	0.06	12.44	0.54	0.84	0.044	0.20	0.42	3.82	4.80	0.01	0.59	100.04	8.62	1.26	0.92	2.23
		C41-2	探矿竖井	细粒碱长花岗岩	75.95	0.05	12.57	0.47	0.95	0.029	0.20	0.63	3.82	5.10	0.01	0.21	99.99	8.92	1.34	0.89	2.41
		C41-3	探矿竖井	细粒碱长花岗岩	75.40	0.06	12.36	0.49	1.60	0.032	0.20	0.64	3.60	5.33	0.01	0.32	100.04	8.93	1.48	0.88	2.46
		C41-4	探矿竖井	细粒碱长花岗岩	75.33	0.05	12.51	0.49	1.35	0.036	0.20	0.56	3.90	5.03	0.01	0.48	99.95	8.93	1.29	0.89	2.47
	霍吉河	GSH1	探矿竖井	中细粒花岗岩	66.05	0.54	14.07	4.53	1.40	0.05	1.27	2.02	2.31	4.42	0.15	3.09	99.89	6.73	1.91	1.08	1.96
		GSH2	探矿竖井	中细粒花岗岩	65.95	0.56	14.30	3.58	1.57	0.06	1.27	2.49	2.63	4.69	0.15	2.41	99.64	7.32	1.78	0.97	2.33
		WLH11	探矿竖井	中细粒花岗闪长岩	68.35	0.46	14.65	1.76	1.80	0.03	1.00	2.11	2.97	5.18	0.14	1.38	99.84	8.15	1.74	0.96	2.62
		WLH12	TC2311	斑状花岗岩	74.21	0.25	13.52	1.00	1.15	0.02	0.40	1.14	3.18	4.47	0.07	0.47	99.87	7.65	1.41	1.03	1.88
		WLH41	探矿竖井	细中粒二长花岗岩	67.83	0.57	14.48	1.36	1.56	0.03	1.52	2.34	3.27	5.04	0.16	1.61	99.77	8.31	1.54	0.90	2.78
		H41-1	探矿竖井	细中粒二长花岗岩	67.25	0.53	14.56	3.71	1.17	0.035	1.26	1.67	2.14	4.63	0.15	2.63	99.74	6.77	2.16	1.19	1.89
		H41-2	探矿竖井	细中粒二长花岗岩	66.55	0.53	15.08	2.32	2.10	0.060	1.33	2.38	3.10	4.00	0.15	1.18	98.78	7.10	1.29	1.02	2.14
		H41-3	探矿竖井	细中粒二长花岗岩	66.76	0.55	14.78	3.22	1.20	0.040	1.31	2.29	3.07	4.02	0.16	2.33	99.73	7.09	1.31	1.02	2.12
		H41-4	探矿竖井	细中粒二长花岗岩	66.47	0.55	15.11	2.91	1.99	0.060	1.33	2.40	2.95	3.89	0.16	1.92	99.74	6.84	1.32	1.05	1.99
东安	东安	DA3-2	探矿坑道	粗中粒碱长花岗岩	73.09	0.22	13.91	1.10	0.93	0.04	0.49	0.37	4.21	4.73	0.06	0.50	99.66	8.94	1.12	0.99	2.66
		DA3-8	探矿坑道	粗中粒碱长花岗岩	78.99	0.17	10.52	1.19	0.88	0.02	0.46	0.11	1.61	4.41	0.04	1.20	99.60	6.02	2.74	1.29	1.01
		Gs3	探矿坑道	细粒碱长花岗岩	77.32	0.10	11.40	0.60	0.80	0.02	0.10	0.20	3.53	4.80	0.05	0.76	99.68	8.33	1.36	0.91	2.02
		Gs4	探矿坑道	细粒碱长花岗岩	76.52	0.15	11.70	0.57	1.00	0.02	0.10	0.10	3.25	4.87	0.05	0.44	98.77	8.12	1.50	0.99	1.97
	高岗山	GG5	探矿钻孔岩芯	中粒碱长花岗岩	74.12	0.11	12.44	0.72	1.60	0.04	0.30	0.79	2.60	5.71	0.02	0.42	98.87	8.31	2.20	0.98	2.22

续表 6-1

矿田/地区	矿床	样号	采样位置	岩性	SiO_2	TiO_2	Al_2O_3	Fe_2O_3	FeO	MnO	MgO	CaO	Na_2O	K_2O	P_2O_5	LOS	总量	K+Na	K/Na	A/CNK	σ
西林	小西林	GSS2	500m 平巷	细粒二长花岗岩	65.44	0.56	16.00	0.91	4.02	0.15	1.22	3.45	3.59	3.39	0.21	0.41	99.36	6.98	0.94	0.94	2.17
		GSS3	500m 平巷	细粒碱长花岗岩	74.44	0.12	12.05	0.34	2.15	0.07	0.26	0.90	1.13	7.57	0.03	0.53	99.60	8.70	6.70	1.00	2.41
		WLS41	红旗坑口	细中粒花岗闪长岩	67.15	0.57	14.5	0.91	4.19	0.12	1.26	2.60	2.43	5.09	0.16	0.79	99.79	7.52	2.09	0.97	2.34
		WLS42	南沟	斑状花岗岩	66.93	0.47	15.39	1.26	2.86	0.08	0.97	2.82	3.89	4.38	0.13	0.60	99.78	8.27	1.13	0.88	2.86
		S41-1	红旗坑口	细中粒花岗闪长岩	68.88	0.54	14.57	0.99	3.90	0.086	0.97	3.13	2.04	3.94	0.15	0.58	99.78	5.98	1.93	1.04	1.38
		S41-2	红旗坑口	细中粒花岗闪长岩	68.58	0.55	14.63	1.02	3.20	0.076	1.11	2.09	3.10	4.76	0.15	0.53	99.80	7.86	1.54	0.97	2.42
		S42-1	红旗坑口	细中粒花岗闪长岩	70.78	0.32	14.20	1.45	2.21	0.070	0.58	1.62	3.41	4.57	0.088	0.50	99.80	7.98	1.34	0.97	2.29
		S42-2	红旗坑口	细中粒花岗闪长岩	71.15	0.30	14.13	1.15	2.35	0.080	0.61	1.73	3.39	4.63	0.087	0.21	99.82	8.02	1.37	0.95	2.28
	二段	RD41	坑道	似斑状花岗闪长岩	63.89	0.70	16.69	1.26	3.79	0.127	1.2	7.94	1.35	1.99	0.17	0.69	99.80	3.34	1.47	0.87	0.53
		RD41-1	坑道	似斑状花岗闪长岩	65.93	0.63	15.04	1.95	3.00	0.15	1.45	2.70	3.18	4.93	0.15	0.62	99.73	8.11	1.55	0.91	2.87
		RD41-2	坑道	似斑状花岗闪长岩	65.94	0.65	14.88	1.89	3.32	0.09	1.59	2.74	3.14	5.00	0.15	0.33	99.73	8.14	1.59	0.90	2.89
		RD41-3	坑道	似斑状花岗闪长岩	66.24	0.63	14.91	2.39	2.52	0.08	1.50	2.80	3.22	4.89	0.14	0.44	99.73	8.11	1.52	0.89	2.83
		RD41-4	坑道	似斑状花岗闪长岩	65.85	0.66	14.87	1.92	3.61	0.09	1.57	2.56	3.00	4.82	0.15	0.69	99.73	7.82	1.61	0.94	2.68
五星	五星	WX1	铁路附近露天采坑	花岗斑岩	76.33	0.06	12.46	0.96	0.72	0.02	0.17	0.23	2.80	5.61	0.01	0.50	99.89	8.41	2.00	1.04	2.12
		WX2	铁路附近露天采坑	花岗斑岩	74.83	0.06	12.59	0.57	1.46	0.04	0.14	0.71	2.99	6.11	0.01	0.35	99.85	9.10	2.04	0.91	2.60
二股、鹿鸣	鹿鸣	GSL1	ZK6401 钻孔	中粒二长花岗岩	69.35	0.49	14.19	0.51	2.94	0.03	1.19	2.26	3.07	4.74	0.11	0.67	99.54	7.81	1.54	0.93	2.31
		GSL2	ZK6001 钻孔	中粒二长花岗岩	69.76	0.47	14.03	0.63	2.44	0.03	0.95	2.08	2.71	5.24	0.10	1.09	99.52	7.95	1.93	0.95	2.36
		GSL3	ZK6001 钻孔	中粒二长花岗岩	65.56	0.65	15.25	1.16	3.52	0.09	1.60	3.26	3.44	4.10	0.14	0.68	99.44	7.54	1.19	0.89	2.52
		GSL4	ZK6001 钻孔	中粒二长花岗岩	69.94	0.59	14.88	1.25	0.88	0.03	1.54	1.31	2.80	4.91	0.14	1.54	99.80	7.71	1.75	1.13	2.21
		L11	选矿样采坑 1	细粒碱长花岗岩	77.17	0.14	11.65	0.29	0.54	0.01	0.22	0.29	1.21	7.86	0.01	0.49	99.87	9.07	6.50	1.02	2.41
		L12	选矿样采坑 3	细中粒二长花岗岩	71.09	0.37	13.66	0.56	2.59	0.03	0.96	1.83	2.82	5.40	0.08	0.45	99.83	8.22	1.91	0.93	2.41
		L13	选矿样采坑 4	中细粒二长花岗岩	71.98	0.29	14.25	1.58	1.10	0.06	0.57	1.79	3.99	4.07	0.09	0.14	99.88	8.06	1.02	0.92	2.24
		L14	选矿样采坑 2	细粒花岗闪长岩	67.23	0.56	14.94	1.52	2.84	0.08	1.45	2.90	3.43	4.40	0.13	0.38	99.86	7.83	1.28	0.89	2.53
		LN31	鹿鸣北 3km 采石场	中粒石英闪长岩	65.22	0.63	15.10	2.14	2.86	0.09	1.62	3.38	4.06	4.15	0.15	0.42	99.82	8.21	1.02	0.81	3.03

续表 6-1

矿田/地区	矿床	样号	采样位置	岩性	SiO_2	TiO_2	Al_2O_3	Fe_2O_3	FeO	MnO	MgO	CaO	Na_2O	K_2O	P_2O_5	LOS	总量	K+Na	K/Na	A/CNK	σ
二股、鹿鸣	二股西山	WLX1	150m 中段	中粒花岗闪长岩	66.50	0.51	16.43	0.67	2.23	0.07	0.84	2.55	3.99	5.44	0.11	0.51	99.83	9.43	1.36	0.89	3.78
		GSX1	150m 中段	中粒花岗闪长岩	65.35	0.71	14.87	1.32	3.73	0.09	1.64	3.29	3.05	4.69	0.15	0.51	99.40	7.74	1.54	0.87	2.68
		R41-1	选厂附近	细粒二长花岗岩	63.38	0.69	16.74	1.63	3.65	0.12	0.96	2.52	3.75	5.69	0.17	0.47	99.77	9.44	1.52	0.92	4.37
		R41-2	选厂附近	细粒二长花岗岩	63.17	0.71	16.70	1.79	3.86	0.14	0.92	2.67	3.66	5.51	0.18	0.51	99.82	9.17	1.51	0.93	4.17
		R41-3	选厂附近	细粒二长花岗岩	63.45	0.68	16.46	1.78	3.54	0.13	0.95	2.76	3.88	5.50	0.17	0.47	99.77	9.38	1.42	0.88	4.30
		R41-4	选厂附近	细粒二长花岗岩	62.96	0.70	16.63	2.01	3.54	0.16	0.92	2.70	3.87	5.45	0.17	0.62	99.73	9.32	1.41	0.90	4.35
	二股东山	GSD1	坑道	似斑状二长闪长岩	63.45	0.16	17.68	0.20	1.21	0.060	0.19	1.41	1.67	13.21	0.023	0.46	99.72	14.88	7.91	0.88	10.83
		GSD2	坑道	似斑状碱长花岗岩	74.12	0.17	13.22	0.56	1.57	0.05	0.27	0.84	3.50	4.77	0.04	0.56	99.68	8.27	1.36	0.97	2.20
	二股公路桥	GSE11	采石场	细中粒二长花岗岩	70.83	0.37	14.46	1.90	1.51	0.05	0.70	1.94	4.09	3.90	0.12	0.02	99.88	7.99	0.95	0.92	2.29
		GSE12	采石场	细粒花岗闪长岩	68.81	0.42	15.78	1.35	1.87	0.06	0.80	2.33	4.23	3.84	0.15	0.21	99.85	8.07	0.91	0.94	2.52
	大安河	WLDA1	露天采坑	辉石闪长岩	56.44	1.15	16.72	1.88	5.93	0.12	4.19	6.76	3.31	2.33	0.28	1.34	100.45	5.64	0.70	0.78	2.37
		WLDA2	岩芯	辉石闪长岩	56.26	1.16	16.69	2.42	5.19	0.03	4.75	6.56	3.49	2.14	0.31	1.16	100.16	5.63	1.63	0.84	2.39
滨东	弓棚子	WLG1	竖井附近	中粒花岗闪长岩	65.54	0.53	14.34	0.69	1.77	0.21	1.82	9.04	3.08	0.39	0.19	2.17	99.75	3.47	0.13	0.63	0.53
		WLG2	竖井附近	中粒花岗闪长岩	67.78	0.47	15.11	1.30	2.88	0.11	1.22	3.12	3.64	3.63	0.15	0.41	99.81	7.27	1.00	0.90	2.13
		WLG41	竖井附近	中粒花岗闪长岩	66.49	0.49	15.07	1.36	3.47	0.12	1.31	3.22	4.026	3.59	0.15	0.5	99.80	7.62	0.89	0.85	2.47
		G41-1	竖井附近	中粒花岗闪长岩	67.71	0.47	14.94	1.60	2.64	0.12	1.20	2.83	3.61	3.84	0.15	0.65	99.76	7.45	1.06	0.91	2.25
		G41-2	竖井附近	中粒花岗闪长岩	67.52	0.47	15.30	1.85	2.70	0.09	1.14	2.76	3.89	3.44	0.15	0.47	99.78	7.33	0.88	0.93	2.19
	五道岭	W41-1	主井附近	多斑状正长花岗岩	75.89	0.16	12.41	0.77	0.88	0.04	0.20	0.32	3.64	4.96	0.02	0.61	99.90	8.60	1.36	0.95	2.25
		W41-2	主井附近	多斑状正长花岗岩	75.22	0.16	12.65	0.79	1.17	0.05	0.20	0.42	3.69	4.97	0.02	0.64	99.97	8.66	1.35	0.94	2.33
	明理	M1-1	坑道	花岗斑岩	75.38	0.13	12.56	0.67	1.60	0.07	0.20	0.65	3.33	4.92	0.02	0.28	99.82	8.25	1.48	0.96	2.10
		M1-2	坑道	花岗斑岩	75.30	0.20	12.43	0.91	1.02	0.09	0.20	0.45	2.47	6.63	0.02	0.09	99.81	9.10	2.68	0.97	2.56
	袁家屯	GSY1	矿区探矿钻孔	似斑状花岗闪长岩	63.44	0.84	14.55	1.39	5.75	0.17	2.59	3.81	3.30	3.42	0.22	0.95	100.42	6.72	1.04	0.85	2.21
		WLY41	采矿场	斑状二长花岗岩	66.35	0.73	13.73	2.30	3.36	0.11	2.02	3.07	3.35	4.22	0.17	0.43	99.85	7.57	1.26	0.82	2.45

续表 6-1

矿田/地区	矿床	样号	采样位置	岩性	SiO_2	TiO_2	Al_2O_3	Fe_2O_3	FeO	MnO	MgO	CaO	Na_2O	K_2O	P_2O_5	LOS	总量	K+Na	K/Na	A/CNK	σ
滨东	袁家屯	Y41-1	采矿场	斑状二长花岗岩	59.58	1.31	12.37	4.48	7.57	0.21	4.21	3.03	2.49	3.57	0.37	1.51	100.7	6.06	1.43	0.87	2.21
		Y41-2	采矿场	斑状二长花岗岩	67.02	0.55	14.92	1.29	3.79	0.080	1.48	3.13	3.44	3.81	0.13	0.26	99.9	7.25	1.11	0.90	2.19
	九三站	WLJ41	采石场	中粒碱长花岗岩	74.04	0.23	13.18	1.13	1.06	0.12	0.36	0.90	4.21	4.22	0.06	0.34	99.86	8.43	1.00	0.91	2.29
		GSJ1	采石场	细中粒碱长花岗岩	74.94	0.18	13.09	0.94	0.95	0.05	0.31	0.83	4.04	4.46	0.05	0.03	99.87	8.50	1.10	0.92	2.26
		TWJ41-2	采石场	中粒碱长花岗岩	74.64	0.20	13.39	1.48	1.26	0.07	0.19	0.72	3.62	3.15	0.05	0.75	99.51	6.77	0.87	1.13	1.45
		TWJ41-3	采石场	中粒碱长花岗岩	75.56	0.18	13.02	0.88	1.06	0.05	0.20	0.64	3.39	4.07	0.05	0.31	99.42	7.46	1.20	1.06	1.71
尚志-海林	一面坡	YM1-1	采石场	粗中粒正长花岗岩	75.71	0.18	12.31	0.89	1.42	0.04	0.20	0.21	3.12	5.32	0.03	0.37	99.80	8.44	1.71	1.00	2.18
		YM1-2	采石场	粗中粒正长花岗岩	76.27	0.18	12.18	0.94	1.38	0.04	0.20	0.10	3.28	5.07	0.03	0.34	100.01	8.35	1.55	1.01	2.10
	林海	LH11	露天采场	中粒碱长花岗岩	76.71	0.13	11.79	0.64	1.46	0.09	0.20	0.43	2.79	5.38	0.03	0.21	99.84	8.17	1.93	0.97	1.98
		LH12	露天采场	中粒碱长花岗岩	76.01	0.17	12.14	0.79	1.46	0.04	0.20	0.19	3.09	5.55	0.02	0.25	99.92	8.64	1.80	0.98	2.26
		LH1	露天采场	中粒碱长花岗岩	76.92	0.05	12.15	0.58	0.88	0.04	0.17	0.83	3.51	4.50	0.01	0.12	99.75	8.01	1.28	0.91	1.89

注:测试单位:国土资源部东北矿产资源监督检测中心。仪器名称:X荧光光谱仪等。含量单位:%。WLDA2、Gs3和Gs4据黑龙江707队。

表 6－2　燕山早期与成矿相关花岗岩类稀土元素分析结果

矿田	矿床	样号	La	Ce	Pr	Nd	Sm	Eu	Gd	Tb	Dy	Ho	Er	Tm	Yb	Lu	Y	∑REE	∑Ce/∑Y	$(La/Yb)_N$	$(La/Sm)_N$	$(Gd/Yb)_N$	δEu	δCe
翠宏山	翠宏山	GSC1	52.70	103.00	12.70	45.30	7.38	2.49	6.42	0.92	5.18	1.00	3.02	0.46	3.02	0.49	29.10	273.18	1.55	11.76	4.49	1.72	1.14	1.05
		GSC2	51.30	108.00	13.20	44.50	7.56	2.04	6.53	0.97	5.46	1.06	3.21	0.49	3.28	0.53	30.20	278.33	1.45	10.54	4.27	1.61	0.91	1.10
		WLC1	70.00	138.90	15.20	48.60	11.00	0.16	7.69	1.69	16.30	3.70	9.80	2.29	14.60	2.15	114.00	456.08	0.58	3.23	4.00	0.43	0.05	1.11
		WLC2	52.40	100.50	11.60	40.50	7.22	0.50	5.32	0.81	5.53	1.15	2.84	0.55	3.50	0.52	30.60	263.54	1.47	10.09	4.57	1.23	0.25	1.06
		WLC42	41.51	90.42	10.50	37.68	8.81	0.35	9.80	2.23	16.85	4.24	14.21	2.79	18.39	2.89	113.78	374.45	0.34	1.52	2.96	0.43	0.12	1.14
		WLC41	58.75	115.97	13.46	50.22	8.85	0.46	8.54	1.30	7.20	1.47	4.12	0.65	3.94	0.59	42.78	318.30	1.15	10.05	4.18	1.75	0.17	1.08
		C41－1	33.40	55.05	7.97	31.60	8.17	0.31	6.65	1.01	13.70	3.34	7.33	2.98	13.88	2.40	29.95	217.73	0.92	1.62	2.57	0.39	0.13	0.89
		C41－2	25.30	30.07	6.16	24.99	6.91	0.12	5.34	0.89	12.51	3.05	6.45	2.58	12.19	2.15	28.10	166.80	0.76	1.40	2.30	0.35	0.06	0.63
		C41－3	27.00	33.83	6.39	25.67	6.64	0.23	5.26	0.82	10.85	2.58	5.39	2.09	9.54	1.68	23.00	160.94	0.96	1.91	2.56	0.44	0.12	0.68
		C41－4	29.80	43.83	7.13	28.94	7.64	0.25	6.21	0.96	13.04	3.18	6.86	2.81	13.34	2.36	30.64	196.98	0.82	1.51	2.45	0.38	0.11	0.79
	霍吉河	GSH1	35.60	62.80	7.11	22.90	3.70	0.83	3.30	0.47	2.67	0.50	1.44	0.24	1.60	0.25	15.60	159.01	1.93	15.00	6.05	1.66	0.75	1.02
		GSH2	33.00	61.90	7.51	23.40	3.75	0.88	3.25	0.43	2.40	0.45	1.30	0.23	1.51	0.24	14.10	154.35	1.95	14.73	5.54	1.74	0.79	1.03
		WLH11	28.40	49.70	5.55	20.10	3.41	0.90	2.44	0.33	1.77	0.34	0.90	0.15	1.02	0.15	9.20	124.36	2.52	18.77	5.24	1.93	0.95	1.02
		WLH12	16.30	21.10	2.14	7.06	1.07	0.35	0.94	0.13	0.82	0.16	0.44	0.09	0.57	0.10	4.53	55.80	3.04	19.28	9.58	1.33	1.10	0.86
		WLH41	31.75	57.47	6.60	24.16	3.67	0.83	3.57	0.48	2.52	0.50	1.29	0.22	1.38	0.22	16.11	150.77	1.66	15.51	5.44	2.09	0.73	1.03
		H41－1	22.90	44.19	4.29	17.49	3.02	0.69	3.07	0.29	1.72	0.34	0.88	0.19	0.93	0.16	9.49	109.67	1.88	16.51	4.76	2.65	0.73	1.14
		H41－2	27.60	14.64	5.31	21.62	3.72	1.02	3.79	0.36	2.21	0.43	1.12	0.25	1.21	0.21	12.22	95.71	1.79	15.34	4.67	2.52	0.87	0.31
		H41－3	31.40	14.56	5.67	22.44	3.86	0.98	4.06	0.39	2.30	0.44	1.15	0.25	1.26	0.22	12.25	101.22	1.99	16.78	5.12	2.60	0.80	0.28
		H41－4	30.40	14.87	5.85	22.99	4.06	1.18	4.08	0.40	2.49	0.49	1.23	0.28	1.38	0.23	15.10	105.04	1.65	14.86	4.71	2.39	0.93	0.29
东安	东安	DA3－2	32.92	66.45	5.70	20.27	2.76	1.07	2.73	0.37	2.04	0.41	1.19	0.21	1.73	0.15	12.22	150.22	2.27	12.84	7.51	1.27	1.25	1.23
		DA3－8	10.96	22.63	1.99	6.87	0.98	1.49	0.88	0.12	0.65	0.13	0.37	0.07	0.58	0.05	3.56	51.33	2.80	12.85	7.01	1.24	5.04	1.24
	高岗山	GG5	28.61	60.35	6.24	25.30	4.01	1.43	3.56	0.54	3.15	0.58	1.67	0.28	2.13	0.17	16.63	154.65	1.49	9.06	4.49	1.35	1.19	1.18

续表 6-2

矿田	矿床	样号	La	Ce	Pr	Nd	Sm	Eu	Gd	Tb	Dy	Ho	Er	Tm	Yb	Lu	Y	∑REE	∑Ce/∑Y	$(La/Yb)_N$	$(La/Sm)_N$	$(Gd/Yb)_N$	δEu	δCe
西林	小西林	GSS2	24.30	46.60	4.75	12.80	2.26	0.18	2.14	0.32	2.27	0.48	1.67	0.33	2.49	0.42	16.70	117.71	1.30	6.58	6.76	0.69	0.26	1.12
		GSS3	32.80	69.70	9.39	30.50	5.82	1.13	4.80	0.74	4.50	0.85	2.57	0.40	2.79	0.48	34.40	200.87	0.87	7.93	3.55	1.39	0.67	1.05
		WLS41	39.32	84.40	9.89	38.54	7.17	0.92	7.25	1.16	6.84	1.41	3.90	0.62	3.86	0.59	39.04	244.91	0.87	6.87	3.45	1.52	0.41	1.13
		WLS42	59.37	76.02	9.75	35.13	5.41	1.55	5.42	0.78	4.29	0.89	2.50	0.41	2.55	0.40	25.13	229.60	1.99	15.70	6.90	1.72	0.91	0.79
		S41-1	40.40	20.90	9.31	39.90	8.01	1.06	6.75	0.77	6.39	1.27	2.75	0.72	3.32	0.55	34.50	176.60	1.01	8.20	3.17	1.64	0.45	0.28
		S41-2	27.20	49.70	6.39	28.90	6.48	1.14	5.14	0.65	5.66	1.13	2.38	0.65	2.99	0.50	32.40	171.31	0.75	6.13	2.64	1.39	0.61	0.99
		S42-1	29.60	18.30	5.44	21.30	3.69	1.01	3.98	0.39	2.79	0.58	1.41	0.38	1.83	0.32	16.60	107.62	1.49	10.90	5.05	1.76	0.85	0.37
		S42-2	32.60	15.90	6.05	23.20	3.85	0.96	4.29	0.41	2.79	0.58	1.44	0.38	1.80	0.32	16.90	111.47	1.58	12.21	5.33	1.92	0.76	0.29
	二段	RD41	56.09	104.45	12.35	47.10	7.88	1.43	7.96	1.21	6.79	1.46	4.04	0.66	4.18	0.65	40.50	296.75	1.19	9.05	4.48	1.54	0.58	1.04
		RD41-1	28.90	15.40	6.71	28.40	5.40	0.79	4.81	0.52	3.84	0.77	1.74	0.44	2.06	0.50	22.00	122.28	1.11	9.46	3.37	1.88	0.49	0.29
		RD41-2	31.50	15.10	7.04	29.30	5.52	0.86	5.06	0.54	4.02	0.80	1.86	0.49	2.29	0.32	23.70	128.40	1.13	9.27	3.59	1.78	0.51	0.27
		RD41-3	43.60	20.00	9.45	38.60	6.97	1.06	7.15	0.70	4.58	0.91	2.23	0.52	2.50	0.32	21.90	160.49	1.54	11.76	3.93	2.31	0.48	0.26
		RD41-4	32.30	16.50	7.31	30.60	5.87	0.79	5.71	0.59	4.14	0.83	2.03	0.50	2.37	0.35	23.80	133.69	1.12	9.19	3.46	1.94	0.43	0.28
五星	五星	WX1	16.67	40.50	4.55	18.44	3.63	0.70	3.57	0.77	5.86	1.29	3.86	0.73	5.51	0.40	33.18	139.66	0.47	2.04	2.89	0.52	0.62	1.23
		WX2	23.53	59.40	6.55	27.68	5.69	0.92	5.43	1.14	7.94	1.67	4.87	0.89	6.73	0.48	39.30	192.22	0.55	2.36	2.60	0.65	0.53	1.27
二股、鹿鸣	鹿鸣	GSL1	20.30	45.10	5.33	18.30	3.07	0.80	2.68	0.56	3.03	0.53	1.60	0.33	2.08	0.31	17.60	121.62	1.04	6.58	4.16	1.04	0.88	1.15
		GSL2	22.30	41.30	5.76	20.30	4.27	1.84	4.23	0.58	3.99	0.80	1.94	0.30	2.33	0.43	25.50	135.87	0.81	6.45	3.29	1.46	1.38	0.96
		GSL3	27.50	44.90	5.03	15.90	2.24	0.64	2.09	0.21	1.04	0.16	0.48	0.11	0.63	0.09	5.73	106.75	3.60	29.43	7.72	2.68	0.94	0.98
		GSL4	26.50	52.30	6.43	23.10	4.38	0.95	4.41	0.60	3.96	0.82	1.99	0.30	2.41	0.43	25.40	153.98	0.92	7.41	3.81	1.48	0.69	1.05
		L11	23.10	43.70	4.49	14.10	1.92	0.40	1.71	0.19	1.02	0.19	0.56	0.12	0.84	0.14	5.37	97.85	3.32	18.54	7.57	1.64	0.70	1.10
		L12	39.80	74.90	8.22	28.20	4.67	0.73	3.59	0.52	3.29	0.67	1.64	0.32	2.00	0.31	18.00	186.86	1.88	13.42	5.36	1.45	0.55	1.07
		L13	27.20	54.40	6.23	21.60	3.62	0.65	2.75	0.40	2.51	0.51	1.31	0.27	1.73	0.27	15.20	138.65	1.55	10.60	4.73	1.28	0.63	1.09
		L14	35.80	68.00	8.04	29.00	5.18	0.89	3.73	0.60	4.01	0.80	2.04	0.39	2.42	0.37	22.30	183.57	1.41	9.97	4.35	1.24	0.62	1.05
		LN31	39.05	78.54	8.81	32.58	5.25	0.93	5.29	0.78	4.44	0.95	2.78	0.45	2.84	0.44	26.32	209.45	1.26	9.27	4.68	1.50	0.56	1.11

续表 6-2

矿田	矿床	样号	La	Ce	Pr	Nd	Sm	Eu	Gd	Tb	Dy	Ho	Er	Tm	Yb	Lu	Y	∑REE	∑Ce/∑Y	$(La/Yb)_N$	$(La/Sm)_N$	$(Gd/Yb)_N$	δEu	δCe
二股、鹿鸣	二股东山	GSD1	44.10	96.80	11.40	31.80	5.00	0.64	4.84	0.60	3.27	0.61	1.86	0.31	2.05	0.31	18.30	221.89	1.93	14.50	5.55	1.91	0.41	1.14
		GSD2	31.30	74.90	9.19	26.40	5.02	0.38	4.75	0.71	4.29	0.84	2.58	0.42	2.97	0.45	26.20	190.40	1.02	7.11	3.92	1.29	0.25	1.17
	二股西山	GSX1	50.70	104.00	13.80	45.80	8.22	0.97	7.20	1.10	6.10	1.16	3.42	0.52	3.36	0.53	35.00	281.88	1.22	10.17	3.88	1.73	0.40	1.04
		WLX1	16.50	32.60	4.02	15.40	2.86	1.59	1.99	0.34	2.38	0.49	1.27	0.26	1.69	0.28	13.80	95.47	1.15	6.58	3.63	0.95	2.02	1.05
		R41-1	47.90	21.00	10.20	43.80	8.12	2.11	7.71	0.81	5.95	1.23	2.85	0.73	3.41	0.36	33.90	190.08	1.20	9.47	3.71	1.82	0.85	0.25
		R41-2	48.10	20.80	10.20	43.10	7.94	1.79	7.08	0.79	6.20	1.28	2.89	0.77	3.53	0.31	9.16	163.94	3.07	9.19	3.81	1.62	0.75	0.24
		R41-3	49.60	21.90	10.30	44.10	8.29	1.78	7.30	0.80	6.35	1.29	2.93	0.78	3.62	0.37	36.00	195.41	1.19	9.24	3.76	1.63	0.72	0.25
		R41-4	46.40	22.20	9.85	42.50	7.85	1.79	7.03	0.77	6.09	1.25	2.81	0.75	3.46	0.58	34.80	188.13	1.15	9.04	3.72	1.64	0.76	0.27
	二股公路桥	GSE11	29.00	59.40	7.87	29.70	5.35	0.75	3.55	0.58	4.04	0.83	2.08	0.41	2.60	0.37	23.30	169.83	1.11	7.52	3.41	1.10	0.52	1.04
		GSE12	26.50	56.60	6.06	21.80	3.53	0.99	2.66	0.37	2.13	0.41	1.16	0.23	1.50	0.22	11.90	136.06	1.89	11.91	4.72	1.43	0.99	1.17
	大安河	WLDA1	26.80	56.10	7.25	29.10	5.47	1.03	3.50	0.58	3.80	0.74	1.77	0.29	1.87	0.27	18.50	157.07	1.27	9.66	3.08	1.51	0.70	1.07
		WLDA2	32.05	69.74	10.99	31.35	5.72	0.90	4.20	0.64	3.36	0.63	1.46	0.24	1.66	0.268	14.92	178.13	1.72	13.02	3.52	2.04	0.56	1.09
滨东地区	弓棚子	WLG1	17.20	36.00	4.42	16.60	3.13	0.43	2.10	0.35	2.32	0.48	1.21	0.24	1.52	0.23	13.30	99.53	1.14	7.63	3.46	1.11	0.50	1.05
		WLG2	24.80	46.30	5.29	19.30	3.62	0.72	2.50	0.38	2.41	0.50	1.25	0.24	1.51	0.24	13.50	122.56	1.60	11.07	4.31	1.34	0.72	1.08
		WLG41	23.18	44.45	4.97	18.29	3.06	0.66	2.99	0.43	2.45	0.50	1.35	0.25	1.61	0.25	13.44	117.88	1.45	9.71	4.77	1.50	0.70	1.11
		G41-1	24.10	45.60	4.64	18.50	3.20	0.91	3.58	0.34	2.11	0.43	1.09	0.25	1.26	0.22	12.00	118.23	1.61	12.90	4.74	2.29	0.87	1.09
		G41-2	23.00	43.20	4.56	19.10	3.59	1.11	3.70	0.37	2.46	0.50	1.22	0.30	1.49	0.25	13.90	118.75	1.37	10.41	4.03	2.00	0.98	1.10
	五道岭	W41-1	23.30	42.10	4.05	14.10	2.22	0.24	3.13	0.27	1.99	0.47	1.23	0.39	1.99	0.37	15.00	110.85	1.30	7.89	6.60	1.27	0.30	1.23
		W41-2	19.70	41.60	3.82	13.40	2.15	0.28	3.01	0.27	2.10	0.49	1.26	0.42	2.07	0.38	16.20	107.15	1.04	6.42	5.76	1.17	0.36	1.15
	明理	M1-1	26.4	52.3	5.20	19.8	3.72	0.59	4.02	0.40	3.14	0.69	1.65	0.51	2.51	0.45	22.2	143.53	1.03	7.08	4.46	1.29	0.49	1.05
		M1-2	27.7	50.6	5.65	22.2	3.98	0.93	4.45	0.43	3.19	0.66	1.62	0.45	2.17	0.37	20.0	144.43	1.17	8.60	4.38	1.65	0.72	0.31
	袁家屯	Y41-1	32.60	18.40	7.69	33.90	6.47	0.92	6.00	0.65	4.64	0.94	2.24	0.55	2.66	0.45	26.80	144.91	1.02	8.26	3.17	1.82	0.47	1.18
		Y41-2	21.40	44.20	4.37	18.70	3.58	1.26	3.75	0.39	2.61	0.52	1.28	0.31	1.54	0.26	14.50	118.67	1.24	9.37	3.76	1.96	1.10	1.07

续表 6-2

矿田	矿床	样号	La	Ce	Pr	Nd	Sm	Eu	Gd	Tb	Dy	Ho	Er	Tm	Yb	Lu	Y	∑REE	∑Ce/∑Y	$(La/Yb)_N$	$(La/Sm)_N$	$(Gd/Yb)_N$	δEu	δCe
滨东地区	袁家屯	WLY41	22.83	46.72	5.83	23.24	4.23	0.79	4.14	0.65	3.83	0.80	2.18	0.37	2.34	0.36	21.68	139.99	0.91	6.58	3.39	1.43	0.60	1.09
		GSY1	28.12	57.64	6.84	26.72	4.95	0.94	3.32	0.57	3.85	0.77	1.95	0.38	2.43	0.37	21.40	160.25	1.18	7.80	3.57	1.10	0.70	1.14
	九三路	WLJ41	17.30	35.99	3.91	13.98	2.33	0.26	2.27	0.33	2.06	0.42	1.18	0.20	1.33	0.20	11.54	93.30	1.27	8.77	4.67	1.38	0.36	1.09
		GSJ1	14.31	28.50	3.25	10.65	1.95	0.52	1.38	0.22	1.53	0.31	0.77	0.16	0.96	0.14	8.79	73.44	1.46	10.05	4.62	1.16	0.96	1.41
		TWJ41-2	13.15	35.13	3.30	12.79	1.79	0.84	1.49	0.29	1.60	0.36	0.98	0.18	1.44	0.13	12.46	85.93	1.00	6.16	4.62	0.83	1.61	1.39
		TWJ41-3	12.64	30.87	2.65	10.01	1.55	1.04	1.45	0.23	1.51	0.32	0.99	0.18	1.34	0.11	10.99	75.88	1.10	6.36	5.13	0.87	2.20	0.32
尚志-海林地区	一面坡	YM1-1	29.80	16.30	5.93	21.60	4.02	0.44	4.83	0.47	4.11	0.91	2.15	0.69	3.24	0.54	28.60	123.63	0.90	6.20	4.66	1.20	0.32	0.29
		YM1-2	33.40	16.60	6.61	24.70	4.81	0.45	5.17	0.52	4.55	1.01	2.36	0.78	3.70	0.63	30.10	135.39	0.96	6.09	4.37	1.13	0.29	1.07
	林海	LH11	15.00	28.30	3.11	12.10	2.49	0.52	2.58	0.27	2.46	0.56	1.29	0.44	2.15	0.26	17.60	89.13	0.77	4.70	3.79	0.97	0.66	0.27
		LH12	43.70	21.10	9.91	37.60	7.10	0.42	7.91	0.77	6.00	1.28	3.12	0.95	4.57	0.54	9.77	154.74	2.50	6.45	3.87	1.40	0.18	1.25
		LH1	26.63	60.10	5.95	23.03	3.77	1.55	3.04	0.40	1.83	0.31	0.95	0.14	0.95	0.10	8.25	137.00	2.50	18.90	4.44	2.58	1.42	1.10

注：测试单位：国土资源部东北矿产资源监督检测中心。仪器名称：ICP质谱仪。质量分数单位：$\times10^{-6}$。样品编号及对应的采样位置和岩性同表6-1。

表 6-3 燕山早期与成矿相关花岗岩类微量元素分析结果表

矿田	矿床	样号	Ba	Rb	Sr	Co	Ni	V	Cr	Nb	Ta	Zr	Hf	Li	Be	B	Ga	Sc	Cs	Th	U	As	Sb	Hg	Au	Ag	Cu	Pb	Zn	W	Sn	Bi	Mo	F	S
翠宏山	翠宏山	GSC1	162	486	71	3.33	0.76	0.77	2.81	60.0	7.81	144	7.74	2.76	13.3	4.08	23.4	4.29	2.59	21.94	50.39	2.01	0.49	0.00	1.20	0.08	6.62	13.30	38.3	22.49	15.22	1.19	40.63	7 725	545
		GSC2	406	193	74	2.59	2.96	7.59	4.93	15.5	1.02	214	6.39	6.52	3.65	3.10	23.2	5.04	2.67	15.47	6.60	0.55	0.25	0.01	1.60	0.11	4.27	36.90	51.70	0.69	3.30	0.12	1.05	656	529
		WLC41	386	280	106	2.96	1.14	8.15	6.45	13.98	18.73	191	6.14	15.57	10.2	8.15	40.69	4.11	5.90	33.23	12.80	4.57	1.62	0.01	1.26	0.04	5.14	29.15	37.15	1.39	9.24	0.43	1.71	2 400	248
		WLC42	30	369	320	4.51	2.64	2.26	4.20	57.08	14.40	143	6.48	5.57	5.34	5.86	16.30	3.12	3.76	76.67	31.18	18.72	0.94	0.01	8.76	0.05	2.69	27.61	26.49	4.28	9.25	0.25	3.74	3 700	206
		C41-1	22	406	260	1.07	1.13	1.65	4.98	54.5	3.25	131	9.40	4.70	11.2	3.78	21.8	1.50	4.17	32.0	38.0	2.13	0.49	0.02	2.76	0.051	4.63	36.91	50.20	2.75	4.86	0.19	3.91	2 500	40.2
		C41-2	17	430	230	2.65	3.57	2.35	4.72	48.9	2.81	141	11.0	3.31	10.5	4.85	22.4	1.06	4.25	37.5	38.7	1.37	0.46	0.02	1.76	0.036	5.38	37.68	34.20	2.65	5.08	0.17	2.25	4 200	58.5
		C41-3	98	403	300	2.07	2.83	1.26	3.96	44.2	2.96	122	8.16	3.35	10.0	6.04	23.2	0.72	3.72	18.8	28.7	5.11	0.93	0.02	1.72	0.041	8.06	29.09	32.40	1.66	5.76	0.18	7.16	1 300	56.6
		C41-4	26	410	230	2.16	1.97	3.28	4.46	41.9	2.38	130	9.30	2.58	9.11	4.14	22.8	1.08	3.85	25.0	23.0	13.00	1.10	0.02	39.80	0.077	2.71	41.46	45.20	2.39	4.12	0.43	2.05	3 400	71.7
	霍吉河	WLH11	654	179	337	4.52	5.25	48.70	5.60	8.78	0.74	142	3.91	9.83	2.39	6.55	21.7	6.84	3.49	14.11	4.36	0.88	0.36	0.01	2.79	0.38	69.10	15.30	28.30	2.06	3.56	0.38	11.39	1 062	520
		WLH12	385	154	209	2.09	2.35	14.50	7.47	4.68	0.44	97.1	2.96	3.26	3.11	4.04	22.4	4.96	2.08	16.58	6.09	3.62	0.37	0.01	1.06	0.16	20.20	6.17	17.80	1.75	2.33	0.93	29.32	540	578
		WLH41	621	160	546	5.31	3.78	58.94	11.29	8.63	0.58	133	4.04	8.39	1.93	4.49	54.04	6.12	3.05	18.66	3.42	3.13	0.53	0.01	0.51	0.09	104.73	17.29	25.40	5.02	3.20	0.11	237.00	2 000	1 200
		H41-1	628	170	310	4.59	3.15	58.90	7.14	9.28	0.86	151	3.99	9.23	1.89	4.38	32.5	5.39	4.08	8.62	4.29	1.68	0.39	0.03	0.89	0.042	17.40	16.68	37.30	5.50	3.27	0.14	16.7	1 800	23 900
		H41-2	734	129	435	5.62	3.07	50.00	9.07	9.14	0.55	154	5.85	10.5	2.01	3.14	24.3	5.47	4.03	6.12	5.00	1.54	0.54	0.03	0.71	0.053	44.00	21.96	56.60	3.16	2.53	0.16	3.50	1 100	8 900
		H41-3	692	140	554	5.84	1.78	50.30	11.1	9.84	0.15	139	5.90	10.1	2.16	3.16	35.9	5.40	4.27	9.74	5.23	1.12	0.43	0.02	2.37	0.053	49.80	18.03	44.60	5.14	2.87	0.19	41.9	1 400	17 600
		H41-4	737	124	399	6.94	1.84	49.70	8.18	9.37	0.49	153	5.31	11.1	2.01	3.50	23.9	5.35	3.58	7.64	5.15	1.26	0.42	0.03	4.52	0.060	69.80	21.20	145.00	3.09	3.15	0.17	9.28	1 100	12 600
东安	高岗山	GG5	866	117	270	11.39	2.00	56.18	15.02	20.31	0.29	428	2.47	10.28	1.64	5.65	34.18	2.37	3.52	10.24	2.27	8.61	1.29	0.01	2.79	0.09	108.49	38.93	87.96	1.57	3.63	0.59	0.89	291	0.00
	东安	DA3-2	548	158	134	1.75	0.87	13.67	5.81	9.77	0.98	110	2.18	10.21	2.04	4.43	26.38	2.59	4.00	19.69	2.87	2.14	0.68	0.01	3.67	0.05	14.11	17.46	40.24	1.85	3.71	0.15	0.88	216	0.00
		DA3-8	437	162	62	5.11	2.47	15.82	5.74	8.60	0.40	97	0.82	36.47	1.62	3.90	19.20	1.72	4.39	8.80	1.72	3.43	0.63	0.01	375.00	0.11	10.36	8.51	45.31	2.75	2.72	0.17	1.94	759	0.00
西林	小西林	WLS41	682	213	190	2.80	4.98	33.48	21.07	14.08	5.12	190	5.98	28.17	4.34	229.89	63.58	10.10	19.87	11.79	6.55	12.05	1.00	0.02	1.95	0.11	12.66	84.71	165.27	1.33	32.38	0.15	1.54	1 200	1 200
		WLS42	1 100	116	289	3.97	1.68	41.71	11.02	11.28	1.92	207	5.32	15.48	1.88	4.33	32.52	7.11	3.59	9.12	3.18	4.75	0.65	0.01	1.19	0.06	8.35	30.79	75.26	1.22	9.20	0.14	1.64	610	690
		S41-1	463	185	167	6.41	5.95	30.20	18.00	14.5	1.07	182	7.32	29.4	4.19	70.1	40.2	29.0	9.37	7.77	10.4	130	3.48	0.032	1.39	0.088	8.32	53.19	117.00	1.69	8.69	0.48	1.25	996	61.8
		S41-2	597	184	228	4.46	4.17	32.80	22.10	15.0	0.97	193	6.62	31.3	4.35	40.0	38.9	16.5	9.11	6.38	18.3	9.00	0.62	0.034	1.19	0.16	13.40	62.61	132.00	8.96	12.50	4.03	1.28	958	664
		S42-1	765	138	202	2.90	1.91	23.80	7.49	9.99	1.06	153	6.58	13.0	2.09	4.45	23.9	6.06	4.42	7.29	4.92	2.08	0.42	0.029	1.29	0.19	20.80	97.49	239.00	0.73	3.01	0.31	2.66	629	1 300
		S42-2	689	150	192	2.62	1.72	22.10	8.11	10.0	0.78	150	5.53	15.4	2.13	3.42	21.7	5.49	4.48	7.34	4.99	1.72	0.45	0.029	1.27	0.11	8.26	90.16	208.00	1.44	3.00	0.32	1.86	702	81

续表 6-3

矿田	矿床	样号	Ba	Rb	Sr	Co	Ni	V	Cr	Nb	Ta	Zr	Hf	Li	Be	B	Ga	Sc	Cs	Th	U	As	Sb	Hg	Au	Ag	Cu	Pb	Zn	W	Sn	Bi	Mo	F	S
西林	二段	RD41	390	136	508	2.07	1.35	21.83	7.29	16.27	7.59	356	8.45	18.08	3.68	7.08	36.77	8.45	15.07	15.78	5.41	1400	1.25	0.01	4.55	1.02	53.23	65.80	145.78	1.47	14.34	1.88	1.40	766	581
		RD41-1	1 200	237	330	4.95	2.12	25.10	7.83	16.20	0.96	339	8.34	24.4	2.93	4.79	24.6	7.59	20.5	7.03	4.72	7.29	0.72	0.03	2.10	0.10	21.60	72.00	92.80	1.87	4.32	0.53	4.31	805	202
		RD41-2	1 100	221	331	3.39	2.59	24.00	7.51	16.50	1.03	364	9.36	26.6	3.15	4.67	27.1	8.43	19.0	7.43	5.66	8.70	0.69	0.03	1.16	0.081	15.20	39.46	101.00	1.73	3.46	0.26	3.49	784	64
		RD41-3	525	234	278	8.48	9.06	55.40	22.4	11.50	0.90	245	7.44	27.3	2.81	11.6	36.3	7.83	16.6	15.4	4.84	4.69	0.79	0.03	0.99	0.091	16.00	36.34	80.80	1.07	11.00	0.29	1.30	1 300	214
		RD41-4	531	244	255	8.85	11.7	58.40	23.5	13.50	0.62	266	6.19	32.9	3.31	7.59	39.4	8.80	19.1	11.2	6.44	7.39	1.22	0.03	4.27	0.27	22.90	43.67	103.00	1.02	25.20	0.52	1.80	1 400	45
五星	五星	WX1	169	176	48	0.08	1.84	5.03	6.30	14.36	0.78	128	3.46	5.20	4.35	1.85	13.04	0.76	2.90	6.74	1.69	1.58	0.42	0.01	1.82	0.06	7.93	17.80	55.33	0.82	3.09	0.28	0.58	268	0.00
		WX2	147	117	54	0.34	0.07	0.59	12.78	10.01	0.65	118	3.42	9.97	5.11	2.35	11.10	0.60	1.02	6.79	3.05	1.34	0.36	0.01	1.15	0.05	3.20	24.13	55.20	1.00	11.05	0.51	1.54	274	0.00
二股-鹿鸣	鹿鸣	L11	455	187	105	1.26	3.59	7.98	16.5	9.6	1.22	76.5	3.51	6.17	1.15	2.85	24.1	5.88	1.91	5.41	2.96	3.45	0.29	0.01	1.27	0.08	8.80	5.05	10.50	2.97	1.23	0.09	97.95	275	553
		L12	666	148	214	7.29	3.36	30.80	11.8	9.7	0.86	134	5.45	11.1	2.52	2.74	25.2	7.27	2.17	15.32	10.75	1.44	0.34	0.00	1.59	0.68	155.00	14.90	61.10	2.64	3.33	0.18	49.87	1 007	474
		L13	545	162	217	3.76	2.72	19.60	6.41	9.40	0.74	119	4.36	19.4	3.16	4.74	23.2	5.22	3.84	14.30	5.12	1.96	0.24	0.01	3.13	0.03	0.35	4.64	32.00	0.47	5.39	0.08	1.16	493	558
		L14	607	179	273	7.81	5.57	58.50	20.9	10.0	0.92	167	5.80	15.6	2.76	6.78	35.8	6.57	6.31	12.97	6.07	14.11	0.74	0.01	1.45	0.04	14.90	14.10	71.80	1.28	3.52	0.22	4.16	643	442
		LN31	643	145	296	7.90	3.67	67.33	17.07	11.22	2.86	184	6.15	13.75	2.46	13.34	53.95	9.13	5.68	14.80	4.04	16.49	2.08	0.02	23.92	0.10	12.39	23.64	65.47	2.16	5.81	0.15	2.20	238	312
	二股西山	WLX1	1 580	137	327	3.28	3.39	36.40	20.3	11.40	0.91	313	8.55	23.2	2.06	4.78	38.7	8.25	4.00	8.45	3.76	2.31	0.83	0.01	7.45	0.11	3.18	18.10	43.80	0.86	3.56	0.15	1.14	456	451
		R41-1	592	238	272	7.39	8.63	55.60	22.7	12.10	0.90	250	6.12	25.7	2.99	9.45	34.1	16.5	8.38	15.0	6.75	18.60	1.77	0.03	1.20	0.16	18.70	26.72	154.00	1.96	7.22	0.29	1.81	791	204
		R41-2	654	241	272	7.99	10.8	55.00	20.6	11.90	0.96	269	7.37	25.8	3.00	8.69	34.2	16.7	8.44	15.4	6.90	6.07	1.09	0.03	1.14	0.11	16.70	23.74	85.10	2.00	13.50	0.29	1.82	1 200	75
		R41-3	1 200	227	264	5.56	2.68	26.00	6.12	16.70	0.81	356	9.70	23.3	2.47	4.41	22.2	18.2	7.70	7.22	3.79	4.15	0.70	0.03	1.29	0.07	7.32	23.06	86.50	1.79	4.58	0.16	2.68	936	56
		R41-4	1 300	202	327	5.19	1.20	21.1	6.88	17.10	1.13	354	8.90	20.3	2.69	4.75	23.0	15.6	7.50	7.12	4.02	5.12	0.78	0.03	0.78	0.10	18.40	29.14	123.00	1.22	4.40	0.22	2.36	1 000	64
	二股公路桥	GSE11	530	166	256	2.49	2.31	26.1	6.39	13.40	1.52	164	5.75	22.2	3.19	3.20	25.3	5.66	6.35	17.60	4.46	1.48	0.27	0.01	1.59	0.03	1.41	11.60	39.10	3.10	10.12	0.19	1.07	507	591
		GSE12	840	159	475	3.51	3.58	36.7	5.92	11.40	0.38	157	4.13	28.1	2.45	4.67	25.6	6.71	8.10	10.17	3.97	1.67	0.28	0.01	2.01	0.07	9.02	18.30	46.40	5.65	10.18	0.25	1.68	630	555
	大安河	WLDA1	392	105	658	19.90	22.0	159	48.6	8.89	0.67	189	5.80	26.2	1.71	13.06	40.2	9.80	7.47	10.13	4.36	2.01	0.49	0.00	3.24	0.17	33.60	14.60	85.90	0.83	4.61	1.19	1.40	656	372
滨东地区	弓棚子	WLG1	126	18	514	7.91	6.35	53.8	7.14	10.70	0.94	125	3.55	8.41	2.86	7.73	38.6	7.49	10.13	5.61	3.78	14.81	0.60	0.00	4.05	0.66	33.90	5.36	195.00	38.59	4.46	0.43	17.97	264	601
		WLG2	486	127	306	5.79	2.72	47.8	38.4	8.60	0.54	103	3.61	23.8	2.13	5.79	42.1	7.15	6.03	18.51	8.47	1.53	0.26	0.01	4.35	0.61	6.16	13.50	61.50	2.00	4.64	0.86	0.88	330	511
		WLG41	549	113	346	5.44	1.80	50.49	8.20	9.16	7.19	121	5.12	22.51	1.81	6.35	50.91	6.23	7.37	13.06	3.90	6.50	0.56	0.01	1.68	1.38	28.34	77.38	77.22	0.89	3.08	0.02	1.54	413	774
		G41-1	547	111	337	6.70	2.17	43.9	7.85	9.20	0.61	127	3.96	22.6	1.69	4.58	41.1	5.96	8.26	7.67	4.76	1.16	0.36	0.03	1.73	0.045	7.41	14.39	72.40	0.43	2.45	0.15	1.13	154	211
		G41-2	490	100	337	7.62	2.36	46.0	7.65	10.50	0.73	129	5.44	21.8	1.91	5.96	38.3	5.94	7.15	8.02	4.61	2.12	0.80	0.052	1.05	0.062	5.92	14.52	65.20	1.90	2.56	0.48	0.90	200	256

续表 6-3

矿田	矿床	样号	Ba	Rb	Sr	Co	Ni	V	Cr	Nb	Ta	Zr	Hf	Li	Be	B	Ga	Sc	Cs	Th	U	As	Sb	Hg	Au	Ag	Cu	Pb	Zn	W	Sn	Bi	Mo	F	S
滨东地区	五道岭	W41-1	151	127	41	0.03	1.53	8.79	4.93	20.50	1.05	142	5.79	7.28	5.08	6.93	21.7	1.07	3.85	7.90	4.20	1.28	0.51	0.02	1.15	0.037	2.76	6.65	27.70	1.10	2.62	0.11	2.70	125	1100
		W41-2	140	127	45	0.09	1.10	10.2	5.93	20.80	0.68	134	5.43	6.17	4.26	10.2	22.9	0.90	4.21	8.27	3.71	0.65	0.44	0.02	0.97	0.037	3.08	8.41	28.90	1.11	3.60	0.12	2.68	111	2100
	明理	M1-1	330	256	61	0.50	1.90	8.63	4.50	14.50	0.47	107	3.61	23.1	4.38	3.50	28.9	2.75	7.97	9.59	7.04	1.52	0.35	0.02	1.18	0.046	3.85	23.83	44.60	0.51	3.09	1.35	66.5	1 200	157
		M1-2	358	208	176	2.31	3.13	6.61	5.38	15.60	0.97	143	4.73	10.1	2.96	3.52	30.2	2.62	5.84	8.80	6.90	2.64	1.58	0.02	0.91	0.083	17.3	19.24	300.00	0.68	2.18	3.43	2.23	215	64.6
	袁家屯	GSY1	603	110	377	12.70	4.96	104	10	14.20	0.67	193	5.42	26.4	1.63	7.34	24.7	7.22	8.33	8.75	2.67	1.64	0.27	0.01	3.62	0.10	51.90	12.90	80.20	0.53	2.07	0.24	1.78	729	439
		WLY41	799	119	273	11.27	2.12	79.96	13.45	10.63	2.63	153	4.73	22.89	1.48	5.86	22.5	11.19	4.83	9.37	2.64	13.77	0.54	0.01	6.24	0.07	14.28	19.50	70.16	0.48	2.61	0.34	1.57	565	438
		Y41-1	571	111	256	19.50	6.26	181	17.3	14.60	0.37	228	8.73	44.2	1.25	17.8	32.3	19.2	6.27	4.50	2.45	2.79	1.00	0.02	1.43	0.77	105.00	43.74	118.00	2.42	2.99	3.51	1.16	599	12300
		Y41-2	540	93	333	9.21	2.47	67.3	9.79	8.94	0.59	125	4.14	21.5	1.40	6.38	42.2	8.53	6.52	6.77	3.68	1.75	0.38	0.02	2.46	0.058	15.20	13.70	57.30	0.43	2.40	0.16	3.14	228	326
	九三站	WLJ41	624	127	149	1.11	1.32	9.92	5.58	10.76	3.16	103	3.42	23.68	1.99	6.90	64.8	5.05	4.54	15.42	2.63	3.36	0.43	0.01	0.67	0.05	0.60	21.47	33.61	1.91	3.68	0.06	1.09	245	0
		GSJ1	544	145	120	1.95	1.91	7.35	4.98	13.80	1.83	95	2.78	36.7	3.49	6.01	27.9	4.51	4.55	5.29	1.29	2.84	0.38	0.01	6.45	0.26	35.10	11.40	39.30	0.87	1.41	1.79	0.92	481	569
		TWJ41-2	644	118	134	1.97	0.50	6.85	2.03	10.55	1.08	101	2.76	27.04	1.72	16.15	30.46	1.29	5.15	6.78	1.84	2.10	0.31	0.01	1.23	0.05	5.69	8.73	24.26	20.99	27.56	0.09	6.45	491	0.00
		TWJ41-3	829	124	131	0.22	1.42	8.71	6.60	10.59	0.89	89	1.96	20.99	1.16	15.74	33.75	1.50	4.43	4.99	1.75	1.32	0.29	0.01	0.29	0.05	6.68	13.27	20.38	12.57	20.20	0.07	1.70	463	0.00
尚志-海林地区	一面坡	YM1-1	96	331	32	0.84	2.08	12.3	4.25	18.50	1.34	152	3.94	16.8	6.90	4.48	21.4	3.73	14.6	29.1	6.47	2.76	0.37	0.02	1.88	0.060	4.88	32.46	94.50	1.69	4.89	0.10	0.88	679	74.2
		YM1-2	75	297	31	2.16	2.53	9.43	4.83	19.40	2.02	180	5.23	17.9	7.94	4.92	21.0	4.37	11.3	29.9	7.46	2.87	0.45	0.02	1.83	0.050	3.23	32.35	61.20	2.03	5.06	0.15	0.78	147	76.3
		LH1-1	260	298	48	0.94	1.45	9.42	5.58	16.90	1.45	104	3.93	23.7	3.89	3.41	26.8	2.66	6.41	12.0	15.3	1.57	0.69	0.05	1.65	0.051	1.77	27.02	45.60	1.26	2.46	0.20	7.51	1 000	133
	林海	LH1-2	76	330	29	2.06	2.03	10.5	4.65	18.10	2.04	167	8.67	18.6	8.59	4.06	21.7	3.53	14.5	25.9	7.06	2.42	0.47	0.02	2.26	0.042	2.37	28.52	70.90	1.65	3.59	0.14	0.87	954	92.2
		LH1	89	217	50	0.04	1.56	4.79	9.42	14.40	0.42	91	2.82	12.47	5.03	6.19	11.82	1.09	2.57	11.35	12.79	1.69	0.41	0.01	3.42	0.12	5.03	29.46	34.75	2.81	3.66	1.63	0.90	1300	0.00

注：测试单位：国土资源部东北矿产资源监督检测中心。仪器名称：ICP质谱仪。质量分数单位：$\times 10^{-6}$。样品编号及对应的采样位置和岩性同表6-1。DA3-8号样品有硅化蚀变。

二、微量元素

根据 δEu 和 δCe，将燕山早期花岗岩类分为负铕负铈右倾型、负铕右倾型、正铕右倾型和负铕海鸥型（图 6-2）。同一矿区往往出现多种类型，这可能与岩浆演化及岩石遭受某种蚀变有关。

负铕负铈右倾型和负铕右倾型（正常型）：是燕山早期成矿系列成矿花岗岩类的主要类型，代表燕山早期与成矿相关的花岗岩类基本特征（图 6-2a、b）。ΣREE 为（73.44～456.08）$\times10^{-6}$，平均为 165.74$\times10^{-6}$。ΣCe/ΣY 为 0.34～3.6，平均为 1.38，总体为轻稀土富集，$(La/Yb)_N$ 为 1.40～29.43，平均为 9.56，曲线为右倾型。$(La/Sm)_N$ 为 2.3～7.72，平均为 4.30，轻稀土分馏明显。$(Gd/Yb)_N$ 为 0.35～2.68，平均为 1.49，重稀土分馏不显著。δEu 为 0.05～0.99，平均为 0.57。通过对不同岩石类型的 ΣREE 值、δEu 值进行排序，由辉石闪长岩→石英闪长岩→花岗闪长岩→二长花岗岩→碱长花岗岩→正长花岗岩，ΣREE 值大致呈升高趋势，δEu 值大致呈下降趋势，反映出随岩浆演化 δEu 负异常出现逐渐增加的趋势，而 REE 则趋于富集。

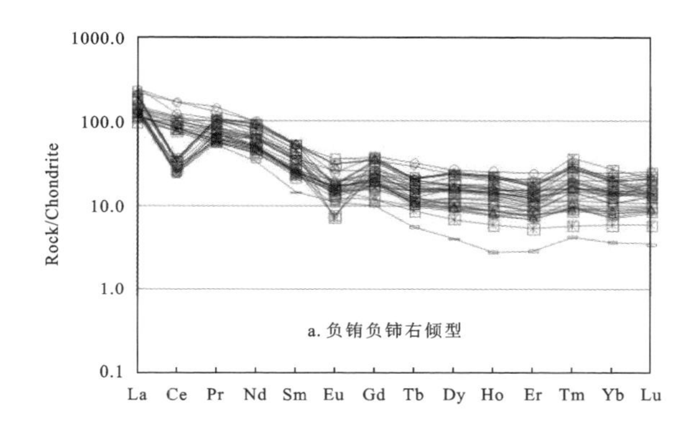

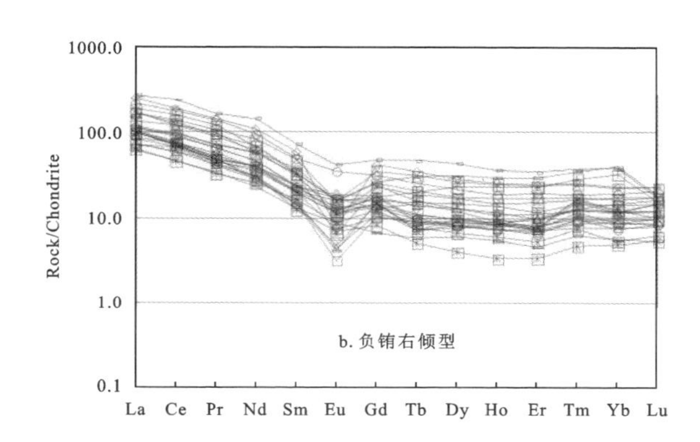

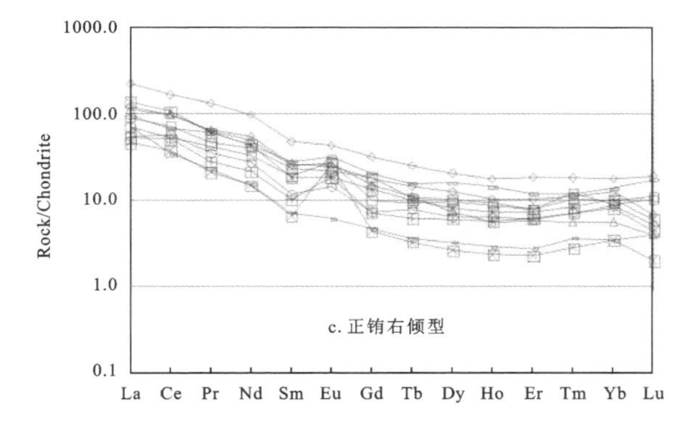

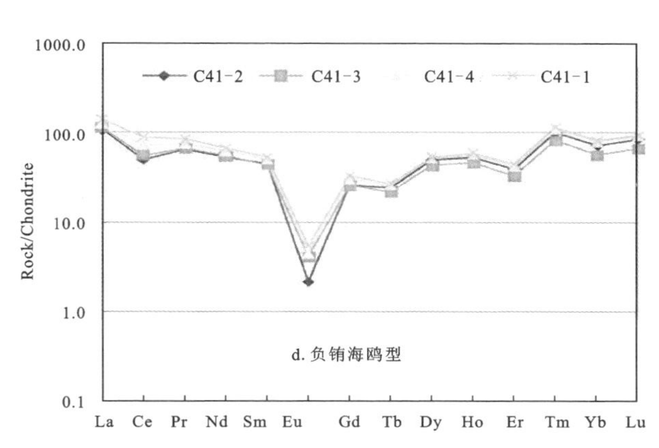

图 6-2 研究区与成矿相关花岗岩类稀土配分模式图

正铕右倾型（异常型）：δEu 值为 1.1～5.06，平均为 1.77。研究区相关花岗岩类几乎不含石榴子石、单斜辉石或斜方辉石等 Eu 分配系数较大的矿物，故认为该类型主要是由蚀变造成，蚀变往往造成稀土总量降低，使稀土元素发生不同程度地分馏。翠宏山 GSC1、霍吉河 WLH12、东安 DA3-2 和 DA3-8、高岗山 GG5、鹿鸣 GSL2、袁家屯 Y41-1、九三站 TWJ41-2 和 TWJ41-3、林海 LH1 等样品出现正铕异常（图 6-2c）。从 DA3—8 样品含金 0.38$\times10^{-6}$（表 6-2）和 DA3-8 和 TWJ41-3 样品明显具钾长石化来看，正铕异常主要由钾长石化引起。正铕右倾型的$\sum$REE为$(51.33\sim273.18)\times10^{-6}$，平均为$121.27\times10^{-6}$，低于负铕负铈右倾型和负铕右倾型。$\sum Ce/\sum Y$为0.81～2.80，平均为1.72，轻稀土富集。$(La/Yb)_N$为6.16～19.28，平均为10.87，曲线为右倾型。$(La/Sm)_N$为3.29～9.58，平均为5.25，轻稀土分馏明显。$(Gd/Yb)_N$为0.83～2.58，平均为1.41，重稀土分馏不显著。

负铕海鸥型(异常型)：海鸥型配分模式的出现也是由蚀变引起，如翠宏山细粒碱长花岗岩样品(C41-1、C41-2、C41-3、C41-4)具有较强的硅化(表6-2、图6-2d)。负铕海鸥型的$\sum$REE为$(160.94\sim217.73)\times10^{-6}$，平均为$185.61\times10^{-6}$，略高于负铕负铈右倾型和负铕右倾型。$\sum Ce/\sum Y$为0.76～0.96，平均为0.87，轻重稀土分异不明显。$(La/Sm)_N$为2.30～2.57，平均为2.47，轻稀土分馏不太明显。$(Gd/Yb)_N$为0.35～0.44，平均为0.39，重稀土相对富集。δEu值为0.06～0.13，平均为0.11，负铕异常显著。

在微量元素蛛网图上，燕山早期成矿相关花岗岩类曲线分布于大陆系列花岗岩区域，属大陆系列花岗岩(张旗等，2012)。岩石明显亏损P、Ti、Nb和Ta等HFSE(图6-3)，翠宏山部分细粒碱长花岗岩中富集Ta，与磁铁矿矿化有关。岩石富集Rb、Th、U、K而亏损Ba等大离子亲石元素，Sr则表现为在翠宏山、小西林和鹿鸣矿田中也略有富集。大离子亲石元素特征，主要与岩浆演化及热液作用有密切关系。负的Nb异常和正的Rb、Th、U、K异常显示大陆地壳的特征，可能指示地壳物质参与了岩浆过程(Hugh，1993)。

此外，与成矿相关花岗岩类F和S含量较高，反映其含挥发成分较高。F含量为$(111\sim7\,725)\times10^{-6}$，平均为$1\,008.58\times10^{-6}$，S含量一般为$(40.20\sim23\,900)\times10^{-6}$，平均为$1\,470.98\times10^{-6}$。

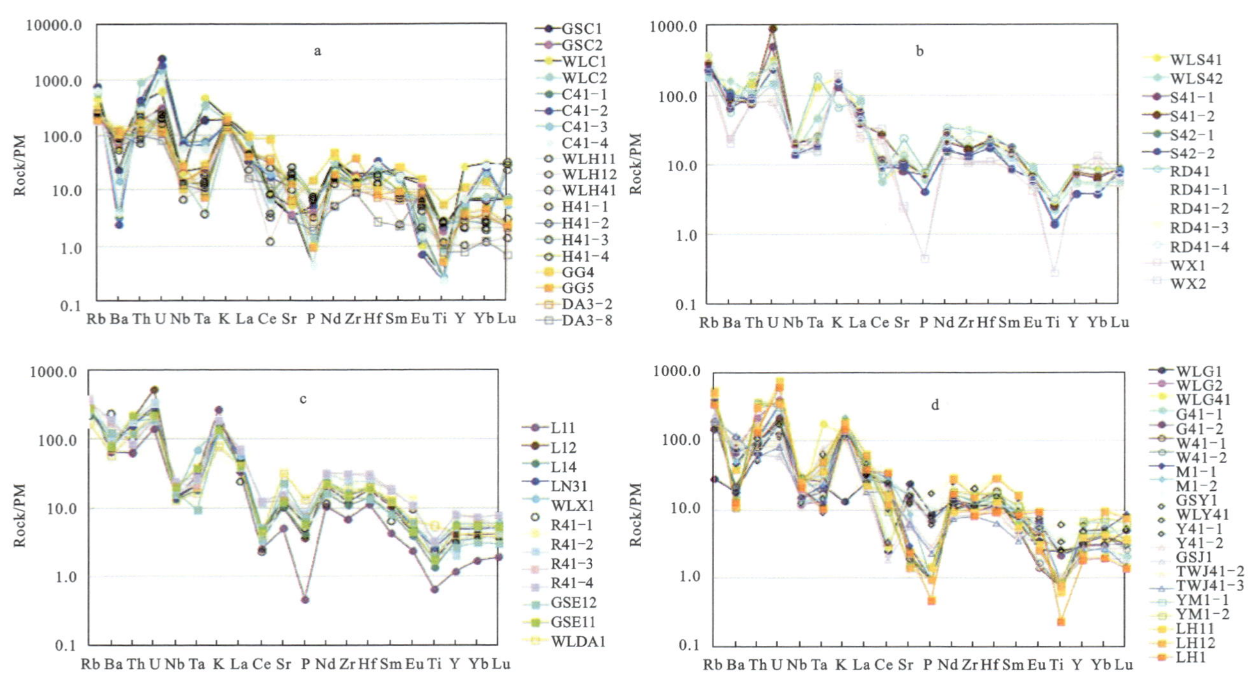

图6-3 研究区与成矿相关花岗岩类微量元素蛛网图

a. 翠宏山矿田；b. 小西林矿田；c. 鹿鸣矿田；d. 张广才岭；

b中的WX1和WX2样品属五星地区

三、稳定同位素

(一)硫同位素

燕山早期成矿系列:硫同位素组成如表 6-4 所示。矿石硫化物的 $\delta^{34}S$ 值主要分布于-5.6‰~+5.6‰,反映硫主要来源于硫同位素均一化程度很高的岩浆。只有小西林有 2 件样品的 $\delta^{34}S$ 出现较大偏差,$\delta^{34}S$ 值分别为+12.8‰和-12.4‰(阎鸿铨等,1994)(表 6-4),说明部分矿床中有少量其他来源硫的混入。

表 6-4 燕山早期成矿系列不同矿床中硫化物硫同位素组成

矿床	样品编号	测定对象	$\delta^{34}S_{V-CDT}$(‰)	矿床	样品编号	测定对象	$\delta^{34}S_{V-CDT}$(‰)
翠宏山	DKC1-1	辉钼矿	+2.9	小西林	5	硫化物	-1.5~+7.3
霍吉河	DKH11	黄铁矿	+1.2	小西林	4	硫化物	+1.6~+4.7 (+3.83)
霍吉河	DKH12	黄铁矿	+1.8	二股西山	DKX13	黄铜矿	+2.7
小西林	DKS11	磁黄铁矿	+3.1	二股西山	DKX14	黄铁矿	+2.5
小西林	DKS12	磁黄铁矿	+1.3	二股西山	DKX7-3	磁黄铁矿	+3.7
小西林	DKS18-2	磁黄铁矿	+1.1	二股西山	DKX9-3	磁黄铁矿	+3.1
小西林	DKS20-1	黄铁矿	+1.1	二股西山	DKX9-2	方铅矿	+3.0
小西林	Y54-7	方铅矿	+4.6	弓棚子	DKG1-1	方铅矿	-5.1
小西林	Y54-7	闪锌矿	+4.3	弓棚子	DKG1-3	黄铁矿	-5.6
小西林	Y54-7	磁黄铁矿	+5.5	弓棚子	7	硫化物	-0.7~+3.6
小西林	Y54-8	方铅矿	+1.4	五道岭	DKW1	黄铁矿	-3.3
小西林	Y57-7	方铅矿	+4.2	五道岭	6	硫化物	+3.3~+3.7
小西林	Y57-8	方铅矿	+3.2	二段	2	硫化物	+1.3~+8.4 (+4.27)
小西林	Y57-8	闪锌矿	+4.8	老道庙沟	6	硫化物	+1.6~+2.0
小西林	Y57-9	方铅矿	+3.8	老道庙沟	3	硫化物	+1.6~+2.9 (+2.1)
小西林	Y57-13	黄铁矿	+4.6	老道庙沟	8	硫化物	+1.0~+3.4 (+2.1)
小西林	1	硫化物	-12.4~+12.8 (+3.43)				

注:测试单位为核工业北京地质研究院分析测试研究中心。仪器型号为 MAT251。样品 1~4 据阎鸿铨等(1994),样品 5~7 据韩振新等(2004),样品 8 据陈静(2011)。括号内数值为均值。

(二)氢氧同位素

矿床中热液矿物的氧和氢同位素组成同样有助于追索热液水的来源。成矿带不同矿床氢氧同位素组成如表6-5所示。测试矿物多为石英硫化物主成矿阶段形成的石英,还有矿石矿物闪锌矿和与金成矿关系密切的冰长石。包裹体成分分析显示,成矿流体中CH_4含量很低,因此流体包裹体δD值可代表成矿流体的δD_{H_2O}值。

表6-5 燕山早期成矿系列不同矿床氢氧同位素组成

矿床	样品编号	测定矿物	T_h(℃)	$\delta^{18}O_{V-SMOW}$(‰)	δD_{V-SMOW}(‰)	$\delta^{18}O_{H_2O}$(‰)
翠宏山	DKC1	石英	250.5	8.2	−107.4	−2.89
鹿鸣	DKL10	石英	272.4	7.8	−84.4	−1.69
鹿鸣	DKL12	石英	272.4	8.8	−85.2	−0.69
鹿鸣	DKL13	石英	272.4	8.6	−82.0	−0.89
鹿鸣	DKL14	石英	272.4	9.2	−81.1	−0.29
鹿鸣	DKL15	石英	272.4	11.1	−84.4	1.61
鹿鸣	DKL18-1	石英	272.4	10.2	−76.8	0.71
鹿鸣	DKL18-2	石英	272.4	9.0	−93.0	−0.49
鹿鸣	DKL19	石英	272.4	10.6	−81.9	1.11
鹿鸣	DKL6	石英	272.4	9.2	−80.9	−0.29
鹿鸣	DKL7	石英	272.4	9.8	−80.6	0.31
鹿鸣	DKL9	石英	272.4	9.0	−85.9	−0.49
霍吉河	DKH14	石英	305.5	13.3	−78.4	6.22
霍吉河	DKH15	石英	305.5	13.9	−94.3	6.82
霍吉河	DKH16	石英	305.5	14.7	−85.2	7.62
霍吉河	DKH17	石英	305.5	11.5	−86.6	4.42
小西林		闪锌矿			−72.0	−2.80
二股西山	DKR2	石英	276.7	15.0	−70.0	5.87
二股西山	DKR4	石英	276.7	13.0	−70.7	3.87
大安河	DKDA3	石英	256.2	12.4	−83.4	1.41
大安河	DKDA4	石英	256.2	14.1	−79.3	3.11

注:测试单位为核工业北京地质研究院分析测试研究中心。$\delta^{18}O_{H_2O}$(‰)计算公式为:$1\,000\ln\alpha_{石英-水}=3.38\times10^6\times T^{-2}-3.40$(200~500℃)。霍吉河$\delta^{18}O_{H_2O}$计算温度参照郭嘉(2009),测温结果245.3~365.3℃。小西林据韩振新等(2004)。

燕山早期与花岗岩类有关的成矿系列:石英等热液矿物流体包裹体的δD_{V-SMOW}值为−172.0‰~70.0‰,石英的$\delta^{18}O_{V-SMOW}$值为7.8‰~15.0‰,计算获得的成矿流体$\delta^{18}O_{H_2O}$值为−4.13‰~7.62‰。在$\delta D-\delta^{18}O$关系图上(图6-4),流体包裹体氢氧同位素值的投点多分布于原生岩浆水和变质水区域之外,仅个别样品落在原生岩浆区域内(图6-4)。成矿流体氢氧同位素特征显示,该矿床成矿系列成矿热液具有岩浆热液和大气水混合而成的再平衡混合岩浆水特征(张理刚,1985),是经历了复杂的演化阶段和成矿环境而形成的。热液矿床是从与现代地热系统相似的古代地热系统产生的(Henley,1983)。来自活动热液系统方面的证据,以及野外和实验室方面的研究成果清楚地指出,岩浆对于热液流体贡献了水、金属和配位体等组分(刘伟,2001)。斑岩型 Cu 矿化作用的早期阶段以岩浆流体为主导,但是到了晚期大气水不仅普遍存在,而且对于将斑岩金属的浓度提高到矿石的级别起了关键作用(Titley et al,1981;Cline et al,1991)。

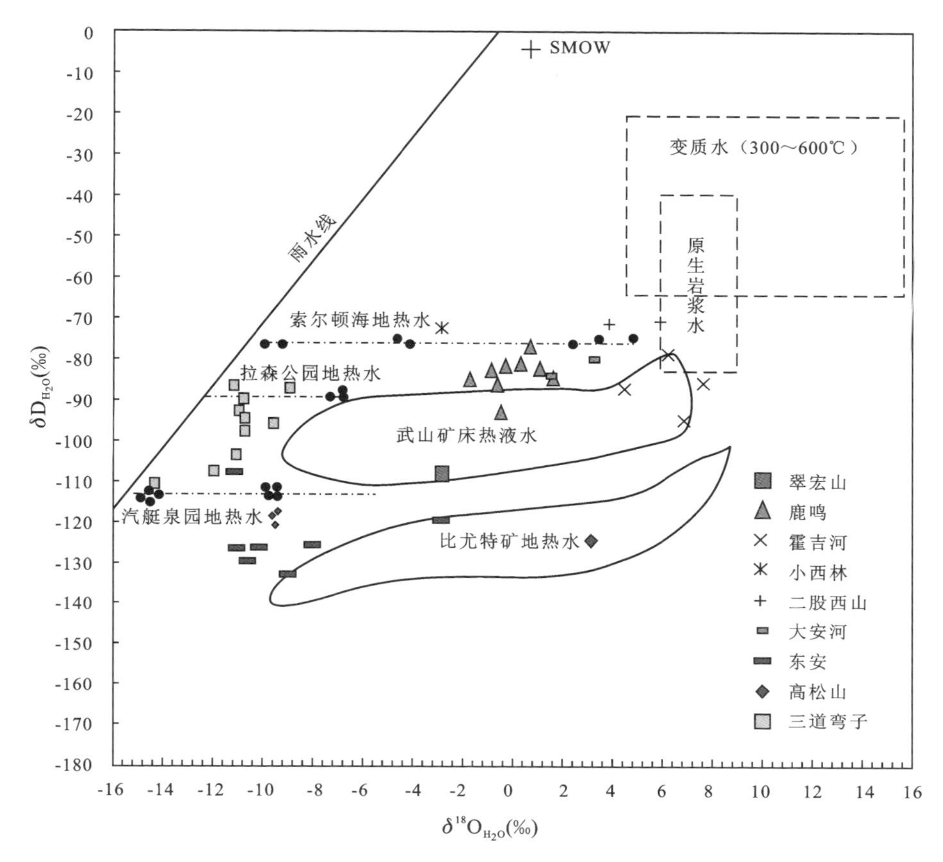

图 6-4 研究区矿床成矿流体 $\delta D-\delta^{18}O$ 关系图

霍吉河和二股西山矿床成矿流体氢氧同位素值投点更靠近于原生岩浆水区域或在其内部,显示岩浆热液占据主导地位。而其他矿床则不同程度向雨水线方向漂移,鹿鸣、小西林和翠宏山矿床漂移幅度较大,其成矿热液系统中明显有不同程度的大气水混入。由此认为该成矿系列成矿流体主要来自岩浆,部分来自大气降水,早期以岩浆热液为主,晚期有大气降水加入。

综上所述,燕山早期与花岗岩类有关的成矿系列,其成矿流体主要来自岩浆,不同程度地有部分大气降水混入。

(三)铅同位素

阎鸿铨(1994)对小西林矿田铅同位素组成进行了测试和研究(图 6-5),邵军等(2006)对其进行了进一步剖析。在测试的矿区 26 件样品中,有矿石样品 14 件,加里东期花岗岩 4 件,燕山早期花岗岩 8 件。在 $^{207}Pb/^{204}-^{206}Pb/^{204}$ 和 $^{208}Pb/^{204}-^{206}Pb/^{204}$ 关系图上,所有铅同位素数值均落在等时线的右侧(图 6-5),表明矿区铅属异常铅,因此不可能用单阶段模型来计算出成矿年龄。矿区铅虽为异常铅,但异常程度不高,接近零等时线。除一件矿石样品外,矿区燕山早期花岗质岩石和矿石的铅同位素组成$^{206}Pb/^{204}Pb$为18.613～19.320，$^{207}Pb/^{204}Pb$为15.357～15.610，$^{208}Pb/^{204}Pb$为37.123～38.512，数据变化一般不超出实验误差。矿区燕山早期花岗质岩石和矿石的铅同位素组成具有很高的一致性，表明两者铅具有相同的来源，在成矿作用演化过程中，并没能从根本上改变其铅同位素组成。图6-5显示，铅山组碳酸盐岩地层铅同位素组成与岩浆岩和矿石有显著差异，表明与其属不同的U-Th-Pb演化体系，矿石铅来源与地层无关。加里东期花岗岩的U-Th-Pb演化体系本身表明了原始U/Pb及Th/Pb比值较高，反映了陆壳的特点。

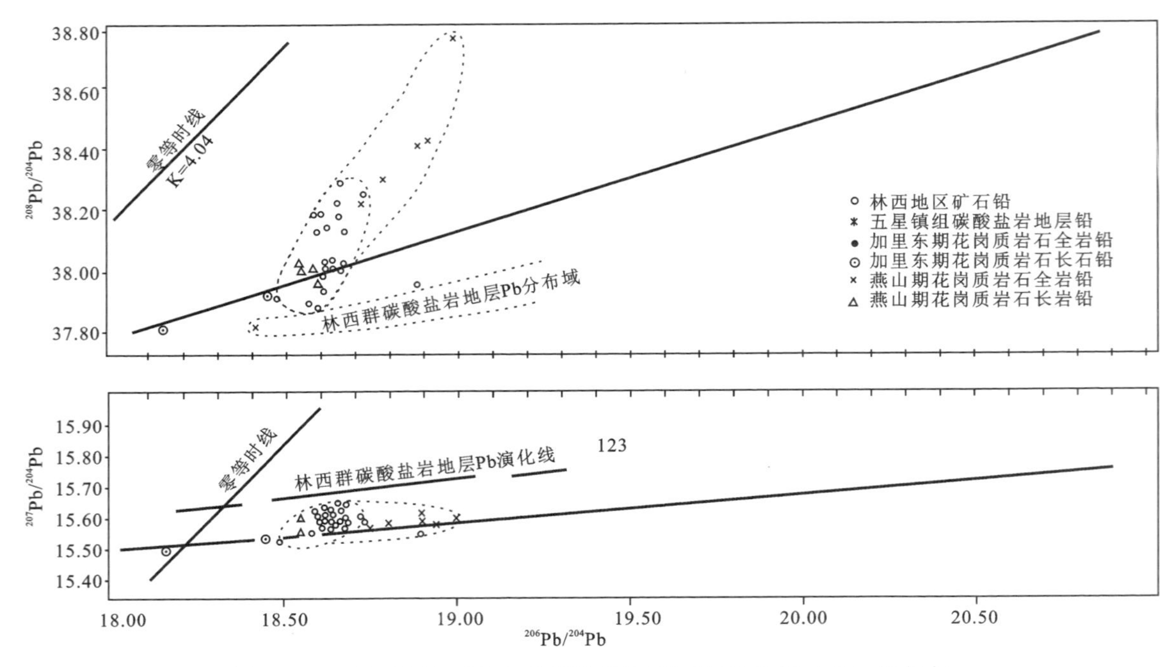

图6-5 西林矿区矿石铅与岩石铅对比图(据阎鸿铨等，1994，有改动)

矿石铅同位素组成虽与加里东期花岗岩的增长线接近，但两者并非一致，确切地讲两者中的铅可能有相近的来源或有继承关系。与燕山早期相关花岗岩类中有加里东期继承锆石，也说明燕山早期成矿物质部分继承了加里东期岩浆作用产物。燕山早期花岗岩的铅同位素与矿石铅同位素完全重叠(图6-5)，表明两者具有相同的U-Th-Pb演化体系，说明矿石铅与燕山期花岗岩的铅有相同来源。换言之，燕山期岩浆为矿床的形成提供了成矿物质。

(四)铷-锶同位素

燕山早期花岗岩类：鹿鸣、翠宏山和小西林与成矿相关的花岗岩类铷-锶同位素组成如表6-6所示。岩石$^{87}Sr/^{86}Sr$初始值为0.706 27～0.709 30，属中等锶花岗岩(高秉璋，1991)，岩浆具有壳幔混源或下地壳来源特征(Nakai et al，1990；Nakai et al，1993；Christensen et al，1995)。此外，测得小西林矿石中闪锌矿21件样品的$^{87}Sr/^{86}Sr$初始值为0.706 1～0.715 0，具有下地壳和上地壳混源特征(高秉璋等，1991)。

燕山早期与成矿相关花岗岩类的全岩Rb-Sr等时线年龄介于(173.3±1.7)Ma～(195.0±3.8)Ma之间，与锆石U-Pb年龄基本一致(图6-6)。翠宏山粗中粒碱长花岗岩Rb-Sr等时线出现2阶段年龄，分别为(185.8±6.3)Ma和(175.5±9.9)Ma，可能前者代表成岩年龄，后者代表蚀变矿化年龄(图6-7)。

表 6-6 研究区燕山早期与成矿相关花岗岩类铷锶同位素组成

矿床	样品编号	采样位置	样品名称	质量分数		同位素原子比率		误差(2δ)	$^{87}Sr/^{86}Sr$ 初始值	等值线年龄(Ma)
				Rb(×10⁻⁶)	Sr(×10⁻⁶)	$^{87}Rb/^{86}Sr$	$^{87}Sr/^{86}Sr$			
鹿鸣	TWL13-1	ZK2703,37m	二长花岗岩	203.572 7	422.896 2	1.392 9	0.713 784	0.000 006	0.707 19±0.000 036	194±11
	TWL13-2	ZK2703,66m	二长花岗岩	221.992 8	252.245 3	2.546 5	0.712 694	0.000 023		
	TWL13-3	ZK2703,84m	二长花岗岩	226.219 1	227.542 5	2.876 7	0.714 558	0.000 008		
	TWL13-4	ZK2703,99m	二长花岗岩	224.070 2	227.949 6	2.844 3	0.714 468	0.000 004		
	TWL13-5	ZK2703,117m	二长花岗岩	234.358 0	222.946 3	3.041 6	0.715 017	0.000 004		
	TWL13-6	ZK2703,120m	二长花岗岩	215.959 3	230.517 5	2.710 8	0.714 096	0.000 004		
	TWL13-7	ZK2703,119m	二长花岗岩	229.734 6	227.816 4	2.917 9	0.714 643	0.000 006		
	TWL12-1	鹿鸣北 3km	花岗闪长岩	173.229 2	318.196 8	1.575 3	0.711 077	0.000 004	0.706 60±0.000 064	173.3±1.7
	TWL12-2	鹿鸣北 3km	花岗闪长岩	151.170 3	355.661 5	1.229 9	0.710 221	0.000 001		
	TWL12-3	鹿鸣北 3km	花岗闪长岩	187.431 2	347.669 7	1.559 9	0.711 039	0.000 004		
	TWL12-4	鹿鸣北 3km	花岗闪长岩	156.325 7	344.505 8	1.313 0	0.710 427	0.000 003		
	TWL12-5	鹿鸣北 3km	花岗闪长岩	155.397 8	337.441 6	1.332 5	0.710 475	0.000 004		
	TWL12-6	鹿鸣北 3km	花岗闪长岩	238.503 4	312.354 7	2.209 4	0.712 649	0.000 004		
	TWL12-7	鹿鸣北 3km	花岗闪长岩	219.005 0	311.012 7	2.037 5	0.712 193	0.000 002		
翠宏山	TWC1-1	水文钻孔	碱长花岗岩	185.498 5	79.361 3	6.763 3	0.726 954	0.000 007	0.709 08±0.000 064	185.8±6.3
	TWC1-2	水文钻孔	碱长花岗岩	200.925 1	71.947 8	8.080 6	0.730 440	0.000 003		
	TWC1-3	水文钻孔	碱长花岗岩	190.141 7	76.897 7	7.154 7	0.727 907	0.000 004		
	TWC1-4	水文钻孔	碱长花岗岩	183.502 7	76.257 2	6.962 9	0.727 487	0.000 006		
	TWC1-6	水文钻孔	碱长花岗岩	179.707 8	77.239 5	6.732 2	0.726 873	0.000 006		
	TWC1-5	水文钻孔	碱长花岗岩	188.674 8	80.203 5	6.806 9	0.726 327	0.000 006	0.709 30±0.001 0	175.5±9.9
	TWC1-7	水文钻孔	碱长花岗岩	189.502 2	75.916 4	7.222 8	0.727 318	0.000 005		
	TWC1-8	水文钻孔	碱长花岗岩	192.714 1	72.438 9	7.697 8	0.728 550	0.000 007		

续表 6-6

矿床	样品编号	采样位置	样品名称	质量分数		同位素原子比率		误差(2δ)	$^{87}Sr/^{86}Sr$ 初始值	等值线年龄(Ma)
				Rb(×10⁻⁶)	Sr(×10⁻⁶)	$^{87}Rb/^{86}Sr$	$^{87}Sr/^{86}Sr$			
小西林	TWS11-1	十四公里采石场	花岗闪长岩	75.185 8	506.750 3	0.429 3	0.708 515	0.000 005	0.707 32±0.000 028	195.0±3.8
	TWS11-2	十四公里采石场	花岗闪长岩	85.309 7	463.920 6	0.532 1	0.708 800	0.000 002		
	TWS11-3	十四公里采石场	花岗闪长岩	93.286 1	453.613 3	0.595 1	0.708 975	0.000 002		
	TWS11-4	十四公里采石场	花岗闪长岩	85.562 4	467.693 4	0.529 4	0.708 793	0.000 005		
	TWS11-5	十四公里采石场	花岗闪长岩	74.961 3	484.089 5	0.448 1	0.708 567	0.000 004		
	TWS11-6	十四公里采石场	花岗闪长岩	83.969 6	467.076 8	0.520 2	0.708 760	0.000 004		
	TWS11-7	十四公里采石场	花岗闪长岩	89.837 5	460.150 1	0.564 9	0.708 891	0.000 005		
			矿石闪锌矿						0.706 1～0.715 0	

注:测试单位为核工业北京地质研究院分析测试研究中心。

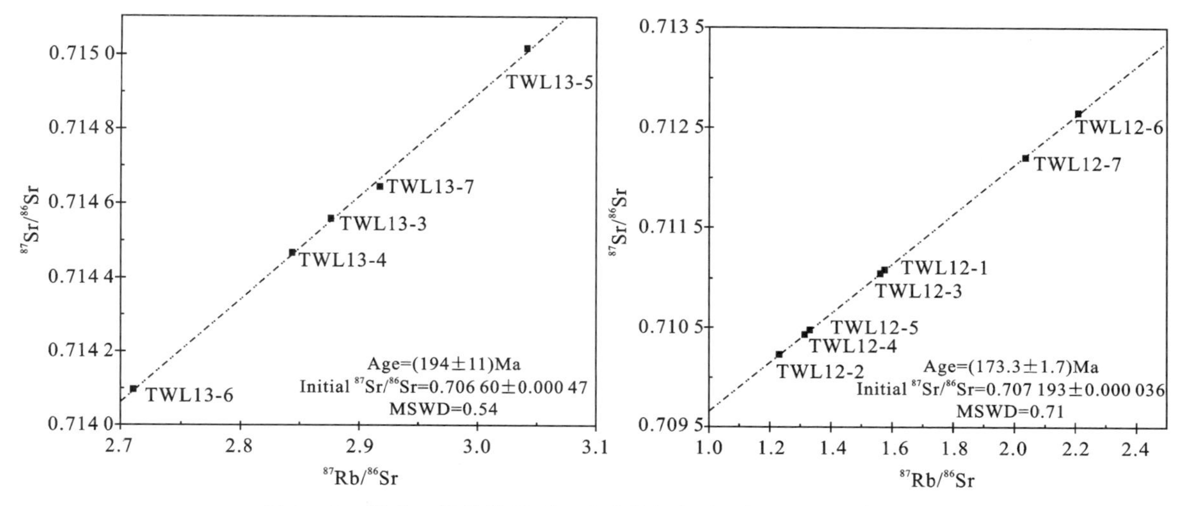

图 6-6 鹿鸣二长花岗岩(左)和花岗闪长岩(右)Rb-Sr 等时线

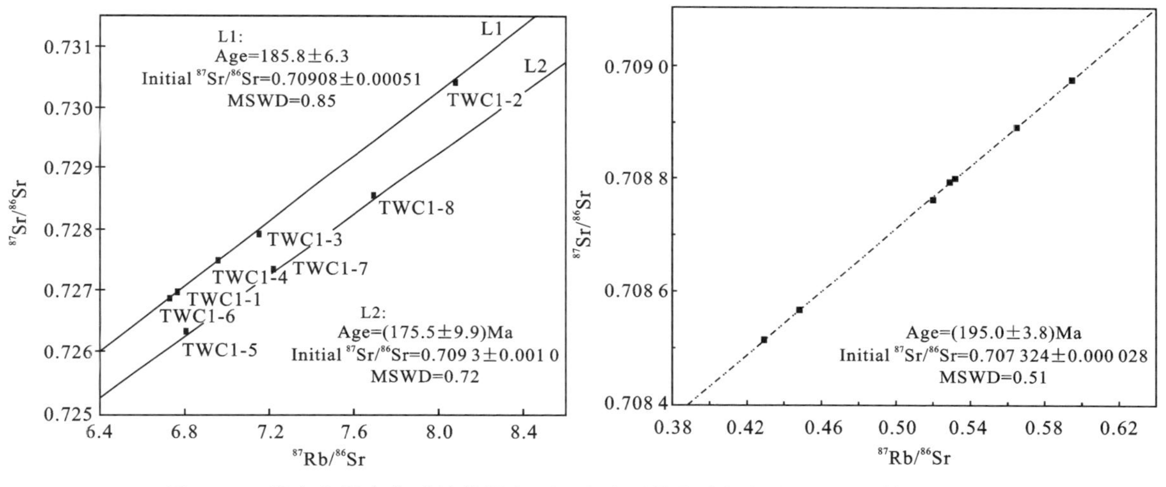

图 6-7 翠宏山粗中粒碱长花岗岩(左)和小西林花岗闪长岩 Rb-Sr 等时线(右)

四、流体包裹体

矿物中的流体包裹体特征能反映出蚀变矿化过程中成矿流体的一系列物理化学性质,流体包裹体地球化学是研究矿床成因的重要手段(何知礼,1982;卢焕章,1990;高珍权等,2001)。所采样品均为热液石英和金属硫化物,均采自各矿床的主矿体。包裹体片制备和单矿物挑选由国土资源部东北矿产资源监督检测中心完成。包裹体片样品分两批分别在西安地质矿产研究所实验测试中心和桂林理工大学地球科学学院流体包裹体实验室完成测试。单矿物样品由核工业北京地质研究院分析测试研究中心测试。

根据原生包裹体判别标准,研究区大多数流体包裹体属原生包裹体,也有次生和假次生包裹体存在,研究过程中选择原生流体包裹体进行测试。根据研究区包裹体岩相学特征,对于不同类型的包裹体选用了不同的公式进行盐度、密度、压力等数据的计算,现将本书选用的公式介绍如下,下文不再赘述。

1. 流体盐度计算方法:分以下几种情况。

(1)对于气液两相包裹体采用冷冻法测定了其冷冻温度,测定误差为±0.1℃,利用冷冻温度(即冰点温度)可以通过公式(6-1)计算流体的盐度(Hall et al,1988)。

$$W=0.00+1.78T_m-0.0442T_m^2+0.000557T_m^3 \quad (6-1)$$

式中,W 为 NaCl 的质量百分数;T_m 为冰点下降温度(℃)。对于最简单的 $NaCl-H_2O$ 体系,冷冻法也只适用于盐度在0%~23.3%的测定,当盐度高于23.3%时,溶液的盐度就不能根据冰点来测定了。因此,$NaCl-H_2O$ 体系的冰点最低不会低于-21.2℃,即相当于盐度为23.3%时的冰点。

(2)对于含子矿物多相包裹体,采用两种方法计算了包体的盐度,一是根据 NaCl 子矿物的熔化温度查表求得(NaCl 子矿物熔化温度与盐度换算表),二是根据公式(6-2)的计算公式求得(Sterner et al,1988),公式如下:

$$S=26.242+0.4928T_m+1.42T_m^2-0.223T_m^3+0.04129T_m^4+0.006259T_m^5-0.001967T_m^6+0.0001112T_m^7 \quad (6-2)$$

式中,S 为盐度(%NaCl);T_m 为 NaCl 子矿物熔化温度(℃),使用范围为含盐度≥26.3%NaCl。

(3)对于含 CO_2 三相包裹体,采用(6-3)式计算。

$$S=15.52022-1.02342T_{Cl}-0.05286T_{Cl}^2 \quad (6-3)$$

式中,T_{Cl} 为笼合物融化温度。

2. 流体密度计算方法:分两种情况计算。

(1)对于盐水溶液(≤25%NaCl)包裹体(气液两相包裹体)利用公式(6-4)计算流体密度(刘斌,2001)。

$$\rho=A+B\cdot T_h+C\cdot T_h^2 \quad (6-4)$$

式中,ρ 为密度(g/cm³);T_h 为包裹体均一温度(℃);A、B、C 为无量纲参数,分别是盐度的函数:

$$A=A_0+A_1\times W+A_2\times W^2$$

$$B=B_0+B_1\times W+B_2\times W^2$$

$$C=C_0+C_1\times W+C_2\times W^2$$

由于包裹体盐度均小于30%,因此分别选择以下参数:

$A_0=0.993531$,$A_1=8.72147\times10^{-3}$,$A_2=-2.43975\times10^{-5}$;

$B_0=7.11652\times10^{-5}$,$B_1=-5.2208\times10^{-5}$,$B_2=1.26656\times10^{-6}$;

$C_0=-3.4997\times10^{-6}$,$C_1=2.12124\times10^{-7}$,$C_2=-4.52318\times10^{-9}$。

(2)对于含子矿物包裹体的密度,采用以下密度计算公式:

$$\rho=1.1027+0.0017752T-1.5056\times0.00001T^2+4.04\times0.00000001T^3-4.1455\times0.00000000001T^4+1.5125\times0.00000000000001T^5 \quad (6-5)$$

式中,T 为均一温度(℃);ρ 为包裹体的密度(g/cm³)。

(3)对于含 CO_2 三相包裹体,采用式(6-6)和式(6-7)计算流体密度。

$$\rho_{CO_2}=0.4683+0.0001441\times(31.35-T_{h_{CO_2}})-0.1318\times(31.35-T_{h_{CO_2}})^{\frac{1}{3}} \quad (6-6)$$

$$\rho_{CO_2+H_2O}=\rho_{CO_2}\times V_{CO_2}/100+(100-V_{CO_2})/100 \quad (6-7)$$

式中,ρ_{CO_2} 为气相 CO_2 密度;$T_{h_{CO_2}}$ 为液相 CO_2 均一到一相时的温度,V_{CO_2} 为 CO_2 相的体积百分比。

3. 成矿压力及深度计算方法

成矿压力采用式(6－8)计算(邵洁连,1988),深度采用式(6－9)计算(孙丰月等,2000)。

$$P=(219+620W)T_h/(374+920W) \quad (6-8)$$

$$H=P/10(H<5\text{km}) \quad (6-9)$$

式中,P 为成矿压力($\times 10^5$Pa);T_h 为均一温度;W 为盐度;H 为成矿深度。

按照室温时包裹体中物相组成和成分分析结果,燕山早期成矿系列原生流体包裹体可归纳为以下4类(图版Ⅲ－1～图版Ⅲ－4),其中①和②类为各类矿床中常见类型,其他类型少见。

①富液相水两相包裹体(L＋V):由气、液两相组成,液相体积占包裹体总体积的50%以上,即L＞50%,液相为 $NaCl-H_2O$ 水溶液。气相含 CO_2、N_2 或 CH_4 等。加热后气相消失,均一到液相。

②富气相水二相包裹体(V＋L):由气、液两相组成,气相体积占包裹体总体积的50%以上,即V＞50%。以气相水为主,含 CO_2、N_2 或 CH_4 等,液相为 $NaCl-H_2O$ 水溶液。加热后液相消失,均一到气相。

③含 CO_2 三相包裹体(L＋L＋V),即 CO_2-H_2O 包裹体,通常为 $L_{H_2O}+L_{CO_2}+V_{CO_2}$ 三相呈现所谓的"双眼皮"形态,气相 CO_2 中可含有一定量的 CH_4,其中 $L_{CO_2}+V_{CO_2}$ 体积＜40%,加热后,气相 CO_2 和液相 CO_2 在低于31.1℃的某一温度下均一为单一的 CO_2 相(即 CO_2 的部分均一温度),最后均一到液相。

④含子矿物多相包裹体(V＋L＋S):包裹体中除液相盐水溶液和气相水外,还含一固态结晶矿物,多为NaCl子晶和KCl子晶,加热时子矿物消失,均一到液相或气相。

该成矿系列流体包裹体测试结果及参数等如表6－7、表6－8、表6－9、表6－10所示。

翠宏山:测试矿物均为石英硫化物阶段的石英。包裹体类型有①、②、④三种,①类和④类多见。①类发育于钼铜铅锌成矿阶段,多成群随机分布或孤立分布或呈串状分布。形态较为规则,多呈椭圆形、四边形和长条形等形态。包裹体大小4～26μm,多数集中在5～14μm之间,气液比主要为10%～35%。②类和④类发育于钼铜铅锌成矿阶段,多随机分布,形态为长条状和不规则状,大小一般10～20μm。④类透明矿物形态为立方体,推测为石盐子晶。含金属矿物子晶包裹体见于石英及萤石中。②类包裹体,气液比为60%～95%,多随机分布,常与④类包裹体共存或单独成行出现。均一温度为29～330.5℃,流体盐度为(37.29～40.17)%NaCl。黄铜矿流体包裹体液相成分以水为主,阳离子成分以 Na^+、Ca^{2+} 为主,阴离子成分以 SO_4^{2-} 和 Cl^- 为主,气相成分以 H_2O 为主,含 CO_2 等,代表钼铜铅锌主成矿阶段流体成分特征。该阶段成矿流体温度为(119.80～360.78)℃,平均为259.69℃。估算的流体盐度为(5.12～42.40)%NaCl,常见高盐度与低盐度流体包裹体共存。估算的流体压力为(80.36～242.80)$\times 10^5$Pa,成矿深度为2.4km。

小西林和二段及库南:小西林样品均采自红旗坑口,为块状矿石中的石英。二段样品采自采矿坑口BGR1和BGR3及DKR1和DKR3为矿石中的石英,BGR4为无矿石英脉。包裹体类型主要为①类(图版Ⅲ－1),③类包裹体仅见于小西林(图版Ⅲ－3)。包裹体多成群随机分布或孤立分布或呈串状分布。①类包裹体形态较规则,呈椭圆形、近圆形、长方形或长条形,大小(长轴)为6～25μm,多为8～14μm,气相体积占总体积的10%～40%,多集中在15%～30%。③类包裹体形态呈长方形、近方形,大小(长轴)为17～22 μm,盐水液相 L_{H_2O} 占总体积的68%～72%,液相 L_{CO_2} 占总体积的10%左右,气相 V_{CO_2} 占总体积的20%左右。成矿流体属盐-水体系,小西林和库南铅锌矿床磁黄铁矿流体包裹体液相成分以水为主,阳离子成分以 Na^+、Ca^{2+}、Mg^{2+} 为主,阴离子成分以 SO_4^{2-}、Cl^- 为主。气相成分以 H_2O 为主,含 CO_2 等。二段矿石中石英包裹体液相成分以水为主,阳离子成分以 Na^+、Ca^{2+} 为主,阴离子成分以 Cl^- 为主,气相成分以 H_2O 为主。小西林块状矿石金属矿物爆裂温度和硫同位素

表 6-7　燕山早期成矿系列流体包裹体测温结果

矿床	测定矿物	测定方法	温度(℃)	来源	矿床	测定矿物	测定方法	温度(℃)	来源
大安河	透辉石	均一法	381	薛明轩,2001	小西林	(块状)磁黄铁矿	爆裂法	351	阎鸿铨,1994
	透辉石	均一法	517	薛明轩,2001		(块状)磁黄铁矿	爆裂法	351	阎鸿铨,1994
	方柱石	均一法	448	薛明轩,2001		(块状)磁黄铁矿	爆裂法	462	阎鸿铨,1994
	石英	均一法	253	薛明轩,2001		(块状)磁黄铁矿	爆裂法	536	阎鸿铨,1994
	石英	均一法	309	薛明轩,2001		(块状)磁黄铁矿	爆裂法	300	阎鸿铨,1994
	石英	均一法	315	薛明轩,2001		(块状)磁黄铁矿	爆裂法	432	阎鸿铨,1994
	石英	均一法	320	薛明轩,2001		块状矿石闪锌矿	爆裂法	596	阎鸿铨,1994
	石英	均一法	333	薛明轩,2001		块状矿石闪锌矿	爆裂法	368	阎鸿铨,1994
	石英	均一法	339	薛明轩,2001		块状矿石闪锌矿	爆裂法	382	阎鸿铨,1994
	石英	均一法	131	薛明轩,2001		块状矿石闪锌矿	爆裂法	343	阎鸿铨,1994
弓棚子	黄铁矿/黄铜矿	硫同位素	310	韩振新,2004		块状矿石闪锌矿	爆裂法	369	阎鸿铨,1994
五道岭	石榴子石	爆裂法	400	韩振新,2004		块状矿石闪锌矿	爆裂法	395	阎鸿铨,1994
	磁铁矿	爆裂法	385	韩振新,2004		(块状)磁黄铁矿/方铅矿	硫同位素	472	阎鸿铨,1994
	镜铁矿	爆裂法	330	韩振新,2004		(块状)方铅矿/闪锌矿	硫同位素	421	阎鸿铨,1994
	黄铁矿	爆裂法	380—390	韩振新,2004		(块状)方铅矿/闪锌矿	硫同位素	328	阎鸿铨,1994
	黄铜矿	爆裂法	255	韩振新,2004		—	—	—	—

表 6-8 燕山早期成矿系列流体包裹体成分分析结果

矿床	样品编号	样品名称	气相成分(μL/g)						液相离子成分(μg/g)							
			H_2	N_2	CO	CH_4	CO_2	H_2O(气相)	F^-	Cl^-	NO_3^-	SO_4^{2-}	Na^+	K^+	Mg^{2+}	Ca^{2+}
翠宏山	DKC2	黄铜矿	0.923 8	5.079	0.313 0	0.204 1	11.98	2.555×10^5	2.427	6.473	/	120.9	7.732	1.151	1.151	36.34
霍吉河	DKH13	石英	0.591 5	2.090	0.343 1	0.210 3	2.523	2.864×10^5	0.947 5	1.657	0.159 0	1 089	7.607	3.639	2.049	58.49
	DKH14	石英	0.219 9	1.913	0.127 3	0.072 9	2.884	2.285×10^5	/	6.053	/	1 736	7.236	1.253	1.396	36.38
	DKH15	石英	0.534 9	8.466	0.275 5	0.213 3	13.15	2.059×10^5	/	1.413	/	45.14	2.390	0.694 4	0.710 6	14.24
	DKH17	石英	1.115	5.317	0.429 8	0.314 1	12.70	2.102×10^5	/	1.775	/	40.70	2.614	0.613 0	0.693 7	13.83
小西林	DKS13	磁黄铁矿	0.023 7	0.186 6	0.105 7	0.000 2	183.0	1.208×10^6	2.857	5.199	/	6 971	7.683	4.731	27.99	37.54
	DKS14	磁黄铁矿	0.012 1	0.174 5	0.022 5	/	99.99	3.324×10^5	3.920	7.240	/	2 804	2.512	0.960 0	8.416	20.96
	DKS15	磁黄铁矿	0.016 6	0.169 9	0.025 6	0.131 2	163.8	3.137×10^5	0.717 2	4.303	/	3 389	3.805	2.960	2.688	14.01
鹿鸣	DKL10	石英	0.832 6	5.111	0.277 6	0.205 6	3.225	3.175×10^5	/	2.897	/	30.12	3.085	0.424 4	0.555 0	6.072
	DKL12	石英	2.841	5.799	0.937 8	0.596 2	2.868	1.371×10^6	/	8.276	/	43.55	7.600	1.010	0.823 7	11.03
	DKL14	石英	1.712	5.393	1.471	0.781 3	8.433	4.654×10^5	/	6.326	/	36.20	8.344	0.656 7	0.672 7	7.512
	DKL15	石英	1.691	7.088	0.885 7	0.911 9	7.770	5.85×10^5	/	7.421	/	37.88	9.558	0.652 8	0.668 3	8.657
	DKL18-1	石英	0.644 9	6.667	0.591 4	0.341 6	9.142	7.186×10^5	0.625 1	7.502	/	49.42	5.048	0.875 2	0.672 0	7.72 0
	DKL18-2	石英	4.799	12.13	0.648 1	1.007	18.03	8.711×10^5	0.318 2	8.590	/	78.35	8.622	1.018	1.416	13.62
	DKL19	石英	0.745 9	9.002	0.521 9	0.261 7	15.14	8.678×10^5	1.078	6.868	/	275.4	5.829	0.686 7	1.198	10.43
	DKL31	石英	0.820 5	11.44	/	0.706 9	26.04	1.226×10^6	0.196 0	5.369	/	714.3	5.597	0.830 9	2.210	17.97
	DKL6	石英	2.027	9.553	0.979 1	1.073	11.82	1.244×10^6	0.119 6	3.868	/	135.0	7.320	1.978	0.701 7	5.550
	DKL7	石英	0.408 3	11.81	0.000 1	0.444 0	15.63	1.248×10^6	/	2.061	/	372.8	4.265	2.316	0.990 5	7.828
	DKL9	石英	0.404 6	8.409	0.251 1	0.260 4	16.40	1.062×10^6	/	4.891	/	1 097	7.241	1.947	0.691 9	7.080
二股西山	DKX14	黄铁矿	0.003 6	0.172 5	/	/	1.206	7.235×10^4	4.245 7	5.685 5	/	1 001	1.536	0.398 7	31.87	77.83
	DKX5	磁黄铁矿	0.047 0	0.647 2	0.369 9	0.042 8	15.63	$2.948\ 1\times10^5$	2.279	65.68	/	796.1	23.27	11.09	2.533	121.1
	DKX7-3	磁黄铁矿	0.009 5	0.291 5	0.008 5	0.131 2	6.870	8.334×10^4	0.819 1	3.784	/	536.1	1.841	0.670 9	6.038	212.66

续表 6-8

矿床	样品编号	样品名称	气相成分(μL/g)						液相离子成分(μg/g)							
			H_2	N_2	CO	CH_4	CO_2	H_2O(气相)	F^-	Cl^-	NO_3^-	SO_4^{2-}	Na^+	K^+	Mg^{2+}	Ca^{2+}
二股西山	DKX9-3	磁黄铁矿	0.009 1	0.299 1	0.023 7	0.192 6	13.20	1.405×10^5	1.320	4.036	/	1 160	2.779	0.667 5	8.662	294.0
	DKX7-1	闪锌矿	0.010 6	0.159 2	0.039 4	0.086 1	3.961	2.723×10^4	0.601 9	3.225	/	7.070	0.808 3	0.292 4	2.115	70.58
	DKX9-1	闪锌矿	0.006 3	0.180 1	0.035 5	0.068 3	3.887	4.342×10^4	1.696 7	3.871 9	/	7.643	1.027	0.330 6	1.966	70.69
	DKX7-2	方铅矿	0.015 6	0.160 7	0.048 8	/	1.597	2.989×10^4	0.779 1	2.337	/	2.679	0.836 5	0.328 0	1.509	23.49
	DKX9-2	方铅矿	0.009 7	0.058 2	0.025 5	0.012 6	0.568 4	1.190×10^5	0.048 0	1.203	0.120 6	52.67	1.005	0.309 4	1.114	16.24
二段	DKR1	石英	0.207 8	0.737 2	0.228 6	0.084 0	1.914	1.145×10^5	0.440 0	21.85	/	204.5	8.762	2.372	0.860 9	8.284
	DKR3	石英	0.098 6	0.793 7	0.091 0	0.052 1	0.873 4	9.308×10^4	0.266 4	14.79	/	79.41	21.10	3.007	2.150	26.72
大安河	DKDA2	石英	1.900	2.559	0.255 5	0.353 3	5.867	1.804×10^5	0.206 0	2.986	0.237 5	81.11	5.360	1.432	1.641	20.81
	DKDA1	石英	0.370	/	17.41	3.640 0	29.11	4.806×10^5	1.89	3.81	/	4.48	2.76	2.79	/	1.89
弓棚子	DKG1-2	磁黄铁矿	0.116 5	0.228 4	0.205 8	0.062 6	73.55	5.524×10^5	0.098 5	7.311	/	1 998	6.673	4.954	17.63	60.87
五道岭	DKW1	黄铁矿	0.002 8	0.187 2	/	/	1.330	4.378×10^4	1.193	2.703	/	1 151	2.210	0.763 3	0.413 4	7.903
袁家屯	DKY2	石英	0.947 9	0.349 4	0.252 6	0.076 0	11.29	1.057×10^5	0.214 6	2.330	/	170.3	3.741	3.403	3.664	68.52
	DKY4	闪锌矿	0.004 3	0.082 5	0.014 8	/	3.150	1.888×10^5	0.617 8	3.992	/	784.7	2.947	1.730	2.985	23.48
库南	DKK3-4	磁黄铁矿	0.051 3	0.199 4	0.151 3	0.028 7	133.8	1.216×10^6	0.188 8	1.786	0.115 8	5 188	5.584	0.158 6	43.31	149.0
	DKK7-3	磁黄铁矿	0.025 1	0.161 0	/	/	6.180	4.034×10^5	0.811 0	2.973	/	726.2	4.338	1.200	2.418	40.09
	DKK9-3	磁黄铁矿	0.023 8	0.169 9	0.001 1	0.006 0	13.16	6.501×10^5	1.550	2.597	/	1 787	4.990	2.012	5.747	58.27

注：测试单位为核工业北京地质研究院分析测试研究中心。“/”表示未检出。DKDA1据薛明轩等(2001)。

表 6-9　燕山早期成矿系列流体包裹体特征及参数

矿床	矿化阶段/矿物产状	样品编号	包裹体类型(测定数量)	测定矿物	冰点温度 T_m (℃)	均一温度 T_h (℃)	盐度 W_{NaCL} (%)	摩尔分数 X_{NaCl} (%)	摩尔分数 X_{H_2O} (%)	摩尔质量 Mass/mol (g/mol)	摩尔体积 Vm (L/mol)	均一密度 D_h (kg/L)	均一压力 P_h ($\times10^5$Pa)	最大深度 H (km)
翠宏山	辉钼矿化阶段	BGC1	L+V(4)	石英	−5.6	250.5	8.7	2.8	97.2	19.2	22.0	0.870	167.83	1.68
		BGC2	L+V(4)	石英	−8.5	119.8	12.2	4.1	95.9	19.7	19.1	1.029	80.36	0.80
霍吉河	辉钼矿石英脉	BGH11	L+V(6)	石英	−7.8	211.3	11.5	3.8	96.2	19.6	20.8	0.940	114.25	1.14
	无矿石英脉	BGH13	L+V(4)	石英	−8.9	340.5	12.8	4.3	95.7	19.7	25.0	0.791	114.87	1.15
		BGH12	L+V(4)	石英	−0.4	112.8	0.8	0.2	99.8	18.1	18.8	0.961	181.36	1.81
鹿鸣	辉钼矿石英脉	BGL1241	L+V(3)	石英	−9.1	367.7	12.9	4.4	95.6	19.8	26.2	0.753	228.54	2.29
		BGL1242	L+V(4)	石英	−6.7/−9.1	239.6	10.1	3.3	96.7	19.4	21.6	0.896	124.51	1.25
		BGL21	L+V(4)	石英	−9.5	261.0	13.4	4.5	95.5	19.8	22.0	0.901	127.96	1.28
		BGL13	L+V(5)	石英	−6.8	269.0	10.2	3.4	96.6	19.4	22.5	0.861	160.65	1.61
		BGL14	L+V(4)	石英	−6.2	222.5	9.5	3.1	96.9	19.3	21.1	0.911	89.22	0.89
		BGL16	L+V(4)	石英	−9.7	296.0	13.6	4.6	95.4	19.9	23.1	0.860	180.37	1.80
		BGL20	L+V(4)	石英	−7.9	251.0	11.6	3.9	96.1	19.6	21.8	0.896	149.14	1.49
	无矿石英脉	BGL12	L+V(5)	石英	−3.3	177.0	5.4	1.7	98.3	18.7	20.1	0.931	72.48	0.72
		BGL1243	L+V(4)	石英	−3.7	133.5	6.0	1.9	98.1	18.8	19.2	0.976	118.19	1.18
		BGL1244	L+V(4)	石英	−2.6	148.0	4.3	1.4	98.6	18.5	19.5	0.953	246.78	2.47
		BGL11	L+V(5)	石英	−4.0	186.2	6.4	2.1	97.9	18.8	20.3	0.929	141.78	1.42
		BGL15	L+V(5)	石英	−3.0	191.8	4.9	1.6	98.4	18.6	20.4	0.912	98.60	0.99
		BGL23	L+V(5)	石英	−3.9	177.2	6.2	2.0	98.0	18.8	20.1	0.937	198.72	1.99
二段	矿石中的石英	BGR1	L+V(3)	石英	−10.0	258.0	13.9	4.8	95.2	19.9	21.9	0.910	168.40	1.68
		BGR3	L+V(5)	石英	−5.6	272.4	8.7	2.9	97.1	19.2	22.8	0.842	175.21	1.75
		BGR4	L+V(5)	石英	−3.9	176.6	6.2	2.0	98.0	18.8	20.1	0.937	118.46	1.18
大安河	石英硫化物脉	BGDA2	L+V(3)	石英	−7.8	270.3	11.5	3.8	96.2	19.6	22.4	0.871	182.50	1.83
	方解石脉	BGDA1	L+V(5)	方解石	−2.4	171.6	4.0	1.3	98.7	18.5	20.0	0.928	173.22	1.73

注：由西安地质矿产研究所实验测试中心测试。

表 6-10 燕山早期成矿系列石英流体包裹体特征及参数

矿床	成矿阶段/矿物产状	样号	类型（测定数量）	冰点 T_m(℃)		均一温度 T_h(℃)		盐度 W_{NACL}(%)		密度 ρ(g/cm³)		压力 P(×10⁵Pa)		深度 H(m)	
				范围	平均	范围	平均	范围	平均	范围	平均	范围	平均	范围	平均
翠宏山	辉钼矿化阶段和铜铅锌矿化阶段	CB18	①L+V(35)	−6.3/−5.6		189.7/326.5	255.80	8.68/9.60	8.80				171.39		1.71
			L+V+S(4)			291.0/330.5	360.78	27.29/40.17	38.14				242.80		2.43
		CB01	①L+V(30)	−5.7/−4.0		243.2/310.4	283.60	6.44/8.81	7.68				189.86		1.90
		CHS-W1	②L+V(13)			176.6/223.7	206.12						120.70		1.21
			L+V+S(3)			311.8/341.6	331.53	38.79/40.97	40.20				223.13		2.23
		CB03	①L+V(42)	−4.2/−2.0		178.2/371.4	251.21	3.37/6.72	5.12				167.66		1.68
			L+V+S(5)			336.7/371.4	360.70	40.59/43.2	42.40				242.78		2.43
		CB05	①L+V(10)	−3.9/−4.3		197.3/243.2	223.30	6.29/6.72	6.58				149.34		1.49
			L+V+S(6)			239.9/345.3	310.70	37.15/41.15	38.80				209.10		2.09
小西林	块状硫化物矿石	BGS41	①L+V(7)	−1.8/−0.3	−0.9	221.3/303.3	272.7	0.53/3.06	1.58	0.71/0.86	0.76	140.84/199.31	177.74	1.4/2.0	1.7
			①L+V(7)	−4.2/1.5−	−3.2	211.4/297.0	247.4	2.57/6.74	5.20	0.73/0.89	0.84	141.40/196.57	162.27	1.4/2.0	1.6
			①L+V(3)	−3.5/−3.0	−3.2	188.6/205.9	198.0	4.96/5.71	5.26	0.89/0.91	0.90	125.99/137.38	132.15	1.36/1.4	1.3
		BGS42	L+L+V(1)	+7.2	+7.2	273.7	273.7	5.33	5.33	0.80	0.80	182.74	182.74	1.8	1.8
			L+L+V(1)	+7.4	+7.4	378.3	378.3	4.98	4.98	0.60	0.60	252.42	252.42	2.5	2.5
			①L+V(4)	−3.4/−1.4	−2.9	343.1/398.3	376.3	2.41/5.56	4.70	0.56/0.68	0.60	229.1/266.02	250.65	2.3/2.7	2.7
			①L+V(3)	−4.6/−2.2	−3.2	233.2/253.8	243.4	3.71/7.31	5.58	0.83/0.85	0.84	155.12/169.55	162.48	1.6/1.7	1.6
霍吉河	无矿或贫矿石英脉	HJ04	①L+V(19)	−4.5/−6.3		197.2/353.7	294.30	7.15/9.60	8.39				197.13		1.97
		HJ05	①L+V(30)	−3.4/−6.3		275.1/364.4	323.02	5.55/9.60	7.17				216.16		2.16
		HJ05	②L+V(6)			150.3/327.3	204.83						119.94		1.20
		HZK1	①L+V(30)	−3.2/−5.0		236.5/342.5	292.02	5.25/7.86	6.55				195.29		1.95
		H-B49	①L+V(11)	−5.4/−5.5		158.3/337.2	268.67	8.40/8.54	8.47				179.97		1.80

续表 6 - 10

矿床	成矿阶段/矿物产状	样号	类型（测定数量）	冰点 T_m(℃)		均一温度 T_h(℃)		盐度 W_{NACL}(%)		密度 ρ(g/cm³)		压力 P(×10⁵Pa)		深度 H(m)	
				范围	平均	范围	平均	范围	平均	范围	平均	范围	平均	范围	平均
霍吉河	辉钼矿石英脉	G	L+V+S(5)			318/632	435.4	39.23/42.42	40.40		1.15		293.04		2.9
		BGH41	①L+V(15)	−4.7/−2.2	−3.2	324.0/373.6	348.0	3.71/7.45	5.22	0.51/0.79	0.66	215.97/248.91	229.83	2.2/2.5	2.3
			L+V+S(1)		0.0		376.4		29.66		0.51		253.21	2.5	2.5
			L+V+S(1)		0.0		253.3		29.66		0.79		148.32	1.4	1.4
		G	②L+V(34)			185.3/360	281.4	0.18/7.99	4.20		0.78		187.45		1.87
		HJ06	①L+V(32)	−1.1/−4.1		152.3/430.0	272.10	1.90/6.58	4.16				293.04		2.93
		HJ06	L+V+S(3)			346.8/420.8	372.27	41.29/47.6	43.44				232.30		2.32
		HJ06	②L+V(12)			163.4/402.7	266.19						253.21		2.53
		H - K3	①L+V(19)	−3.9/−4.3		255.7/430.0	316.20	6.29/6.87	6.48				170.40		1.70
		H - K3	②L+V(18)			206.7/367.8	309.66						187.45		1.87
		H - W3	①L+V(60)	−1.8/−3.3		178.3/388.3	281.50	3.05/5.40	4.00				181.23		1.81
翠宏山	辉钼矿化阶段和铜铅锌矿化阶段	CB18	①L+V(35)	−6.3/−5.6		189.7/326.5	255.80	8.68/9.60	8.80				171.39		1.71
			L+V+S(4)			291.0/330.5	360.78	27.29/40.17	38.14				242.80		2.43
		CB01	①L+V(30)	−5.7/−4.0		243.2/310.4	283.60	6.44/8.81	7.68				189.86	1.90	
		CHS - W1	②L+V(13)			176.6/223.7	206.12						120.70		1.21
			L+V+S(3)			311.8/341.6	331.53	38.79/40.97	40.20				223.13		2.23
		CB03	①L+V(42)	−4.2/−2.0		178.2/371.4	251.21	3.37/6.72	5.12				167.66		1.68
			L+V+S(5)			336.7/371.4	360.70	40.59/43.2	42.40				242.78		2.43
		CB05	①L+V(10)	−3.9/−4.3		197.3/243.2	223.30	6.29/6.72	6.58				149.34		1.49
			L+V+S(6)			239.9/345.3	310.70	37.15/41.15	38.80				209.10		2.09
			②L+V(5)			211.6/334.7	254.44						250.57		2.51
		H - W1	①L+V(50)	−1.8/−3.5		185.3/360.1	277.14	3.05/5.70	4.36				155.87		1.56
			L+V+S(4)			318.0/386.5	346.88	39.23/44.7	41.45				211.44		2.11

续表 6-10

矿床	成矿阶段/矿物产状	样号	类型（测定数量）	冰点 T_m(℃)		均一温度 T_h(℃)		盐度 W_{NACL}(%)		密度 ρ(g/cm^3)		压力 P(×10^5Pa)		深度 H(m)	
				范围	平均	范围	平均	范围	平均	范围	平均	范围	平均	范围	平均
翠宏山	矿化物石英脉	HZK2	②L+V(20)			168.4/250.5	208.22						181.32		1.81
		H-W8	①L+V(18)	−0.4/−4.3		196.0/360.7	277.44	0.70/6.90	3.13				187.41		1.87
鹿鸣	辉钼矿石英脉	L04	①L+V(19)	−4.4/−3.1		160.7/319.3	244.6	5.09/7.01	6.03				163.47		1.63
		L05	①L+V(5)	−5.5/−4.7		215.7/319.2	288.7	7.44/8.54	7.96				193.32		1.93
		L07	②L+V(5)			234.6/362.3	290.2						169.93		1.70
		L-W5	①L+V(5)	−4.5/−0.5		156.6/410.2	219.1	0.87/7.15	2.74				145.15		1.45
	硫化物石英脉	L-W5	②L+V(5)			150.3/228.1	232.3						136.03		1.36
		L-W8	①L+V(5)	−0.6/−3.8		165.3/386.9	176.1	1.05/6.14	2.41				116.43		1.16
弓棚子	石英硫化物阶段	BGG43	①L+V(12)	−3.6/−0.7	−1.7	216.9/295.9	237.4	1.4/6.16	2.81	0.70/0.87	0.73	141.92/221.32	156.82	1.4/2.2	1.6
			①L+V(9)	−2.9/−1.9	−1.5	137.8/206.9	185.2	0.7/4.65	2.47	0.87/0.95	0.90	90.36/137.39	121.89	0.9/1.4	1.2
		BGG44	①L+V(4)	−2.2/0	−1.0	218.1/266.6	245.8	0.00/3.71	1.67	0.78/0.87	0.81	145.08/174.81	157.21	1.5/1.7	1.6
			①L+V(3)	−3.0/−0.5	−1.4	290.2/344.2	322.1	0.88/4.96	3.09	0.62/0.75	0.69	187.46/224.38	212.28	1.9/2.2	2.1
			①L+V(5)	−2.7/−0.9	−1.8	141.4/187.2	166.0	1.57/4.49	3.04	0.91/0.95	0.92	92.72/124.78	109.87	0.9/1.2	1.1

注：由桂林理工大学地球科学学院流体包裹体实验室测试，鹿鸣(L—)、霍吉河(H—)和翠宏山据陈静(2011)，霍吉河(G)据郭嘉(2009)。

计算温度为300～596℃，平均为381.63℃，代表主成矿阶段成矿温度。小西林和二段矿石中石英包裹体均一温度为188.6～398.3℃，平均为273.93℃，代表石英-硫化物阶段成矿温度。无矿石英包裹体均一温度为176.60℃。由热液石英包裹体估算盐度，小西林为(0.53～7.31)%NaCl，平均为4.21%NaCl，流体密度平均为0.78 g/cm³。二段成矿流体盐度为(6.2～13.90)%NaCl。估算的成矿压力最大值为266.02×10⁵Pa，推断的成矿深度为2.7km。

霍吉河：采自Ⅰ号矿体中的含辉钼矿石英细脉，7件样品中有3件因包裹体不发育无法测试。包裹体类型有①、②、④三种。①类和②类包裹体在含矿石英脉和无矿石英脉中均可见到，多成群随机分布或孤立分布或呈串状分布。①类形态多呈长方形、椭圆形、近圆形，少量不规则形，大小(长轴)为5～18μm，多集中在6～10μm，气相体积占总体积的20%～45%，多为30%～40%。②类形态较规则，呈椭圆形或长方形，大小(长轴)7～10μm，气相体积占总体积的50%～60%。④类发育于含辉钼矿石英细脉中。孤立分布或成群分布，形态长方形、近椭圆形，大小(长轴)为8～12μm，气相体积占总体积的5%～25%，含子矿物1～2个，多为NaCl子晶，个别含KCl子晶矿物。辉钼矿石英脉流体包裹体液相成分以水为主，阳离子成分以Na^+、Ca^{2+}为主，阴离子成分以SO_4^{2-}、Cl^-为主。气相成分以H_2O为主，含CO_2和N_2等。测得辉钼矿石英脉流体包裹体均一温度为211.30～435.40℃，平均为290.82℃；无矿或贫矿石英脉为112.80～323.02℃，平均为286.78℃；石英硫化物脉为208.22～277.44℃，平均为241.00℃。它们分别代表钼成矿期的主矿化阶段及其之后的弱矿化和无矿化阶段的成矿温度。估算的成矿流体盐度为(0.80～43.44)%NaCl，可见高盐度与低盐度包裹体共存现象。估算的成矿压力为(114.25～293.04)×10^5Pa，推测的成矿深度为3.0km。

鹿鸣：样品均采自主矿体的硫化物石英脉。流体包裹体多为①类，②类较少。①类在辉钼矿石英脉、硫化物石英脉和无矿或贫矿石英脉中均可见到，成群随机分布或孤立分布。②类仅见于辉钼矿石英脉中，多与①类共存或孤立分布。①类包裹体形态多为不规则状、少量近方形和长条形，大小(长轴)8～50μm，多集中在8～20μm，气相体积占总体积的5%～45%，多集中在10%～25%。②类包裹体大小5～20μm，多为浑圆形、椭圆形和不规则状，气相颜色较深，气液比>60%，甚至为纯气相。热液石英流体包裹体液相成分以水为主，阳离子成分以Na^+、Ca^{2+}为主，阴离子成分以SO_4^{2-}、Cl^-为主。气相成分以H_2O为主，含CO_2和N_2等。辉钼矿石英脉流体包裹体均一温度为219.10～367.70℃，平均为260.74℃；石英硫化物脉为176.10～232.30℃；无矿或贫矿石英脉为177.00～191.80℃。它们分别代表成矿期的主矿化阶段及其之后的弱铜矿化和无矿化阶段的成矿温度。估算出成矿流体对应的平均盐度分别为主矿化阶段(2.74～13.60)% NaCl、2.41% NaCl和(4.30～6.40)% NaCl，可见高盐度与低盐度包裹体共存现象。估算的成矿压力为(72.48～246.78)×10^5Pa，推测的成矿深度为2.5km。

弓棚子和五道岭：弓棚子主矿体中石英不发育，4件样品采自含主井附近，为含黄铜矿石英，其中有2件找不到可测包裹体。包裹体类型比较单一，均为①类型包裹体，且气相较少。包裹体成群随机分布或孤立分布，形态较规则，多为椭圆状、近圆状，少量长方形，个别不规则状。包裹体大小(长轴)为5～18 μm，多集中在6～13 μm，气相体积占总体积的5%～35%，多集中在5%～20%。弓棚子磁黄铁矿包裹体液相成分以水为主，阳离子成分以Ca^{2+}和Mg^{2+}为主，次为Na^+、K^+，阴离子成分以SO_4^{2-}、Cl^-为主。气相成分以H_2O为主，含CO_2等。五道岭黄铁矿包裹体液相成分以水为主，阳离子成分以Ca^{2+}和Na^+为主，阴离子成分以SO_4^{2-}、Cl^-为主，气相成分以H_2O为主。弓棚子由黄铜矿与黄铁矿硫同位素对计算出的成矿温度为310℃，五道岭石榴子石和磁铁矿爆裂温度分别为400℃和385℃，代表氧化物阶段磁铁矿形成温度；镜铁矿、矿铁矿和黄铜矿爆裂温度分别为330℃、380～390℃和255℃，代表硫化物阶段成矿温度。弓棚子热液石英包裹体均一温度为166.00～322.10℃，平均为221.06℃，代表成矿晚阶段流体温度。由包裹体估算的成矿流体盐度为(1.67～3.09)%NaCl，成矿压力为(109.87～212.28)×10^5Pa,推测的成矿深度为2.1km。

大安河和二股西山:包裹体类型比较单一,均为①类型包裹体,其特征与弓棚子基本相似。二股西山磁黄铁矿流体包裹体液相成分以水为主,阳离子成分以Na^+和Ca^{2+}为主,次为Mg^{2+}或K^+,阴离子成分以SO_4^{2-}、Cl^-为主。气相成分以H_2O为主,含CO_2等。二股西山闪锌矿和方铅矿包裹体液相成分以水为主,阳离子成分以Ca^{2+}为主,阴离子成分以SO_4^{2-}、Cl^-为主。气相成分以H_2O为主,含CO_2等。大安河透辉石和方柱石爆裂温度为381～517℃,热液石英包裹体均一温度为131～339℃,热液方解石为171.6℃,分别代表矽卡岩阶段、石英硫化物阶段和碳酸盐化阶段的成矿温度。估算的成矿流体盐度为(1.67～3.09)% NaCl,成矿压力为(109.87～212.28)×10^5Pa,推测的成矿深度为2.1km。

综上所述,该成矿系列成矿流体液相和气相成分均以水为主,液相阳离子以Na^+和Ca^{2+}为主,阴离子以SO_4^{2-}和Cl^-为主,成矿流体属H_2O-NaCI体系。流体包裹体的Na^+/K^+值为1.68～59.70,平均为8.79,$Na^+/(Ca^{2+}+Mg^{2+})$值一般<1,平均为0.58,Ca^{2+}/Mg^{2+}值一般>1,平均为9.17。除霍吉河外,F^-/Cl^-值均<1,平均为0.36(表6-11)。流体成分与中国大陆内部浆控高温热液型矿床相似(陈衍景等,2009)。氧化物阶段成矿温度大致为380～500℃,钼铜铅锌主要矿化阶段成矿温度大致为250～360℃,推测的成矿深度为2～3km。成矿流体盐度变化较大,气液两相包裹体盐度一般为(3～13)%NaCl,含子矿物多相包裹体盐度为(30～47)%NaCl。可见高盐度的含子矿物多相包裹体和低盐度的富气相包裹体、低温流体和高温流体共存。这些现象说明在成矿过程中,高温高压流体(超临界流体)在向上运移过程中分离成高盐度高密度流体和低盐度低密度两相流体(Hedenquist et al,1994),或可能发生过岩浆热液与大气水相互混合(华仁民,1994)及流体沸腾作用(张德会,1997)。

表6-11　燕山早期成矿系列包裹体元素比值列表

矿床	Na^+/K^+		$Na^+/(Ca^{2+}+Mg^{2+})$		Ca^{2+}/Mg^{2+}		F^-/Cl^-	
	区间	平均	区间	平均	区间	平均	区间	平均
翠宏山	11.39	11.39	0.35	0.35	18.94	18.94	0.71	0.71
库南	4.21～59.70	23.35	0.04－0.17	0.11	2.06－9.95	6.03	0.11－0.60	0.33
霍吉河	3.54～9.79	6.60	0.21～0.33	0.28	12.02～17.13	11.20	1.08	1.08
鹿鸣	3.12～24.83	12.47	0.45～1.89	1.45	4.74～8.03	6.13	0.06～0.30	0.13
二股西山	3.56～7.06	5.20	0.01～0.32	0.07	1.47～28.69	16.42	0.07～1.41	0.55
大安河	1.68～6.35	4.01	0.40～2.54	0.85	7.61	7.61	0.13～0.94	0.54
弓棚子	2.28	2.28	0.13	0.13	2.07	2.07	0.03	0.03
五道岭	4.91	4.91	0.45	0.45	11.47	11.47	0.84	0.84
袁家屯	1.86～2.98	2.38	0.09～0.18	0.14	4.72～11.22	7.97	0.17～0.29	0.24
小西林	2.18～4.44	3.12	0.12～0.36	0.32	0.80～3.13	1.81	0.32～1.04	0.76
二段	6.26～11.90	9.08	1.21～1.57	1.39	5.77～7.46	6.62	0.03～0.04	0.04
平均	8.79		0.58		9.17		0.36	

五、成因与构造环境

张旗等(2006,2012)根据花岗岩类Sr和Yb含量,以Sr=400×10^{-6}和Yb=2×10^{-6}为界,将成

矿花岗岩类划分为5类：Ⅰ-高 Sr 高 Yb 型，Ⅱ-低 Sr 低 Yb 型，Ⅲ-高 Sr 低 Yb 型，Ⅳ-低 Sr 高 Yb 型和Ⅴ-非常低 Sr 高 Yb 型。据此，研究区花岗岩类主要可划分为高 Sr 低 Yb 型（埃达克型）、低 Sr 高 Yb 型（浙闽型）、低 Sr 低 Yb 型（南岭型或 A 型）和非常低 Sr 高 Yb 型（喜马拉雅型）（图6-8）。

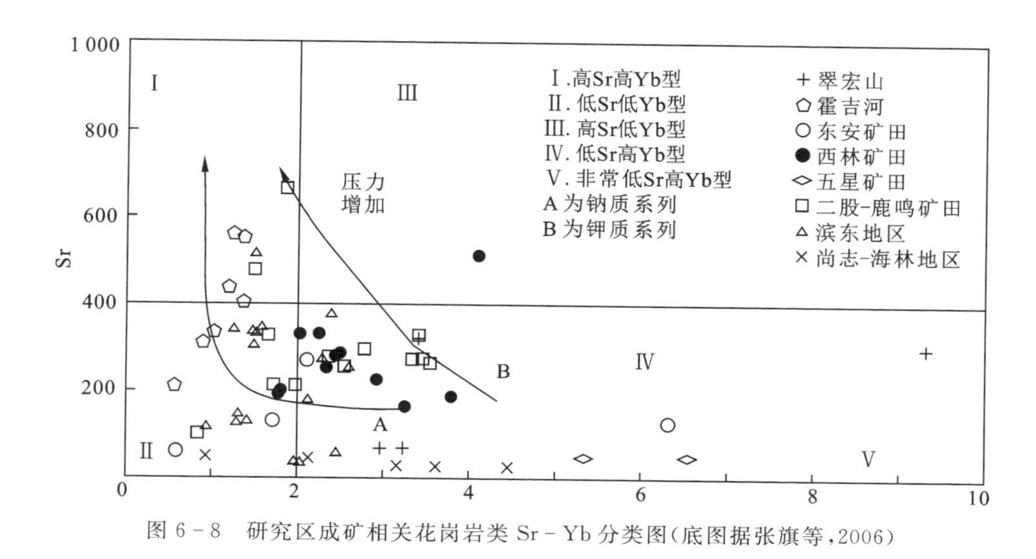

图6-8 研究区成矿相关花岗岩类 Sr-Yb 分类图（底图据张旗等，2006）

高 Sr 低 Yb 型：该类型主要为霍吉河二长花岗岩和花岗闪长岩。岩石 Sr 含量较高，平均430.17 $\times10^{-6}$，Yb 含量为（0.57～1.60）$\times10^{-6}$，平均为1.17 $\times10^{-6}$。LREE 富集，$(La/Yb)_N$ 为10.96～24.99，有轻微的铕负异常，δEu 为0.73～0.95，平均0.84。Al_2O_3 为13.52%～15.11%，平均为14.5%。Yb 亏损和 Sr 富集及弱负铕异常表明，源区可能有石榴子石+辉石±角闪石±斜长石存在，形成深度大于50km，压力通常大于1.2Ga。此外，大安河辉石闪长岩和二股公路桥的细粒花岗闪长岩也属该类型。

低 Sr 高 Yb 型：是研究区的主要类型，包括翠宏山碱长花岗岩，高岗山碱长花岗岩，小西林和二段地区的花岗闪长岩，鹿鸣-二股地区二长花岗岩、碱长花岗岩和花岗闪长岩，滨东地区正长花岗岩、二长花岗岩、花岗斑岩和花岗闪长岩。岩石 Sr 含量一般为（106～377）$\times10^{-6}$，平均256.74 $\times10^{-6}$，Yb 为（0.84～18.39）$\times10^{-6}$，平均4.19 $\times10^{-6}$。岩石 LREE 较富集，$(La/Yb)_N$ 为1.40～18.54，平均8.27。岩石的 δEu 一般为0.41～0.70。Al_2O_3 为11.65%～16.74%，平均为14.56%。该类型花岗岩特点是残留相为角闪岩相（斜长石+角闪石+辉石），有中等铕异常，形成时的压力条件较低（张旗等，2006），估计其压力 <0.8GPa 或 <1GPa。在该类型花岗岩中，翠宏山细粒碱长花岗岩 $\delta Eu<0.3$，为构造岩浆演化晚期阶段形成的。二股、明理和袁家屯地区的花岗岩类的 $\delta Eu>0.72$，形成深度大于高岗山、小西林、二段和鹿鸣地区花岗岩类。

低 Sr 低 Yb 型：主要包括东安粗中粒碱长花岗岩、弓棚子花岗闪长岩和九三站碱长花岗岩，岩石 Sr 含量一般为（120.0～346.0）$\times10^{-6}$，平均232.5 $\times10^{-6}$，Yb 含量为（0.96～1.61）$\times10^{-6}$，平均1.38 $\times10^{-6}$。岩石 δEu 一般为0.5～0.96，平均为0.73。Al_2O_3 为10.52%～15.30%，平均为13.81%。九三站中粒碱长花岗岩 δEu 为1.60～2.20，可能与蚀变有关。一般地，该类型花岗岩可能是在中等压力下形成的（张旗等，2006），估计其压力至少大于0.8GPa，形成深度约为30km（Xiong et al，2005）。岩石 HREE 具平坦型的分布，Ho_N 与 Yb_N 大体相当，暗示角闪石可能是重要的残留相（陈静，2011）。

非常低 Sr 高 Yb 型：主要包括翠宏山细粒碱长花岗岩、五星花岗斑岩、五道岭正长花岗岩、海林林海的碱长花岗岩和尚志一面坡的正长花岗岩等。岩石 Sr 含量一般为（31.0～134.0）$\times10^{-6}$，平均

55.31×10^{-6}，Yb 含量平均为 3.04×10^{-6}。岩石 δEu 一般为 0.18～0.66，铕负异常较显著，为岩浆演化晚期阶段产物。Al_2O_3 为 11.79%～16.20%，平均为 12.96%。该类型花岗岩形成的压力可能非常低（<0.8GPa），许多 A 型花岗岩和高分异花岗岩均属于此类（葛文春等，2001；Wu et al，2002）。

按照 ISMA 型分类，在 $P_2O_5-SiO_2$ 和 $Pb-SiO_2$ 变化趋势图上，该区成矿相关花岗岩类与 I 型花岗岩变化趋势相似（图 6－9）。在 $Ce-SiO_2$、$Nb-SiO_2$、$Zr-SiO_2$ 和 $Y-SiO_2$ 判别图上，成矿相关花岗岩类主要属 I 型花岗岩，只有翠宏山、东安、尚志-海林地区碱长花岗岩和正长花岗岩属 A 型花岗岩（图 6－10、图 6－11）。在 $(FeO^*/MgO)-(Zr+Nb+Ce+Y)$ 和 $[(K_2O+Na_2O)/CaO]-(Zr+Nb+Ce+Y)$ 判别图上，成矿花岗岩类样品多数投点于未分异花岗岩区域（图 6－12）。在 $(K_2O/MgO)-(10\,000\times Ga/Al)$ 和 $[(K_2O+Na_2O)/CaO]-(10\,000\times Ga/Al)$ 判别图上，样品绝大多数投点于 A 型花岗岩（洪大卫等，1995；周佐民，2011）区域（图 6－13）。

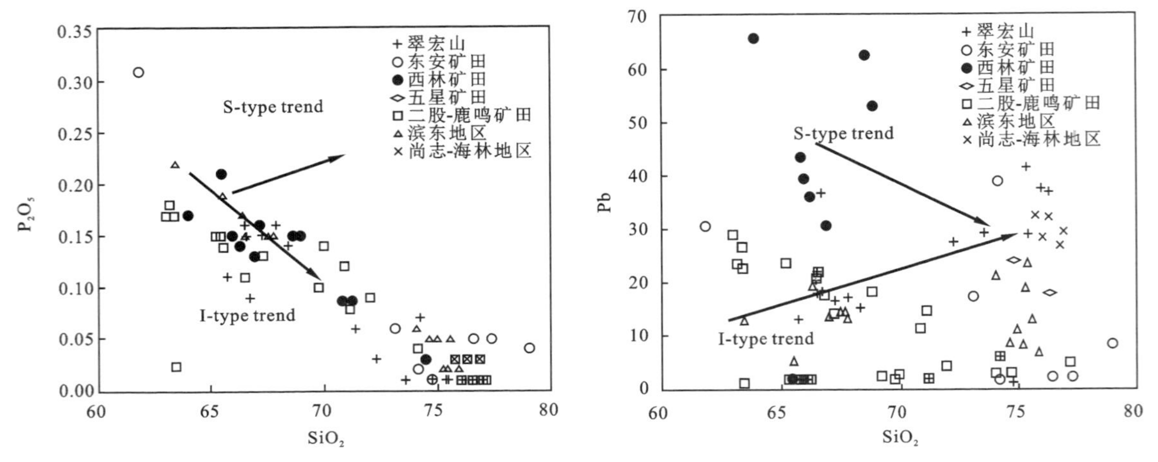

图 6－9 成矿相关花岗岩类 $P_2O_5-SiO_2$ 和 $Pb-SiO_2$ 变化趋势图

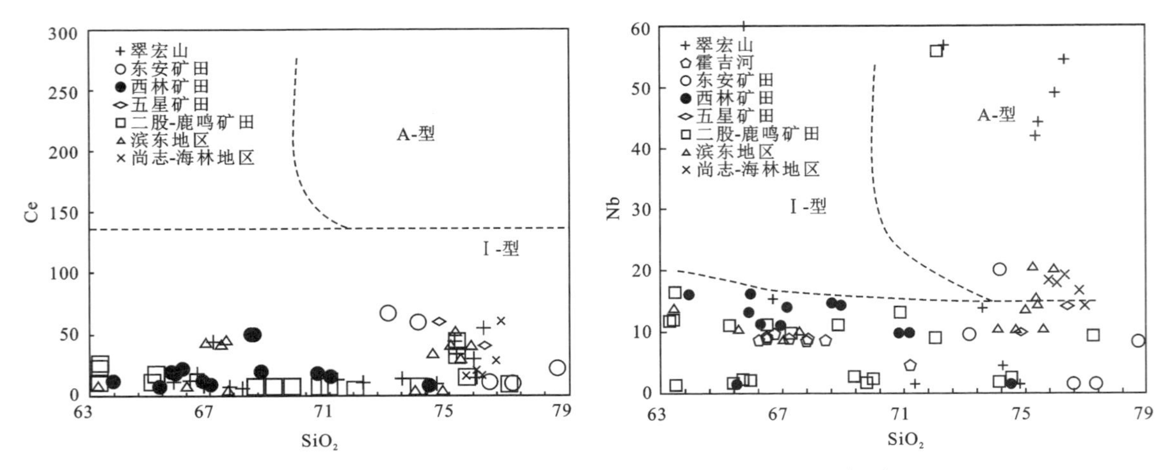

图 6－10 与成矿相关花岗岩类 $Ce-SiO_2$ 和 $Nb-SiO_2$ 判别图

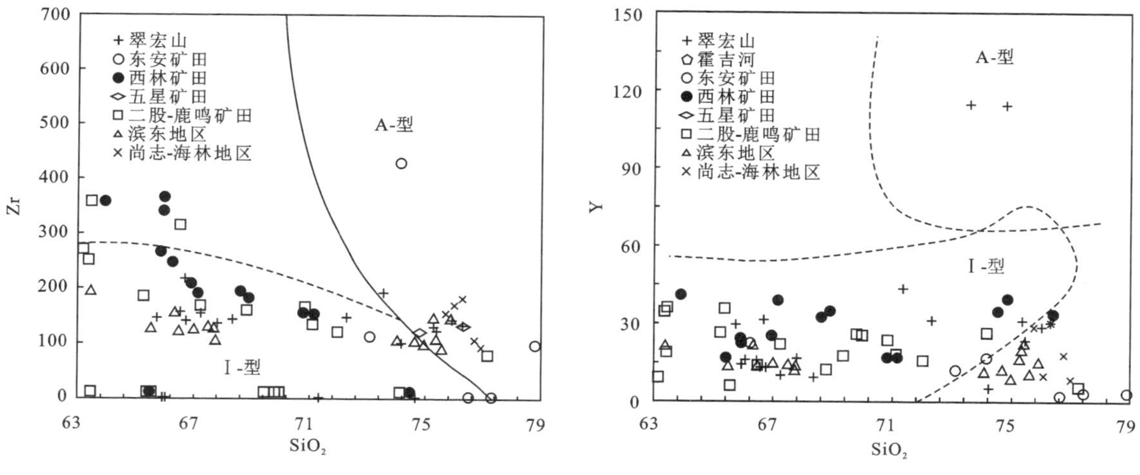

图 6-11 与成矿相关花岗岩类 Zr-SiO_2 和 Y-SiO_2 判别图

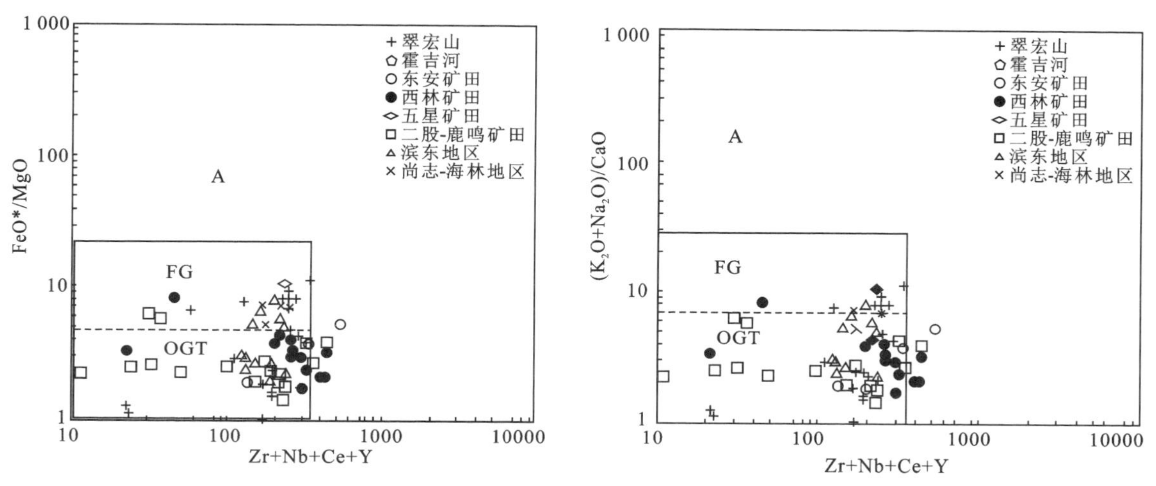

图 6-12 与成矿相关花岗岩类(FeO * /MgO)-(Zr+Nb+Ce+Y)和[(K_2O+Na_2O)/CaO]-(Zr+Nb+Ce+Y)判别图

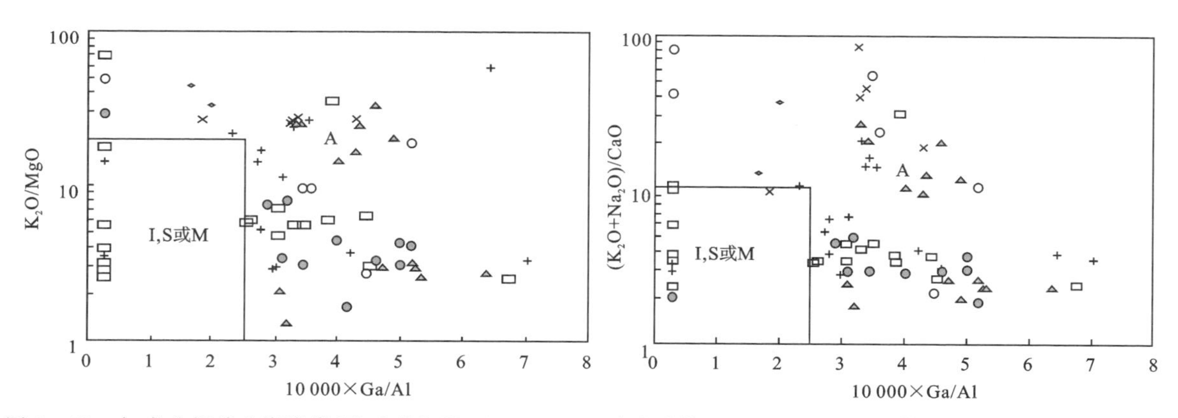

图 6-13 与成矿相关花岗岩类(K_2O/MgO)-(10 000×Ga/Al)和[(K_2O+Na_2O)/CaO]-(10 000×Ga/Al)判别图

按徐克勤等(1982)改造型、同熔型和幔源型的分类，该区燕山早期与成矿相关花岗岩类属同熔型花岗岩类。岩石 K/Rb、K/Cs、Rb/Cs、Rb/Li、Li×10^3/Mg 和 Rb/Sr 的值显示，具有华南同熔型花岗岩特征(表 6-12)。

表 6-12 燕山早期与成矿相关花岗岩类部分元素比值

岩石类型	K/Rb	K/Cs	Rb/Cs	Rb/Li	Li×10^3/Mg	Rb/Sr
粗中粒正长花岗岩	137.51	3 373.32	24.48	18.15	5.21	5.31
多斑状正长花岗岩	324.40	10 243.04	31.58	19.01	2.02	2.96
粗中粒碱长花岗岩	237.15	9 073.95	38.20	9.96	3.00	1.90
细粒—细中粒碱长花岗岩	133.96	8 682.41	69.59	66.70	1.09	1.86
斑状二长花岗岩	290.62	7 633.83	27.27	7.78	0.63	0.36
细中粒—中细粒二长花岗岩	262.14	13 275.75	47.66	13.96	1.67	0.73
细粒二长花岗岩	203.26	5 752.07	28.34	9.57	1.52	0.81
细中粒—中细粒花岗闪长岩	226.91	7489.68	31.57	14.55	1.37	0.87
细粒花岗闪长岩	197.96	5 402.04	27.25	9.48	1.16	0.65
似斑状花岗闪长岩	179.51	2 203.35	12.05	7.62	0.98	0.62
中粒花岗闪长岩	252.22	7 617.74	31.94	9.13	3.44	1.32
中粒石英闪长岩	237.49	6 062.71	25.53	10.55	0.51	0.49
辉石闪长岩	184.13	2 588.23	14.06	4.01	0.38	0.16
花岗斑岩	280.45	20 075.18	60.78	19.31	4.02	2.80
斑状花岗岩	210.29	10 325.34	65.23	36.87	1.46	0.78
华南同熔型花岗岩	240.00	8 641.00	34.40	15.50	7.60	0.40
华南改造型花岗岩	67.00	1 225.00	22.20	8.80	276.10	11.70

在 Rb-(Y+Nb)和 Nb-Y 构造环境判别图解中，绝大多数样品落入后碰撞花岗岩区(图 6-14)。

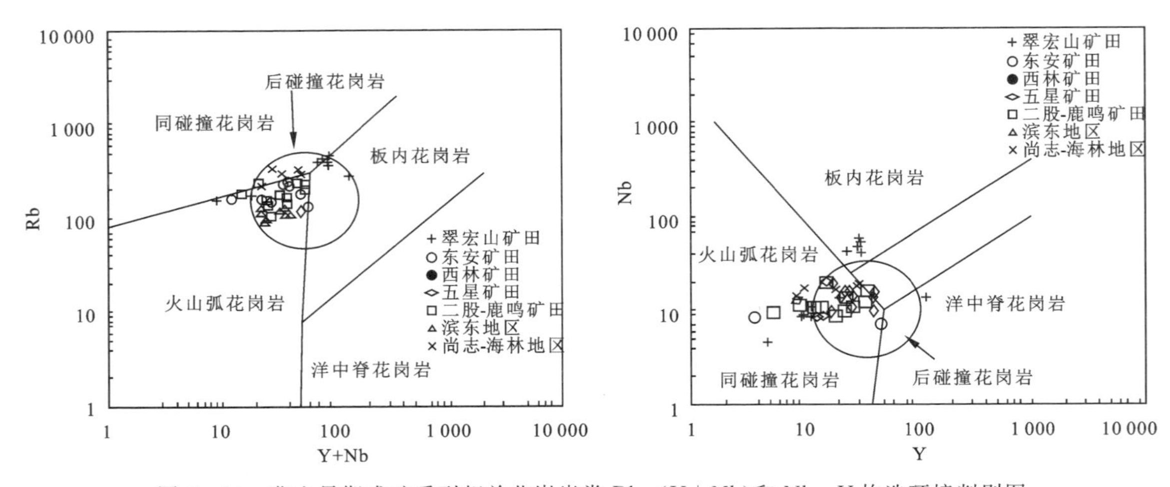

图 6-14 燕山早期成矿系列相关花岗岩类 Rb-(Y+Nb)和 Nb-Y 构造环境判别图

第二节　燕山晚期成矿系列

一、主量元素

东安和高松山矿区中酸性火山岩的 SiO_2 含量为71.31%～78.85%，平均为75.29%。TiO_2 为0.15%～0.30%，平均为0.21%。K_2O+Na_2O 为6.08%～9.30%，平均为7.93%。K_2O/Na_2O 为1.14%～142.20%，平均为5.80%，具偏碱、高钾特征。矿区中酸性火山岩化学成分与区域光华组（或宁远村组）相近（表6-13），东安矿区英安岩 SiO_2 含量为68.50%～69.76%，平均为69.13%。TiO_2 为0.50%～0.70%，平均为0.60%。CaO含量为3.31%～3.49%，平均为3.40%。MgO含量为0.97%～1.06%，平均为1.02%。

中基性火山岩：高松山安山岩 SiO_2 含量为53.21%～57.48%，小西林矿区辉绿玢岩为43.92%～52.09%，甘河组（K_1g）为55.94%～59.51%（图6-15）。安山岩MgO含量为1.54%～2.76%，平均为2.06%，辉绿玢岩为3.43%～6.99%，平均为5.67%，甘河组为1.87～7.00，平均为3.43%。安山岩CaO质量分数为4.62%～6.35%，平均为5.29%，辉绿玢岩为6.78%～10.25%，平均为8.69%。

相关火山岩岩石化学分类命名如图6-15a所示。中酸性火山岩样品主要分布在英安岩—流纹岩区域。矿区中基性火山岩主要分布于（粗面）玄武安山岩-（粗面）安山岩区域。辉绿玢岩分布于（粗面）玄武岩-玄武安山岩或碧玄岩区域。矿区中基性火山岩主要位于亚碱性系列区域，而辉绿玢岩主要位于碱性系列。在 SiO_2-K_2O 图解中，中酸性火山岩样品主要分布于钾玄岩系列区域，而中基性火山岩主要分布于高钾钙碱性系列区域（图6-15b）。

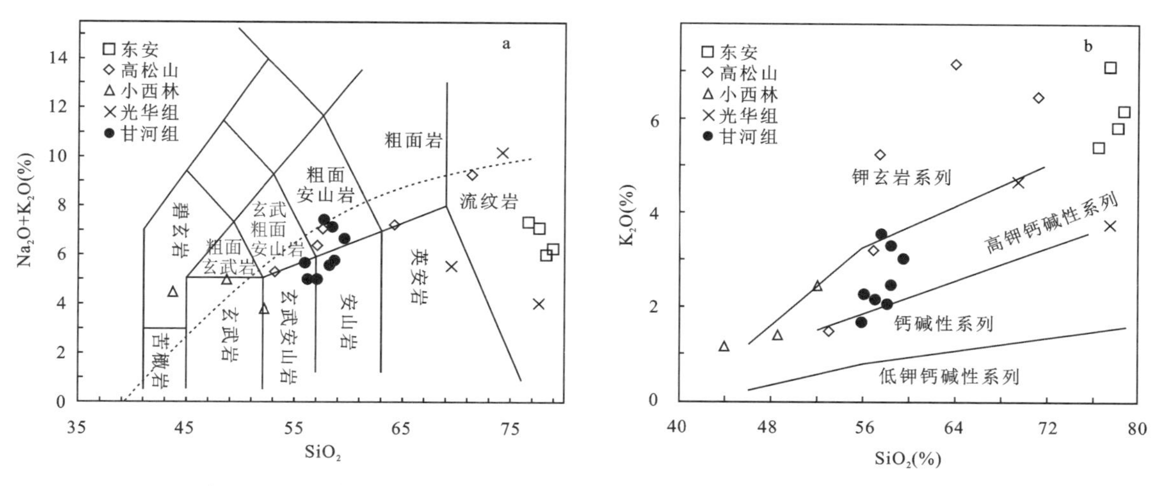

图6-15　研究区与成矿相关火山岩类TAS分类图(a)和 SiO_2-K_2O 图(b)

二、微量元素

相关火山岩微量元素含量如表6-13～表6-16所示。中酸性和中基性火山岩的∑REE分别为$(64.97\sim207.04)\times10^{-6}$和$(67.98\sim289.96)\times10^{-6}$，平均值分别为$137.11\times10^{-6}$和$160.77\times10^{-6}$，

表 6-13　燕山晚期与成矿相关火山岩类岩石化学分析结果及参数表

样号	矿床/地区	采样位置	岩性	SiO_2	TiO_2	Al_2O_3	Fe_2O_3	FeO	MnO	MgO	CaO	Na_2O	K_2O	P_2O_5	LOS	总量	K+Na	K/Na	A/CNK	σ
WLA1	东安	探矿坑道	潜流纹质凝灰岩	78.32	0.19	11.26	0.79	0.79	0.02	0.39	0.18	0.24	5.84	0.07	1.76	99.84	6.08	24.33	1.59	1.05
TWA41	东安	探矿坑道	潜流纹质凝灰岩	77.56	0.17	10.95	1.44	0.99	0.03	0.24	0.1	0.05	7.11	0.07	1.20	99.91	7.16	142.20	1.37	1.48
TWA49	东安	探矿坑道	潜流纹质凝灰岩	76.64	0.23	11.89	0.83	1.67	0.05	0.31	0.1	1.93	5.41	0.08	0.77	99.90	7.34	2.80	1.29	1.60
DA3	东安	探矿坑道	潜流纹岩	78.85	0.19	10.53	1.13	0.81	0.02	0.54	0.07	0.12	6.17	0.07	1.21	99.73	6.29	51.42	1.50	1.10
Gs7	东安	岩芯	潜流纹岩	72.13	0.20	12.97	0.82	1.99	0.04	0.68	0.72	3.99	5.06	0.02	1.05	99.67	9.05	1.27	0.97	2.81
Gs8	东安	岩芯	潜流纹岩	72.38	0.30	13.01	1.05	1.02	0.04	0.42	0.63	4.07	5.11	0.02	0.99	99.04	9.18	1.26	0.97	2.87
Gs9	东安	岩芯	潜流纹岩	75.11	0.15	13.12	0.89	1.07	0.02	0.29	0.60	4.23	4.83	0.02	0.51	100.84	9.06	1.14	0.99	2.56
GSS7-1	高松山	岩芯	流纹岩	71.31	0.25	15.87	0.84	0.56	0.02	0.47	0.09	2.85	6.45	0.04	1.33	100.09	9.3	2.26	1.34	3.06
B4	光华组		酸性火山岩	69.60	0.20	15.38	3.83	0.20	0.03	0.60	0.21	0.91	4.67	0.20	4.33	100.17	5.58	5.13	2.21	1.17
B1			酸性火山岩	74.14	0.08	12.40	0.91	0.12	0.00	0.24	0.95	0.49	9.70	0.05	0.86	99.95	10.19	19.80	0.95	3.33
B9			酸性火山岩	77.62	0.10	13.20	0.88	0.12	0.02	0.63	0.17	0.27	3.73	0.05	2.67	99.47	4.00	13.81	2.75	0.46
B3			酸性火山岩	81.18	0.14	9.79	1.35	0.16	0.03	0.47	0.12	0.27	5.04	0.10	1.42	99.98	5.31	18.67	1.60	0.74
Gs5	东安	岩芯	英安岩	68.50	0.50	15.25	2.22	2.49	0.05	0.97	3.49	2.85	2.95	0.05	1.55	100.87	5.8	1.04	1.60	1.32
Gs6	东安	岩芯	英安岩	69.76	0.70	14.29	1.44	2.78	0.04	1.06	3.31	2.78	3.06	0.03	1.41	100.66	5.84	1.10	1.07	1.27
GSS3-1	高松山	岩芯	安山岩	53.21	1.98	16.90	3.07	4.44	0.11	1.88	6.35	3.84	1.50	0.42	6.06	99.75	5.34	0.39	1.03	2.79
FQ3-2	高松山	主井	安山岩	57.48	1.20	15.36	4.96	1.28	0.08	1.54	4.62	1.81	5.23	0.24	6.09	99.89	7.04	2.89	0.87	3.42
FQ3-4	高松山	主井	安山岩	56.99	1.30	16.88	4.62	2.64	0.06	2.76	4.91	3.20	3.18	0.26	3.05	99.84	6.38	0.99	0.90	2.91
FQ3-3	高松山	主井	粗面安山质凝灰岩	64.14	1.28	16.33	3.19	1.78	0.03	1.35	0.62	0.15	7.13	0.31	3.75	100.05	7.28	47.53	0.96	2.51
XXL1	小西林	+87m 采场	辉绿玢岩	43.92	1.33	16.38	3.85	9.62	0.21	3.43	6.78	3.14	1.15	0.32	9.38	99.51	4.29	0.37	1.79	20.00
XXL2	小西林	+87m 采场	辉绿玢岩	52.09	0.9	16.7	2.11	6.86	0.72	6.60	9.85	1.40	2.44	0.21	0.12	99.88	3.84	1.74	0.87	1.62
XXL3	小西林	+87m 采场	辉绿玢岩	48.54	1.22	16.06	6.96	2.57	0.10	6.99	10.25	3.66	1.4	0.2	2.05	97.95	5.06	0.38	0.73	4.62

续表 6-13

样号	矿床/地区	采样位置	岩性	SiO_2	TiO_2	Al_2O_3	Fe_2O_3	FeO	MnO	MgO	CaO	Na_2O	K_2O	P_2O_5	LOS	总量	K+Na	K/Na	A/CNK	σ
b5138	甘河组		中基性火山岩	59.51	0.65	18.10	3.95	1.81	0.12	2.32	4.49	3.68	3.04	0.33	2.43	100.38	6.72	0.83	0.61	2.74
B5124			中基性火山岩	58.51	1.14	16.13	1.10	4.62	0.17	3.83	6.14	3.26	2.48	0.25	2.98	100.18	5.74	0.76	1.03	2.12
B6108			中基性火山岩	58.45	1.88	16.14	5.52	1.87	0.08	2.21	4.43	3.82	3.30	0.44	1.49	99.79	7.12	0.86	0.84	3.28
B5140-1			中基性火山岩	58.15	1.10	16.19	4.71	3.07	0.07	3.39	5.69	3.48	2.08	0.25	1.80	99.93	5.56	0.60	0.90	2.04
b6069			中基性火山岩	57.64	1.79	15.70	1.95	4.87	0.13	1.87	5.06	3.91	3.54	0.42	4.83	100.08	7.45	0.91	0.88	3.79
b6082-1			中基性火山岩	57.07	1.06	15.10	3.63	3.89	0.14	4.83	6.39	2.86	2.16	0.21	2.11	99.53	5.02	0.76	0.81	1.79
b607			中基性火山岩	56.15	1.07	14.73	1.80	5.12	0.15	7.00	6.25	2.76	2.27	0.23	2.80	99.97	5.03	0.82	0.81	1.92
B3112			中基性火山岩	55.94	1.24	19.27	4.63	2.10	0.08	2.02	7.05	4.00	1.71	0.24	2.37	100.48	5.71	0.43	0.80	2.52

注:测试单位为国土资源部东北矿产资源监督检测中心。质量分数单位为$\times10^{-2}$。Gs5～Gs9 据黑龙江 707 队,逊克地区 4 件火山岩样品据区域地质调查报告。光华组据陈静,2011。

表 6-14 东安和高松山矿区火山岩类稀土元素分析结果表

矿床	样号	La	Ce	Pr	Nd	Sm	Eu	Gd	Tb	Dy	Ho	Er	Tm	Yb	Lu	Y	∑REE	∑Ce/∑Y	$(La/Yb)_N$	$(La/Sm)_N$	$(Gd/Yb)_N$	δEu	δCe
东安	WLA1	21.34	39.68	4.34	14.1	2.19	0.81	1.83	0.25	1.39	0.27	0.74	0.13	0.94	0.13	7.70	95.82	2.32	15.28	6.12	1.57	1.26	1.07
	TWA41	20.20	39.40	3.72	14.5	2.41	1.08	2.87	0.27	1.7	0.34	0.9	0.22	1.08	0.21	10.20	99.10	1.63	12.61	5.27	2.14	1.33	1.16
	TWA49	17.40	33.30	3.36	12.9	2.09	0.59	2.56	0.23	1.27	0.26	0.72	0.17	0.87	0.22	7.43	83.37	1.80	13.48	5.24	2.37	0.83	1.12
	DA3	27.15	60.40	6.54	27.48	4.88	1.83	4.36	0.76	4.56	0.83	2.24	0.38	2.57	0.23	19.38	163.59	1.22	7.12	3.50	1.37	1.25	1.19
高松山	GSS3-1	30.76	72.32	7.96	34.63	6.76	1.94	6.15	1.15	6.82	1.24	3.33	0.55	3.67	0.31	29.45	207.04	0.92	5.65	2.86	1.35	0.95	1.22
	GSS7-1	17.56	41.35	3.75	12.90	2.05	0.93	1.88	0.26	1.54	0.32	0.96	0.17	1.36	0.13	11.12	96.28	1.42	8.71	5.39	1.12	1.50	1.33
	FQ3-2	31.10	69.17	7.58	31.65	5.71	2.32	4.99	0.88	5.1	0.95	2.6	0.44	3.06	0.25	22.00	187.80	1.24	6.85	3.43	1.32	1.37	1.19
	FQ3-3	28.38	63.36	6.87	29.13	5.38	2.07	4.84	0.86	5.01	0.92	2.48	0.42	2.87	0.24	20.48	173.31	1.20	6.67	3.32	1.36	1.28	1.19
	FQ3-4	24.35	63.14	4.76	16.45	2.53	1.36	2.44	0.3	1.51	0.27	0.79	0.14	1.06	0.12	8.42	127.64	2.37	15.49	6.05	1.86	1.74	1.51
光华组	B4	31.00	51.30	5.07	15.00	2.22	0.62	1.74	0.27	1.45	0.23	0.96	0.17	1.36	0.23	9.28	120.90	2.87	15.37	8.78	1.03	0.98	1.03
	B1	10.70	24.90	2.78	8.89	1.97	0.23	1.62	0.27	1.50	0.34	1.03	0.17	1.23	0.21	9.13	64.97	1.02	5.86	3.42	1.06	0.40	1.21
	B9	42.50	67.90	7.23	22.20	3.36	0.83	2.36	0.28	1.28	0.24	0.66	0.11	0.75	0.12	6.98	156.80	4.64	38.20	7.96	2.54	0.90	0.98
	B3	28.20	51.90	6.03	20.80	3.98	0.92	2.58	0.40	1.88	0.39	1.09	0.18	1.31	0.22	12.30	132.18	1.96	14.51	4.46	1.59	0.86	1.04
小西林辉绿玢岩	XXL1	29.30	55.70	5.79	17.30	2.89	0.29	2.58	0.32	1.86	0.34	1.04	0.21	1.35	0.21	11.00	130.18	2.18	14.63	6.38	1.54	0.33	1.10
	XXL2	6.40	25.00	1.90	8.60	2.10	0.85	2.01	0.41	2.54	0.54	1.56	0.27	1.75	0.85	13.2	67.98	0.48	2.47	1.92	0.93	1.32	1.90
	XXL3	42.20	94.00	10.90	41.10	7.70	1.70	6.67	1.35	8.63	1.93	6.87	1.31	8.88	1.32	55.4	289.96	0.71	3.20	3.45	0.61	0.74	1.16
甘河组基性火山岩	b5138	25.20	51.80	6.02	23.80	5.09	1.40	4.38	0.67	3.70	0.69	2.03	0.27	1.78	0.26	38.60	132.78	0.31	2.27	1.27	1.25	0.99	1.05
	B5124	36.70	72.30	8.94	35.30	7.63	1.81	6.45	0.99	5.38	1.00	2.88	0.38	2.42	0.35	30.00	165.69	0.62	9.54	3.11	1.99	0.93	1.11
	B6108	45.80	83.00	10.20	38.20	6.82	1.75	5.71	0.72	3.77	0.70	2.17	0.29	1.93	0.30	23.80	212.53	1.06	10.22	3.03	2.15	0.81	1.05
	B5140-1	20.70	42.00	5.02	20.00	4.27	1.26	3.78	0.58	3.27	0.61	1.77	0.24	1.57	0.23	18.80	225.16	1.61	16.00	4.22	2.39	0.88	1.00
	b6069	22.10	43.10	5.36	21.80	4.65	1.39	3.89	0.61	3.39	0.64	1.83	0.25	1.59	0.23	19.20	124.10	0.97	8.89	3.05	1.94	0.99	1.08
	b6082-1	22.20	44.00	5.72	23.30	5.27	1.51	4.50	0.67	3.80	0.72	2.04	0.28	1.72	0.24	20.20	130.03	1.02	9.37	2.99	1.97	1.02	1.04
	b607	17.80	33.80	4.56	19.00	4.34	1.35	3.91	0.61	3.57	0.65	1.96	0.26	1.62	0.25	21.10	136.17	0.96	8.70	2.65	2.11	0.97	1.03
	B3112	23.00	43.00	5.38	21.20	4.60	1.31	4.06	0.62	3.38	0.63	1.83	0.26	1.60	0.23	21.00	114.78	0.77	7.41	2.58	1.95	1.03	0.99
	B6076	40.00	75.00	9.77	38.50	8.44	1.88	7.12	1.08	5.89	1.09	3.16	0.41	2.62	0.38	33.20	132.10	0.97	9.69	3.15	2.05	0.95	1.01
	B6077	24.30	44.70	5.93	23.30	4.84	1.40	4.32	0.67	3.66	0.69	2.06	0.29	1.83	0.27	19.40	228.54	1.04	10.29	2.98	2.19	0.76	1.00

注：测试单位：国土资源部东北矿产资源监督检测中心。质量分数单位为$\times10^{-6}$。样品编号及对应的采样位置和岩性同表 6-13。光华组据陈静，2011；甘河组据 Zhang et al，2010。

表 6 - 15　东安和高松山矿区中酸性火山岩微量元素分析结果表($\times 10^{-6}$)

矿床	样号	Ba	Rb	Sr	Co	Ni	V	Cr	Nb	Ta	Zr	Hf	Li	Be	B	Ga	Sc	Cs	Th	U	As	Sb	Hg	Au	Ag	Cu	Pb	Zn	W	Sn	Bi	Mo	F	S
东安	WLA1	1 077	244	40	3.59	3.51	14.00	19.00	7.42	0.45	105	2.51	21.9	1.50	3.28	21.31	3.31	10.18	3.01	4.78	1.58	0.34	0.00	3.56	0.14	0.81	6.13	33.30	1.17	1.90	0.11	2.39	782.37	544
	TWA 41	1 400	253	47	1.31	1.24	21.40	6.95	8.35	0.75	97	3.64	18.50	1.26	3.92	17.7	2.12	8.13	3.35	4.97	5.82	0.71	0.02	11.10	0.11	2.79	14.44	43.70	2.94	1.94	0.10	8.72	281	8 400
	TWA 49	535	182	74	4.30	3.11	26.20	4.79	8.14	0.69	113	3.88	33.50	1.55	3.34	37.3	2.62	11.6	4.79	2.73	3.72	0.34	0.02	149.0	0.41	9.56	9.93	50.50	1.27	2.11	0.09	2.64	207	1 500
	DA3	582	257	34	0.56	2.08	23.80	11.09	8.26	0.91	107	4.08	25.00	3.52	1.30	27.09	2.23	5.97	5.11	2.21	7.16	0.50	0.01	34.51	0.18	8.54	12.40	45.57	4.12	2.24	0.20	3.59	611	0.00
高松山	GSS3 - 1	284	36	531	25.44	62.49	152.49	42.78	18.00	1.35	274	5.16	65.20	29.70	1.82	18.80	9.26	8.48	3.64	1.53	0.76	0.67	0.02	1.73	0.06	78.42	12.11	85.62	0.72	4.17	0.05	1.49	438	0.00
	GSS7 - 1	1 000	221	56	0.28	2.00	9.47	5.18	17.34	0.47	339	2.53	19.79	16.97	2.49	32.52	2.20	6.92	2.33	2.75	39.04	3.41	0.02	3.30	0.06	7.52	25.05	29.99	2.33	3.96	0.66	4.86	4900	0.00
	FQ3 - 2	605	249	99	12.67	17.90	113.10	5.63	12.41	0.95	213	3.70	34.94	23.05	2.32	32.18	12.07	21.75	7.61	1.69	8.24	2.93	0.01	7.21	0.05	41.72	16.21	77.66	5.47	3.05	0.10	0.69	674	0.00
	FQ3 - 3	684	391	49	11.61	13.52	121.77	6.07	13.42	1.74	224	4.10	55.56	23.92	2.52	34.74	12.41	28.61	6.27	2.70	51.35	3.57	0.02	24.13	0.48	49.21	21.71	61.35	19.38	2.36	0.21	5.11	1300	0.00
	FQ3 - 4	638	109	339	15.95	20.91	111.36	13.85	14.99	0.65	237	3.20	33.66	11.53	1.85	26.55	12.07	12.30	7.35	2.01	6.22	2.32	0.01	4.94	0.06	34.26	16.95	88.59	1.17	3.41	0.12	1.51	668	0.00

表 6-16 光华组和甘河组及小西林辉绿玢岩微量元素含量表

矿床	样号	Ba	Rb	Sr	Nb	Ta	Zr	Hf	Th	U	Pb
光华组	B4	833	120	49.6	6.96	0.38	160	4.28	11.00	2.25	22.50
	B1	301	322	28.3	15.20	0.41	83	2.50	9.47	4.71	14.50
	B9	405	201	84.9	6.35	0.29	131	3.21	11.10	2.36	17.50
	B3	898	198	172	7.70	0.35	103	2.63	8.08	6.16	22.30
小西林辉绿玢岩	XXL1	747	13.66	856	9.63	0.65	243	6.39	5.01	0.93	31.12
	XXL2	676	19.67	906	9.18	0.60	231	5.98	3.69	0.80	19.60
	XXL3	852	34.01	1 091	9.88	0.69	258	6.59	6.38	0.95	22.10
甘河组	b5138	614	115	362	11.70	0.86	249	5.48	7.20	2.32	14.40
	B5124	642	136	300	21.70	1.63	340	7.67	11.9	3.76	20.40
	B6108	1 257	76	712	10.70	0.62	249	5.45	9.77	2.58	15.10
	B5140-1	471	93	327	10.30	0.76	209	4.49	6.01	1.98	12.80
	b6069	423	65	413	13.80	0.97	203	4.51	6.13	1.84	11.10
	b6082-1	548	29	494	10.90	0.77	198	4.62	5.47	1.35	11.90
	b607	397	60	418	8.35	0.58	163	3.69	3.55	1.11	8.05
	B3112	451	84	345	12.40	0.90	191	4.19	6.42	2.03	11.20
	B6076	647	197	290	23.20	1.69	350	7.97	12.00	3.69	19.30
	B6077	553	64	382	11.50	0.82	200	4.41	5.82	1.54	12.00

注：由东北矿产资源监督检测中心测试。含量单位为$\times10^{-6}$。样品编号及对应的采样位置和岩性同表 6-13。光华组和小西林据陈静，2011；甘河组据 Zhang et al，2010。

后者略高于前者。$\sum Ce/\sum Y$ 分别为 0.92～4.64 和 0.31～1.61，平均分别为 1.89 和 0.98，多为轻稀土富集型(图 6-16a、c)。$(La/Yb)_N$ 分别为 5.65～15.49 和 2.27～16.00，平均分别为 12.75 和 8.67。中酸性和中基性火山岩 δEu 分别为 0.40～1.74 和 0.33～1.32，平均分别为 1.23 和 0.90。26 件样品中，除 B1 和 XXL1 样品外，δEu 均>0.7，明显高于燕山早期花岗岩类，岩浆成于深度较大的加厚地壳(赵志丹等，2001)，中酸性火山岩可能由基性岩浆分异形成。

各类岩石均富集 Rb、U、Th 等大离子亲石元素及 Pb、K，亏损 Ta、Nb、Ti、P 等高场强元素(图 6-16b、d)，表明岩浆源区受壳源物质交代，显示与俯冲作用有关的弧火山岩的地球化学印记(Condie，2001；杨铁铮，2008；陈静，2011)。

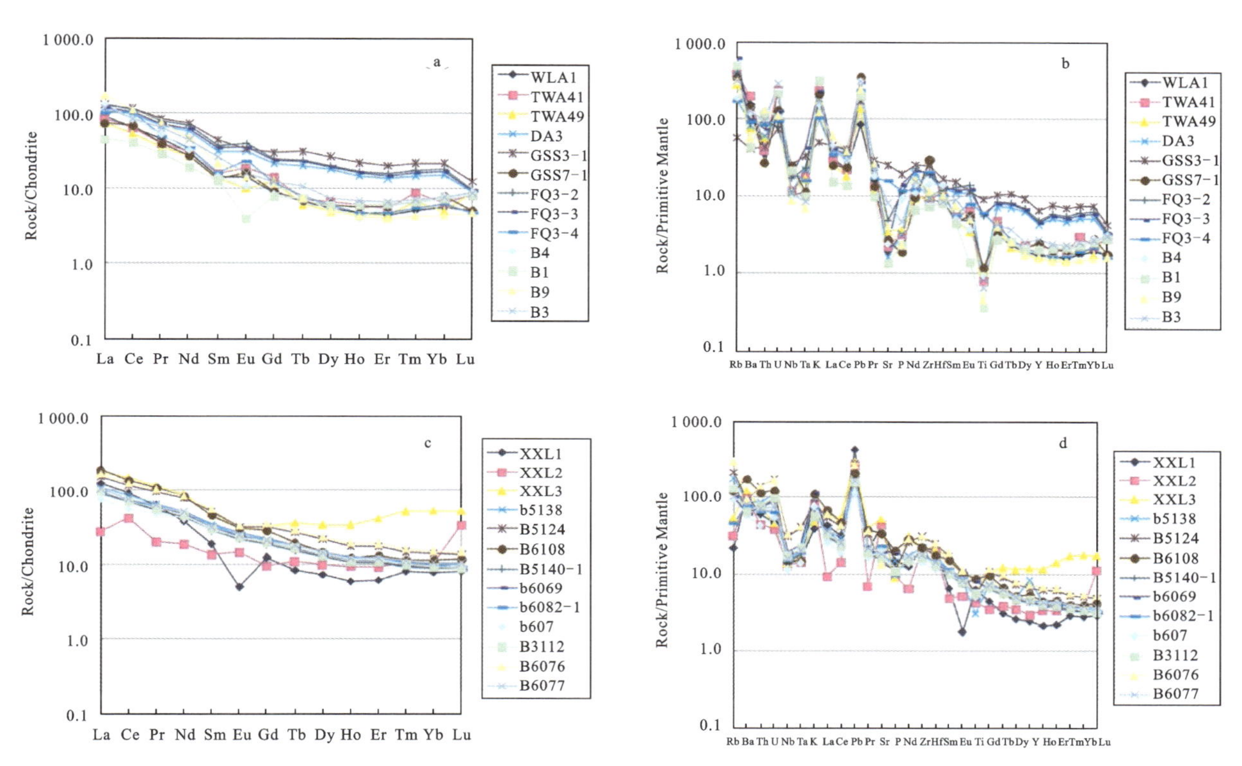

图 6-16 东安和高松山矿区火山岩与区域光华组和甘河组火山岩稀土配分模式图和微量元素蛛网图

a、b. 矿区火山岩和光华组稀土配分模式和微量元素蛛网图；

c、d. 小西林辉绿玢岩和甘河组稀土配分模式和微量元素蛛网图

在 Ta/Yb-Th/Yb 图解上，甘河组和辉绿玢岩主要分布于活动大陆边缘玄武岩区域(图 6-17)，其形成可能与太平洋板块的俯冲有关。

三、稳定同位素

(一)硫同位素

燕山晚期成矿系列：东安、高松山和三道湾子金矿床黄铁矿 $\delta^{34}S$ 值为 -3.1‰～+3.8‰，表明硫来源于硫同位素均一化程度较高的岩浆(表 6-17)。

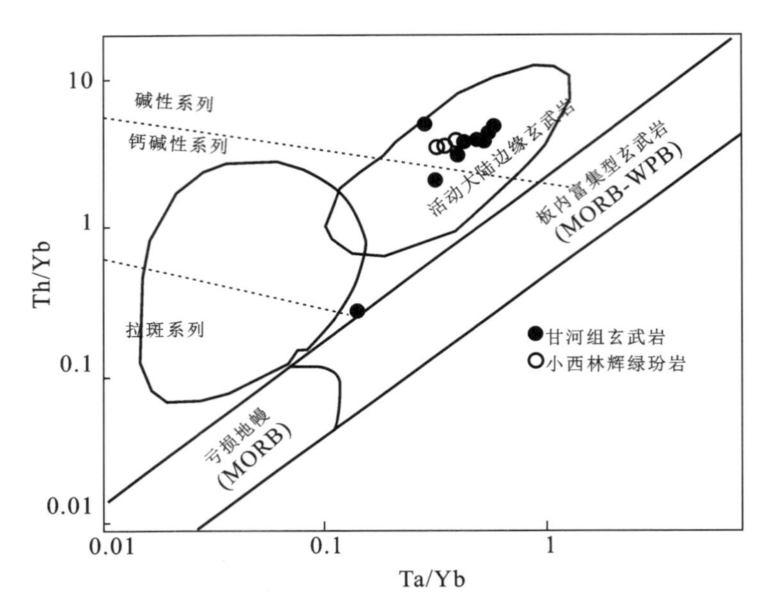

图 6-17　小西林辉绿玢岩及甘河组玄武岩 Ta/Yb-Th/Yb 图

表 6-17　成矿系列不同矿床中硫化物硫同位素组成

矿床	样品编号	测定对象	$\delta^{34}S_{V-CDT}$(‰)
东安	DKA3	黄铁矿	−0.5
高松山		黄铁矿	+1.4～+2.4
三道湾子	SW1	黄铁矿	+3.8
三道湾子	SW2	黄铁矿	−3.1
三道湾子	SW3	黄铁矿	+2.13
三道湾子	SW4	黄铁矿	−1.64
三道湾子	SW5	黄铁矿	+0.04
三道湾子	SW6	黄铁矿	−2.35
三道湾子	SW7	黄铁矿	−2.73
三道湾子	SW8	黄铁矿	+1.3
三道湾子	SW9	黄铁矿	−1.2
三道湾子	SW10	黄铁矿	−1.2

注：测试单位为核工业北京地质研究院分析测试研究中心。仪器型号为 MAT251。三道湾子据武子玉，2005；高松山据刘桂阁等，2006。

(二)氢氧同位素

东安金矿床石英等热液矿物流体包裹体的 δD_{V-SMOW} 值为−132‰～−107‰，石英的 $\delta^{18}O_{V-SMOW}$ 值为−3.0‰～+3.3‰，计算出的成矿流体 $\delta^{18}O_{H_2O}$ 值为−2.89‰～−11.15‰，与三道湾子金矿床相似(表 6-18)。在 δD-$\delta^{18}O$ 关系图上(图 6-4)，所有样品的投点均落在岩浆水与雨水线之间，且比较靠近雨水线，成矿流体与拉森公园、汽艇泉园和比尤特矿地热水氢氧同位素组成较为相似，具有显著的地热水特征。Sheppard 等(1971)认为,低温蚀变的同位素组成特征通常指示有显著的大气水组分的参与。最近的矿床学研究以及活动热液系统的研究表明:岩浆流体通常是存在的,但是,由于大量大气水的晚期叠加,岩浆流体的标志可能被掩盖、抹掉。在浅部地壳,岩浆侵入体的冷却过程中对流驱动的水里,大气水占了95%以上(Hedenquist et al,1994)。当矿床与岩浆侵入体之间的距离拉开、大气水逐渐占据主导地位、流体的含盐度以及酸性减弱时,上述证据变得微弱。即使在这样的远源环境下,仍然有证据暗示着清晰的、插曲性(episodic)的、以高压蒸汽形式存在的岩浆组分的加入,它们的通量虽然远小于大气水,但对于成矿作用可能是关键性的(刘伟,2001)。由此认为该成矿系列成矿热液主要来自大气降水,部分来自岩浆。

综上所述,燕山晚期与火山活动有关的成矿系列,其成矿流体主要来自大气降水,部分来自岩浆。

表 6-18 成矿系列不同矿床氢氧同位素组成

矿床	样品编号	测定矿物	T_h(℃)	$\delta^{18}O_{V-SMOW}$(‰)	δD_{V-SMOW}(‰)	$\delta^{18}O_{H_2O}$(‰)
东安	DKA1	石英	238.7	3.3	−118.8	−2.89
东安	DA6	冰长石		−3.0	−132	−8.98
东安	DA6	石英		−1.6	−107	−11.15
东安	DA10	石英		−1.5	−126	−11.05
东安	DA87-3	石英		−0.6	−126	−10.15
东安	YS1	石英		1.5	−125	−8.05
东安	YS2	石英		−1.1	−129	−10.65
高松山	B-31	石英	240	3.3	−124	3.11
高松山	B-34	石英	240	4.1	−120	−9.50
高松山	B-35	石英	240	3.4	−129	−8.70
高松山	B-37	石英	240	3.2	−117	−9.40
高松山	B-38	石英	240	2.7	−118	−9.60
三道湾子	TZ11	石英	190	−2.3	−110	−14.3
三道湾子	TZ12	石英	207	−2.0	−107	−12.0
三道湾子	TZ13	石英	237	−1.8	−97	−10.7
三道湾子	TZ14	石英	210	−0.2	−86	−11.2
三道湾子	TZ15	石英	237.5	−1.8	−94	−10.7
三道湾子	TZ17	石英	226	−0.7	−95	−9.6
三道湾子	TZ18	石英	276	−1.5	−85	−8.7
三道湾子	TZ19	石英	252	−1.7	−89	−10.8
三道湾子	TZ20	石英	247	−1.9	−92	−11.0

注:测试单位为核工业北京地质研究院分析测试研究中心。$\delta^{18}O_{H_2O}$(‰)计算公式为:$1\,000\ln\alpha_{石英-水}=3.38\times10^6\times T^{-2}-3.40$(200～500℃)。东安除DKA1外据杨铁铮,2008;三道湾子据武子玉等,2005;高松山据边红业,2009。

四、流体包裹体

东安金矿床：本书共采集6件东安金矿床包裹体样品(包裹体片和单矿物样品各3件)，因包裹体不发育，仅测得BGA41和DKA1样品2件的数据(表6-19、表6-20)。样品均采自探矿坑道口，BGA41为含硫化物矿石中的石英，DKA1为矿石中的冰长石。杨铁铮(2008)、叶鑫(2011)和陈静(2011)等对东安金矿床流体包裹体进行了研究(表6-21、图6-18、图6-19)。叶鑫的样品主要采自穿脉坑道，为含金石英脉和含金硅化脉。杨铁铮采集的样品均为含金石英脉和硅化矿石，并按成矿阶段将样品分类。陈静所采样品均为含金玉髓状石英-冰长石化石英-黄铁矿型矿石。

包裹体多成群随机分布或孤立分布或呈串状分布。包裹体类型比较单一，几乎均为富液相水两相包裹体(图版Ⅲ-5)，偶见单液相水或富气相水两相包裹体。富液相水两相包裹体气液比为5%～30%，多集中在10%～25%，形态为椭圆状或长方形，长轴(5～20)μm，多数为(8～15)μm。由镜下观测和冰长石包裹体成分分析结果，气相以H_2O为主，含CO_2等，加热后气相消失，均一到液相，属$NaCl-H_2O$体系。包裹体液相成分以水为主，阳离子成分以Na^+(郭继海等，2004)、Ca^{2+}为主，阴离子成分以Cl^-、F^-为主。

表6-19 东安金矿流体包裹体成分分析结果

矿床	样品编号	样品名称	气相成分(μL/g)					
			H_2	N_2	CO	CH_4	CO_2	H_2O(气相)
东安	DKA1	冰长石	4.601	1.290	1.714	0.1507	80.38	6.868×10^5

矿床	样品编号	样品名称	液相成分(μg/g)							
			F^-	Cl^-	NO_3^-	SO_4^{2-}	Na^+	K^+	Mg^{2+}	Ca^{2+}
东安	DKA1	冰长石	1.008	2.436	/	2.436	0.3528	0.2184	0.2184	21.08

注：气相仪器型号为PE. Clarus600，液相仪器为DIONEX-500离子色谱仪。

表6-20 东安金矿流体包裹体特征及参数

成矿阶段	样号	测定矿物	类型	大小(μm)(短轴/长轴)	气液比(μm^2)	冰点温度(℃)	均一温度(℃)	盐度(%NaCl)	密度(g/cm^3)	压力($\times10^5$Pa)	深度(km)
Ⅱ	BGA41	石英	两相(L+G)	4.86/5.83	4.34/21.52	−0.2	235.9	0.35	0.82	147.84	1.5
	BGA41	石英	两相(L+G)	6.14/11.24	19.20/69.59	−0.1	260.4	0.18	0.78	159.47	1.6
	BGA41	石英	两相(L+G)	5.73/12.18	14.93/61.54	−0.1	260.6	0.18	0.78	159.60	1.6
	BGA41	石英	两相(L+G)	7.81/14.16	14.09/105.11	−0.3	216.1	0.53	0.85	137.35	1.4
	BGA41	石英	两相(L+G)	4.65/8.72	7.22/29.75	−0.4	258.8	0.70	0.78	166.05	1.7
	BGA41	石英	两相(L+G)	7.94/22.79	55.17/212.04	−0.5	246.5	0.88	0.81	159.23	1.6
	BGA41	石英	两相(L+G)	6.28/16.32	19.65/90.74	−0.6	256.6	1.05	0.79	166.61	1.7
	BGA41	石英	两相(L+G)	4.47/10.38	7.80/35.21	−0.3	258.0	0.53	0.78	163.98	1.6
	BGA41	石英	两相(L+G)	3.07/7.32	5.58/21.01	−0.5	269.5	0.88	0.77	174.09	1.7
	BGA41	石英	两相(L+G)	9.40/13.18	28.15/83.85	−0.2	259.2	0.35	0.78	162.44	1.6

注：Ⅱ. 灰色石英-冰长石阶段、石英-绿泥石-硫化物阶段、网脉状白色石英阶段，即主成矿阶段。

表 6-21 东安金矿流体包裹体特征及参数

成矿阶段	样号	测定矿物	类型（测定数量）	大小（μm）	气液比（%）	冰点温度（℃）	均一温度（℃）	盐度（%NaCl）	压力（$\times 10^5$ Pa）	深度（km）
Ⅰ	YS3	萤石	L+V(13)	2～5	5～25	−5.0/−1.6	268	4.5	184.15	1.8
	DA5	石英	L+V(14)	1～5	5～25	−5.2/−0.5	265	5.5	178.65	1.9
	DA7	石英	L+V(16)	2～4	5～25	−4.8/−2.2	270	5.8	176.98	1.8
Ⅱ	DA9	石英	L+V(17)	2～5	5～40	−3.2/−2.1	248	4.17	165.18	1.7
	DA3-1	石英	L+V(16)	2～7	5～40	−3.1/−2.4	248	4.47	165.30	1.7
	DA3-2	石英	L+V(15)	3～6	5～40	−2.8/−2.2	249	4.13	165.83	1.7
	DA3-3	石英	L+V(17)	2～10	5～40	−3.4/−1.5	253	4.24	168.54	1.7
	DA3-4	石英	L+V(14)	2～8	5～40	−4.4/−1.5	259	3.70	172.28	1.7
	DA4-1	石英	L+V(16)	2～5	5～40	−4.8/−1.4	251	4.15	167.17	1.7
	DA4-2	石英	L+V(15)	2～7	5～40	−3.0/−1.7	246	4.11	163.83	1.6
	DA12	石英	L+V(17)	2～4	5～40	−3.2/−1.6	278	3.50	184.79	1.9
	DA6	石英	L+V(9)	2～5	5～40	−3.6/−2.4	211	4.95	140.78	1.4
	DA6—1	石英	L+V(13)	2～7	5～40	−4.6/−1.4	246	4.80	164.09	1.6
	DA2	石英	L+V(14)	2～4	5～40	−3.2/−2.4	253	4.56	168.67	1.7
Ⅲ	YS-1	萤石	L+V(19)	2～4	10～30	−2.9/−1.2	135	4.60	90.01	0.9
	YS-2	萤石	L+V(12)	1～5	10～30	−4.8/−1.2	183	3.45	121.62	1.2
	DA8	萤石	L+V(15)	2～7	10～30	−3.1/−1.1	213	3.39	141.53	1.4
	DA11	石英	L+V(16)	2～4	10～30	−3.1/−1.3	230	3.40	152.83	1.5
	DA87-3	石英	L+V(8)	1～6	10～30	−1.8/−1.2	227	2.59	150.26	1.5
Ⅱ阶段为主	TDA03	石英	L+V(25)	4～12	10～30	−0.7/−0.4	266.15	0.7/1.22	148/180	1.5/1.8
	TDA05	石英	L+V(16)	4～10	5～35	−0.8/−0.4	227.20	0.7/1.39	96/160	1.0/1.6
	TDA14	石英	L+V(27)	4～20	10～30	−0.9/−0.4	227.20	0.7/1.56	87/194	0.9/1.9
	TDA16	石英	L+V(35)	4～25	10～30	−1.2/−0.4	260.13	0.7/2.06	141/203	1.4/2.0
	TDA17	石英	L+V(33)	2～12	5～45	−1.8/−0.8	255.07	1.39/3.05	153/199	1.5/2.0
	TDA19	石英	L+V(21)	4～12	5～25	−1.7/−0.8	241.33	1.39/3.05	156/163	1.5/1.6
	TDA24	石英	L+V(25)	4～12	15～30	−1.2/−0.6	260.13	1.05/2.06	113/194	1.1/1.9
	TDA25	石英	L+V(28)	6～20	15～35	−0.9/−0.4	255.02	0.70/1.56	117/180	1.2/1.8
	TDA26	石英	L+V(26)	2～14	10～60	−1.1/−0.4	265.94	0.70/1.90	156/192	1.6/1.9
	TDA28	石英	L+V(16)	4～25	10～25	−0.7/−0.5	261.24	0.87/1.22	140/174	1.4/1.7
	TDA29	石英	L+V(20)	4～22	10～35	−0.8/−0.4	222.26	0.70/1.39	129/142	1.3/1.4
	TDA17	石英	L+V(12)	4～12	5～15	−1.1/−0.5	197.93	0.87/1.90	106/139	1.1/1.4
	TDA26	石英	L+V(12)	4～8	5～20	−1.1/−0.6	223.26	1.50/1.90	142/192	1.4/1.9
	TDA19	石英	L+V(10)	4～20	5～10	−1.1/−0.8	181.30	0.87/1.90	90/124	0.9/1.2

续表 6-21

成矿阶段	样号	测定矿物	类型（测定数量）	大小（μm）	气液比（%）	冰点温度（℃）	均一温度（℃）	盐度（%NaCl）	压力（×10⁵Pa）	深度（km）
Ⅱ阶段为主	TTDA28	石英	L+V(10)	4～20	5～10	−1.3/−0.8	253.34	1.39/2.23	118/195	1.2/2.0
	TDA11	石英	L+V(9)	4～8	5～10	−1.0/−0.7	158.51	1.22/1.73	118/120	1.2
	TDA8	石英	L+V(8)	4～12	5～20	−1.0/−0.5	199.36	0.87/1.73	149/157	1.5
Ⅱ	CDA05	石英	L+V(17)	4～10	5～35	−0.8/−0.4	154.3/274.8	0.7/1.39	96/160	1.0/1.6
	CDA14	石英	L+V(27)	4～20	10～25	−0.9/−0.4	139.4/299.9	1.56	87/194	0.9/1.9
	CDA24	石英	L+V(25)	4～10	15～25	−1.2/−0.6	170.5/292.1	1.05/2.06	113/194	0.9/1.9
	CDA25	石英	L+V(28)	6～20	15～35	−0.9/−0.4	189.7/337.7	0.7/1.90	117/180	1.2/1.8
	CDA26	石英	L+V(38)	4～14	10～60	−1.1/−0.4	159.4/279.4	1.05/1.90	156/192	1.6/1.9
	CDA29	石英	L+V(20)	4～8	5～15	−1.4/−0.7	144.3/270.3	0.7/1.39	142/192	1.4/1.9
	CDA11	石英	L+V(9)	4～22	5～20	−1.2/−0.8	110.8/192.1	1.22/1.73	129/148	1.3/1.5
	CDA08	石英	L+V(8)	4～8	10～35	−1.2/−0.9	160.9/238.6	1.22/1.73	118/157	1.2/1.6
	CDA03	石英	L+V(25)	4～12	5～20	−1.1/−1.0	191.8/303.1	0.70/1.22	139/180	1.4/1.8
	CDA16	石英	L+V(35)	4～12	5～15	−1.2/−0.7	230.5/299.4	0.70/2.06	141/202	1.4/2.0
	CDA17	石英	L+V(32)	4～35	5～20	−1.0/−0.6	148.1/307.2	0.87/3.05	106/199	1.0/2.0
	CDA19	石英	L+V(31)	4～20	10～40	−1.4/−0.5	139.4/282.7	0.87/2.89	90/163	0.9/1.6
	CDA28	石英	L+V(27)	4～8	5～30	−1.2/−1.1	168.8/282.2	0.87/2.23	140/195	1.4/2.0

注：T. 样品据叶鑫(2011)，C. 样品据陈静(2011)，其他样品据杨铁铮(2008)。Ⅰ. 绢云母-石英阶段，Ⅱ. 灰色石英-冰长石阶段、石英-绿泥石-硫化物阶段、网脉状白色石英阶段，Ⅲ. 玉髓-萤石阶段。

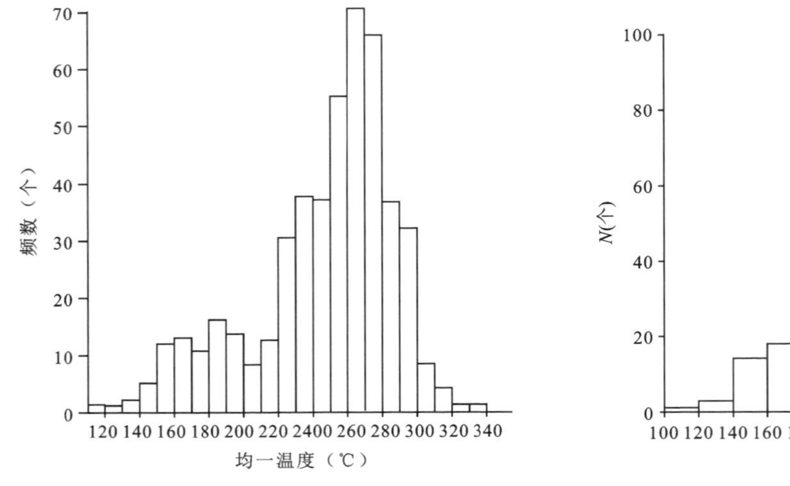

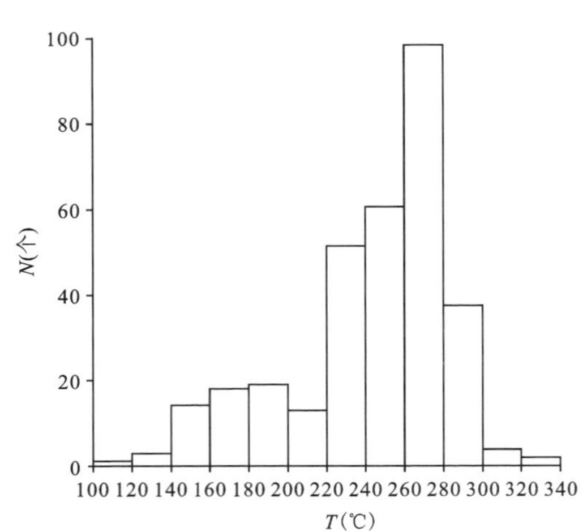

图 6-18　东安金矿成矿流体均一温度直方图

（左图据本书和叶鑫(2011)原始数据绘制；右图据陈静，2011）

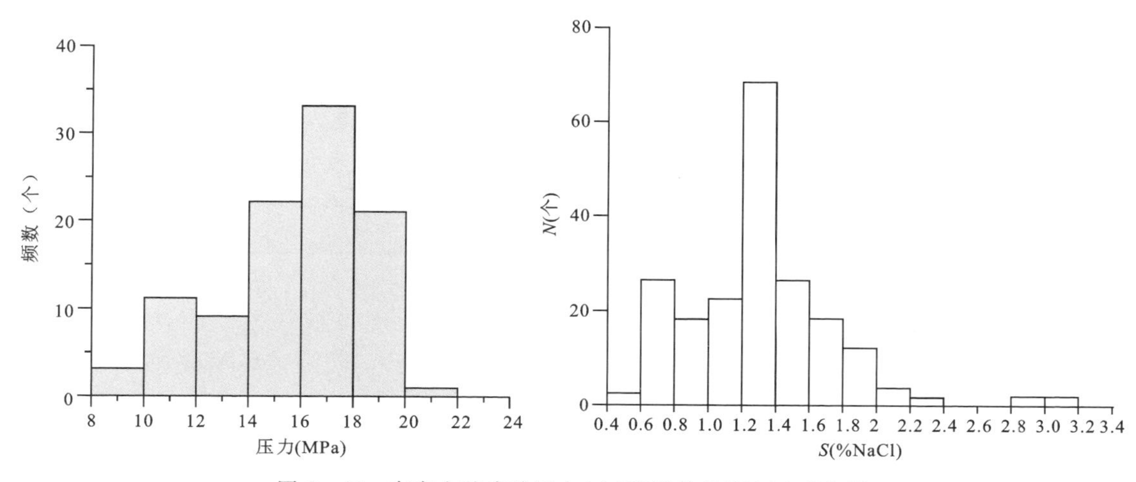

图 6-19 东安金矿成矿压力(左)和流体盐度(右)直方图

(左图据本书、叶鑫(2011)和陈静(2011)数据绘制;右图据杨铁铮(2008))

高松山金矿床:刘桂阁等(2006)对高松山金矿床流体包裹体进行了研究。成矿流体属盐-水体系,流体成分以 H_2O 为主(95%左右),气相以 H_2O 为主,离子组合为 Na^+、Cl^-。流体包裹体均一温度为 151~327℃,峰值为 236~246℃。盐度在 0.71%~7.31%之间,盐度值主要集中在(1~3)% NaCl 之间,平均盐度 2.238% NaCl。由此估算的成矿压力为(96.90~218.85)$\times10^5$Pa,集中在(153.02~163.20)$\times10^5$Pa。由公式 $H=P/10$ 计算出的成矿深度约为 1.6km。

综上所述,燕山晚期成矿系列以低温-中低温、低盐度、深度浅为成矿特征。东安金矿成矿温度出现低温和中低温 2 个区间,可能是由两次岩浆脉动成矿作用所造成的。两次热液成矿作用相互叠加,更有利于金的富集。东安金矿品位明显高于高松山金矿,可能与成矿热液多次脉动活动有关。

五、成因与构造环境

从区域上看,高松山-东安地区出露的板子房组和宁远村组火山岩建造是中生代多旋回火山活动产物的组成部分。宁远村组处于该区火山岩建造的顶部,应是中生代火山旋回尾声形成的产物。根据火山岩建造特征,可将高松山-东安地区早白垩世火山活动划分为早期和晚期两个火山旋回。

早期旋回与成矿:火山作用以裂隙式喷溢活动为主,间或有爆发活动。东安地区的裂隙式火山口呈近南北向,而高松山地区的裂隙式火山口呈近东西向。早期火山旋回形成板子房组喷溢相安山岩、玄武安山岩、粗安岩及爆发相安山质凝灰角砾岩等中基性—中性火山岩建造。

晚期旋回与成矿:火山作用为裂隙式喷溢-爆发活动,形成宁远村组英安岩、流纹岩和流纹质凝灰岩等中酸性—酸性火山岩建造。此外,与晚期旋回火山岩建造同时形成的还有火山通道相潜流纹岩、潜流纹质凝灰岩等。晚期旋回是该区火山旋回的尾声,火山期后富含成矿物质的火山热液在火山通道内聚集,热液活动强烈,一是形成有利于成矿的爆破角砾岩,二是与围岩作用,以充填-交代方式促使成矿物质的沉淀。

俯冲带火山岩 TiO_2、Zr 和 Nb 含量有别于大陆碰撞带和裂谷环境下形成的火山岩。研究区与成矿相关的火山岩 TiO_2、Zr、Nb 含量,明显低于青藏大陆碰撞钾玄岩和大陆裂谷玄武岩,而与俯冲火山弧火山岩接近(表 6-22),为太平洋板块的俯冲机制下形成的。

表 6-22 研究区燕山晚期火山岩 TiO_2、Zr 和 Nb 含量

元素	青藏大陆碰撞钾玄岩	俯冲火山弧		大陆裂谷玄武岩	研究区燕山晚期火山岩
		钾玄岩	安山岩		
TiO_2(%)	1.90	0.85	0.58	2.20	0.41
Zr($\times10^{-6}$)	320	150	90	800	172.05
Nb($\times10^{-6}$)	37	6		70	16.08

注：据邓晋福，1996。

地壳和地幔储库不相容微量元素比值如表 6-23 所示（Hugh，1993）。辉绿玢岩的 Zr/Nb、La/Nb、Ba/Nb、Ba/Th、Rb/Nb、K/Nb、Th/Nb、Th/La、Ba/La 值均高于地壳和地幔储库。其中，Ba/Th 与 EMⅠ OIB 相近，Th/Nb 和 K/Nb 值与大陆地壳相近，Ba/Nb、Ba/Th 和 Ba/La 值明显高于大陆地壳。甘河组 Zr/Nb、La/Nb 和 Ba/Nb 值略高于大陆地壳，明显高于地壳和地幔储库；Ba/Th 值与 EMⅡ OIB 相近。这些比值一是说明中基性岩浆源区发生明显富集，二是说明富集地幔可能是由不同源区混合形成。一般情况下，富集地幔可能与俯冲作用有关（Gill，1981；葛小月等，2003；陈静，2011），后者使地壳物质注入到地幔之中（Hugh，1993）。此外，与成矿相关的火山岩富含 F 和水等挥发组分，其中 F 含量为（207～4 900）$\times10^{-6}$。挥发组分以及活动组分 Sr、K、Ba、P 的富集，可能是下插的大洋板块发生脱水作用和活动组分发生迁移造成的（Hugh，1993）。

表 6-23 研究区辉绿玢岩和甘河组中基性火山岩与地壳和地幔储库不相容元素比值对比

岩石及源区	Zr/Nb	La/Nb	Ba/Nb	Ba/Th	Rb/Nb	K/Nb	Th/Nb	Th/La	Ba/La
甘河组	18.08	2.16	48.61	84.65	6.76	1600	0.56	0.27	21.67
辉绿玢岩	25.50	2.67	79.15	155.28	2.33	1400	0.52	0.30	50.44
大陆地壳	16.2	2.2	54	124	4.7	1341	0.44	0.204	25
原始地幔	14.8	0.94	9.0	77	0.91	323	0.117	0.125	9.6
N-MORB	30	1.07	1.7～8.0	60	0.36	210～350	0.025～0.07	0.067	4.0
E-MORB			4.9～8.5			205～230	0.06～0.08		
HIMU OIB	3.2～5.0	0.66～0.77	4.9～6.9	49～77	0.35～0.38	77～179	0.078～0.101	0.107～0.133	6.8～8.7
EMⅠ OIB	4.2～11.5	0.86～1.19	11.4～17.8	103～154	0.88～1.17	213～432	0.105～0.122	0.107～0.128	13.2～16.9
EMⅡ OIB	4.5～7.3	0.89～1.09	7.3～13.3	67～84	0.59～0.85	248～378	0.111～0.157	0.122～0.163	8.3～11.3

注：N-MORB 为正常洋中脊玄武岩；E-MORB 为富集型洋中脊玄武岩；HIMU OIB 为高 U/Pb 值的大洋岛玄武岩；EMⅠ OIB 为高 $^{87}Sr/^{86}$ 值富集地幔型大洋岛玄武岩；EMⅡ OIB 为低高 $^{87}Sr/^{86}$ 值富集地幔型大洋岛玄武岩。

第七章　成矿规律与找矿预测

第一节　区域成矿地质条件

一、燕山早期成矿系列成矿条件

(1)沉积建造与成矿:古元古界东风山群是沉积变质型东风山金(铁、钴、硼)矿床的赋矿层位,东风山群为区域成矿系列的形成奠定了成矿物质基础。古生代火山岩-碎屑岩-碳酸盐岩建造与矽卡岩型矿床成矿密切相关。下寒武统西林群($\in_1X$)是该区最为重要的赋矿层位,此外还有下二叠统土门岭组(P_1t)、上二叠统—下三叠统五道岭组和下泥盆统黑龙宫组(D_1hn)等。成矿带矽卡岩型矿床均产在中酸性花岗质岩体与上述古生代沉积建造接触带及其附近。古生代赋矿建造对多金属成矿的控制作用主要表现在两个方面:首先是含矿建造多为碳泥硅灰建造,富含成矿物质和化学性质活泼的碳酸盐岩,不仅可为成矿提供部分成矿物质,还易于被岩浆期后热液交代,有利于成矿热液运移及矿质沉淀而形成矿床。其次是赋矿建造的原生层状构造,易于在构造-岩浆作用下产生层间构造和接触带构造,这些构造往往是主要控矿构造。

(2)中酸性花岗岩及岩浆侵入作用与成矿:燕山期岩浆活动是成矿系列形成的必要条件,岩浆作用可为成矿提供热源、成矿物质和成矿场所。T_3—J_1 持续岩浆活动为成矿提供热能,驱使成矿流体与围岩相互作用、携带成矿物质沿构造运移、在成矿有利部位成矿。燕山早期中酸性花岗岩类对成矿控制主要表现为:①矿床与中酸性花岗岩类岩体时空和成因联系密切,矿床分布于岩体内及其附近,成岩成矿时代均为早侏罗世。同位素和微量元素示踪显示成矿物质主要或部分来源于岩浆。②燕山早期花岗岩类成矿具有一定的专属性,成矿系列中金矿床与闪长岩有关,如大安河矽卡岩型金矿床,其他多金属矿床主要与二长花岗岩、花岗闪长岩和碱长花岗岩等中酸性花岗岩类有关,如翠宏山、二股等多金属矿床。③岩浆成岩过程中和成岩后,由侵入体内向外形成温度由高到低的热能场或热晕,是造成成矿物质分带的主要原因之一。④T_3—J_1 岩浆形成的深度及多次脉动似乎与矿床规模和矿种有一定的关系。小兴安岭地区与起源于中—深成岩浆有关的矿床规模较大,如霍吉河、鹿鸣等矿床。张广才岭地区与起源于深度较浅的岩浆有关的矿床,多为中小型矿床或矿点,如林海铁矿等。构造岩浆多次活动往往形成大型—超大型矿床,如翠宏山和鹿鸣矿床,矿区与成矿相关的花岗岩类具多种类型,是构造岩浆多次活动的产物。深源岩浆在向浅表环境就位时,如能在同一构造岩石空间多次侵位,使成矿所需热能充分供应和持续保存,这有利于大型矿床的形成(Barnes,2002)。

(3)构造与成矿:断裂和接触带构造是该成矿系列的主要控矿构造,不同尺度的构造控矿形式不同。

区域性深大断裂：南北向牡丹江深大断裂控制燕山早期成矿相关花岗质岩体和矿带分布。深大断裂切割地壳达莫霍面，在大规模构造-岩浆作用过程中，深大断裂是岩浆和成矿物质聚集和上移的场所和通道，持续和多期次的构造-岩浆作用，为成矿物质不断富集创造了有利条件。

矿田构造：矿田构造网络主要是由北北东向、北西向、南北向及东西向断裂构成的，不同矿田构造控矿形式不同。翠宏山矿田构造网络由一系列北北东向、北西向及南北向断裂等构造构成，矿床位于不同断裂构造交汇部位（图7-1a），即断裂构造交汇部位有利于成矿。西林矿田构造以北西向断裂为主，北西向断裂常追踪南北向断裂，矿床主要分布于构造转折部位（图7-1b）。

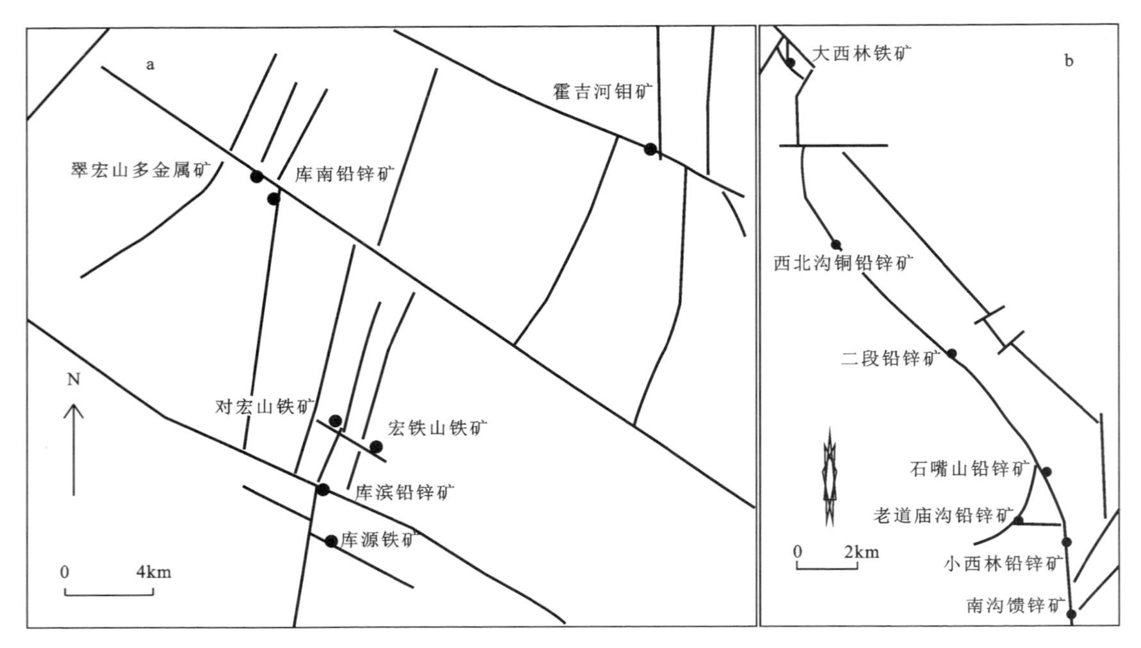

图7-1 翠宏山矿田(a)和小西林矿田(b)构造略图

a. 据黑龙江省地质三队地质图改编，1984；b. 据黑龙江有色地质勘查总院改编，2001

矿区构造：矿区控制矿体的主要构造为南北向、北北西向、北西西向和东西向断裂和接触带构造，次要构造为北北东向、北东向和北西向。①南北向控矿构造：小西林受南北向断裂控制，二股矿田主矿体受近南北向接触带构造控制。②东西向控矿构造：五道岭矿体受东西向接触带控制。③北北西向控矿构造：翠宏山主矿体受北北西向接触带构造、层间破碎带构造和碎裂岩带构造控制。④多组构造控制矿体：斑岩型矿床矿体往往受多组断裂构造共同控制。鹿鸣钼矿床矿体受北北东向和北西西向断裂构造控制，矿体发育于两组构造交会部位。霍吉河钼矿床矿体受近南北向、北西西向和北西向断裂及碎裂岩带构造控制，构造交会部位矿体最为发育。大安河金矿体受北东向和北西向接触带-断裂复合构造控制，构造交会部位矿体最佳。林海矿区主要矿体（带）受北东向断裂-接触带复合构造控制，北东向与北东东向或近东西向构造交会部位是铁矿最为富集部位。弓棚子铜矿体主要受北东向断裂控制，次为南北向和北西西向接触带控制。

综上所述，区域深大断裂控制花岗岩带和矿带分布，矿田和矿床构造控制矿床和矿体分布。小兴安岭地区控制矽卡岩型、热液型和浅成低温热液型矿床矿体的构造以近乎纵向或近乎横向构造为主，斑岩型钼矿体则发育于多组断裂交会部位。张广才岭地区控制矿体的构造以北东向为主，次为东西向和近南北向等。

二、燕山晚期成矿系列成矿条件

(1)赋矿层位及建造：浅成低温热液型金矿床的赋矿层位为板子房组(K_1b)和宁远村组(K_1n)或光华组(K_1gn)，为中酸性火山岩建造，它们同为早白垩世火山作用产物。

(2)火山构造与成矿：火山构造是浅成低温热液型金矿床的主要控矿构造，金矿体主要受裂隙-中心式火山通道(或火山颈)及断裂构造控制。早白垩世火山作用形成的火山口沿断裂构造及其交汇部位成群分布(图7-2)，断裂构造和火山喷发通道是成岩成矿物质运移的渠道和成矿场所。金矿体沿断裂带主要产于火山颈相潜火山岩中。高松山金矿体主要受近东西向断裂和沿此断裂呈串株状分布的裂隙-中心式火山通道共同控制。

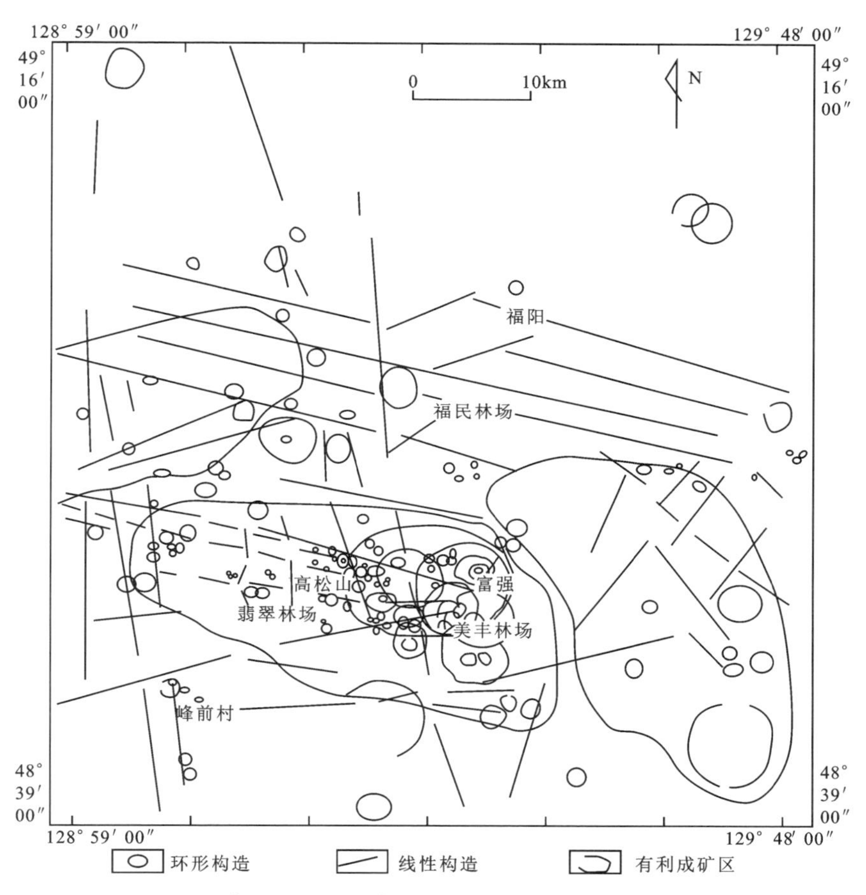

图7-2 高松山地区遥感地质构造解译图(据唐忠等，2010)

(3)火山旋回与成矿：浅成低温热液型金矿床形成于中生代多旋回火山活动的尾声或接近尾声。火山期后富含成矿物质的火山热液在火山通道内聚集，热液活动强烈，一是形成有利于成矿的爆破角砾岩，二是与围岩作用，以充填-交代方式完成成矿物质的沉淀(详见第三章)。区域甘河组中基性火山岩是浅成低温热液型金矿床形成之后又一次火山活动旋回的产物，辉绿玢岩应是该期次火山活动中形成的次火山岩。从区域上看，该甘河期火山活动旋回本身不形成金属矿产，小西林矿区的辉绿玢岩在形成过程中，只是对先前形成的铅锌矿体进行改造，形成新的矿石类型。

(4)爆破角砾岩与成矿：爆破角砾岩是浅成低温热液型矿床的主要容矿岩石，它具有高渗透性，有利于成矿热液运移、充填交代。

第二节 成矿系列时空分布规律

一、成矿系列间时空分布规律

主成矿期为早侏罗世和早白垩世。燕山早期与花岗岩类有关的W、Sn、Mo、Cu、Pb、Zn、Fe、Au成矿系列主要分布于南北向小兴安岭-张广才岭花岗岩带，与T_3—J_1花岗岩带分布相吻合。燕山晚期与火山活动有关的成矿系列中的浅成低温热液型金矿床，主要分布于乌云-结雅或逊克火山断陷盆地，赋矿层位为下白垩统中酸性火山岩。在T_3—J_1花岗岩带与K_1火山断陷盆地衔接部位，可出现两个成矿系列共存的情况，如在逊克宝山地区分布有东安浅成低温热液型金矿床(K_1)和高岗山斑岩型钼矿床(J_1)。

二、成矿系列内时空分布规律

燕山早期与花岗岩类有关的矿床成矿系列，其矿床数量最多、分布最广、成因类型和矿种多样，是成矿带中主要的成矿系列。该成矿系列矿床包括矽卡岩型、斑岩型和热液脉型，各成因类型成矿不仅有同源性和共生性，还具有明显的阶段性、分带性、过渡性、重叠性和互补性。成矿系列的这些性质在翠宏山矿田都有明显的体现(表7-1)。

(1)阶段性：是指一个成矿系列的形成过程中不同类型矿床形成的时间有先有后。燕山早期成矿系列可划分为2个主要成矿阶段：第一阶段为矽卡岩型铁钨锡等金属矿形成阶段(气液期或接触交代阶段)；第二阶段为斑岩型和热液型铜铅锌钼等金属矿形成阶段(热液期或热液充填交代阶段)。

(2)分带性：是指一个成矿系列中不同类型的矿床在区域或矿田范围内的排列样式，它们或沿某一岩石建造层位，或围绕某一侵入体，或循某一断裂带作有序的分布。燕山早期成矿系列无论在区域还是在矿田或矿床范围内，不同成因类型的矿床、矿体或矿石相都具有明显的分带性。其分带性为：斑岩型钼矿床(矿体或矿石相)分布于花岗质岩体内，矽卡岩型多金属矿床(矿体或矿石相)分布于花岗质岩体与古生代含碳酸盐岩地层接触带，热液型矿床(矿体或矿石相)主要分布于外接触带。翠宏山矿床或矿田、西林矿田和五星矿田的成矿系列都具有分带性，在翠宏山矿床或矿田中表现尤为显著(表7-1、图4-13)。

(3)重叠性：指在一个成矿系列中，形成时间有先后的不同矿床类型产于同一空间范围，彼此互相重叠。如在翠宏山矿床中，在岩体内虽然主要成矿类型为斑岩型，但也见有热液脉型CuPbZn小矿体，如$Ⅳ_1$号矿体。同样，在以热液脉型矿体为主的外接触带，也可以见到典型的矽卡岩型矿体。

(4)过渡性：指在一个成矿系列形成过程中，矿床类型随着具体地质条件的有序变化而发生递变，成矿系列内各端元矿床之间常出现过渡型矿床。翠宏山岩体内的斑岩型Mo矿体($Ⅲ_1$—$Ⅲ_7$、$Ⅲ_9$—$Ⅲ_{25}$)与接触带矽卡岩型W-Fe矿体(Ⅰ)之间分布的Ⅲ、$Ⅲ^1$和$Ⅲ_8$号W-Mo、Fe-Mo矿体，为叠加成矿作用形成的矽卡岩型-斑岩型复合类型矿体。同样，在翠宏山Ⅰ号矽卡岩型矿体与$Ⅱ_4$-$Ⅱ_{14}$号热液脉型Cu-Pb-Zn矿体之间分布有Ⅶ号矽卡岩型-热液脉型-斑岩型W、Mo、Fe、Pb、Zn矿体和Ⅱ号矽卡岩型-热液脉型Fe-Zn矿体。

表 7-1 翠宏山矿田及矿床成矿系列分带性

矿床名称	矿体或矿石相	主要矿种	主要成因类型	产出部位	主要成矿作用	成矿期次
翠宏山	Ⅲ$_1$—Ⅲ$_7$、Ⅲ$_9$—Ⅲ$_{25}$	Mo	斑岩型	岩体内	热液充填交代	2
霍吉河	所有矿体	Mo	斑岩型	岩体内	热液充填交代	2
翠宏山	Ⅲ、Ⅲ^1、Ⅲ$_8$	WMo、FeMo	矽卡岩型-斑岩型	内接触带	叠加	1+2
翠宏山	Ⅳ	WMoFeCu	矽卡岩型-斑岩型	内接触带	叠加	1+2
翠宏山	Ⅰ	FeW	矽卡岩型	接触带	接触交代	1
翠宏山	Ⅹ	Fe	矽卡岩型	接触带	接触交代	1
翠宏山	Ⅴ	FeCu	矽卡岩型	接触带	接触交代	1
翠北	Fe	Fe	矽卡岩型	接触带	接触交代	1
库南	黄铁矿	黄铁矿	矽卡岩型	接触带	接触交代	1
宏铁山	Fe	Fe	矽卡岩型	接触带	接触交代	1
库源	Fe	Fe	矽卡岩型	接触带	接触交代	1
对宏山	Fe、FeCu	Fe、FeCu	矽卡岩型	接触带	接触交代	1
红旗山	Fe	Fe	矽卡岩型	接触带	接触交代	1
翠宏山	Ⅶ	WMoFe、PbZn	矽卡岩型-热液脉型-斑岩型	外接触带	叠加	1+2
翠宏山	Ⅱ	FeZn	矽卡岩型-热液脉型	外接触带	叠加	1+2
翠宏山	Ⅱ$_4$—Ⅱ$_{14}$	Pb、Zn、Cu、Fe	中温热液脉型	外接触带	热液充填交代	2
库滨	PbZn	PbZn	中温热液脉型	外接触带	热液充填交代	2
库南	PbZn	PbZn	中温热液脉型	外接触带	热液充填交代	2

注：成矿期次“1”代表第一成矿阶段，“2”代表第二成矿阶段。

三、物化探异常与矿床分布规律

研究区金属矿产主要分布于北北东向、北北西向及北东向串珠状低重力异常区及北东向重力梯度带，正负磁场边缘带或正磁场内的磁场变化梯度带，化探异常区。因此，重力、航磁梯度带及化探异常的叠合部位是矿床定位的最佳部位。

四、成矿区带划分

区域上北北东向的主导构造控制研究区内金属矿产地的展布，具有南北向分带性，参考全国资源潜力评价黑龙江部分中成矿区带划分方案，并结合本次研究成果，将研究区大致由北至南可划分出3条主要成矿带：嘉荫-逊克金多金属成矿带主要包括辰清-沾河钼（金铁铜）成矿区和东安-高松山金钨铜成矿区，东安、高松山金矿床等矿床位于其中；伊春-延寿铁多金属成矿带包括翠宏山-霍吉河铅锌钨钼铁铜成矿区、五星-小西林铅锌锡铁成矿区、伊春-铁力铅锌钼铜铁金银成矿区、东风山-浩良河金铁钴成矿区、宾县-五常铜铅锌铁钨钼成矿区、依兰铁锰铬镍铂钯矿化区、通河-方正铁铅锌铜矿化区，典型矿床主要有翠宏山铁多金属矿床、鹿鸣钼矿床、霍吉河钼矿床等矿床；海林铁多金属成矿带主要包括大涂顶子-横道河子铁（铅锌金）成矿区和五林-老黑山金铜成矿区，林海铁矿等分布其中。

第三节 成矿动力学演化与成矿系列模型

一、成矿动力学演化

小兴安岭-张广才岭地区燕山期成岩成矿作用，是在特定地质和动力学背景下发生的。前中生代的地质构造演化为成矿系列的形成奠定了物质基础和地质构造格架。古生代末期—中生代初期，西伯利亚板块和华北板块沿西拉木伦河—长春—延吉一线拼合成一个整体之后，便拉开了该区中生代演化的序幕，该区2个成矿系列成岩成矿事件就是在中生代发生的。

(1)T_3—J_1 伸展体制下大规模成岩成矿作用时期：在西伯利亚板块与华北板块拼合后，在造山后岩石圈伸展体制下发生大规模成岩成矿事件，沿牡丹江断裂向两侧拉伸作用大致始于晚三叠世，大规模成岩成矿作用则发生在于拉伸作用最为强烈的早侏罗世。小兴安岭-张广才岭地区的清水、毛家屯、密林、红石砬子和大王折子A型花岗岩(约222～197Ma)表明，在这次碰撞造山作用后的岩石圈伸展过程中发生了多次A型花岗质岩浆侵入事件(孙德有等，2004)。正如前述，与成矿相关花岗岩类形成时代为(209±4)Ma～(172.3±1.6)Ma，在Sr-Yb型图中表现为低Sr高Yb型、低Sr低Yb型和高Sr低Yb型。在同一构造单元内和在同一地质热事件中形成的花岗岩类，表现出的这种多样性特征，暗示其形成于碰撞加厚之后的岩石圈拉伸减薄的动力学环境。与成矿相关的花岗岩类地球化学特征也支持这一观点，在相关判别图解中，绝大多数样品落入后碰撞花岗岩区域或A型花岗岩区域。区域分布有二浪河组(J_1e)中酸性火山岩，杨铁铮(2008)测得东安金矿一带的“宁远村组”流纹岩锆石U-Pb年龄为(190.41±0.96)Ma，说明早侏罗世在拉伸减薄过程中还伴有火山活动。该区分布的太安屯组(J_2t)中酸性火山-沉积建造以及同期花岗岩类并不发育，说明中侏罗世该区岩浆活动以火山作用为主，侵入活动趋于减弱，暗示地壳拉伸减薄作用渐弱并趋于稳定。拉伸减薄作用不仅形成了小兴安岭-张广才岭以早中生代花岗岩为主体的巨型花岗岩带，最终还形成盆岭分异的构造格局。

(2)J_3—K_1 洋壳俯冲体制下火山成矿作用时期：早白垩世以后该区处于相对稳定的时期，如果说早中生代存在拉伸减薄作用并一直持续到早白垩世，那么现在该区应处于幔隆的状态，而事实恰恰相反。目前小兴安岭-张广才岭地区处于幔凹区，说明在地壳拉伸减薄之后该区发生过地壳加厚事件，研究显示地壳加厚事件是在J_3－K_1俯冲体制下发生的。中侏罗世以后的晚侏罗世—早白垩世，区域岩浆活动以火山活动为主导，该区分布有草帽顶子组(J_3c)安山质火山岩、帽儿山组(K_1m)酸性火山岩、板子房组(K_1b)中性火山岩、宁远村组(K_1n)酸性－中酸性火山岩和甘河组(K_1g)基性火山岩，并发育有辉绿玢岩脉，火山活动具多旋回特征。地球化学特征显示，该区早白垩世火山岩是在俯冲体制下形成的。

二、成矿系列动力学模型

1. 成岩成矿物质来源

矿床成矿系列具有同源性和互补性。同源性是指一个成矿系列中不同成因类型的矿床具有全部或部分相同的物质来源，都与同一种成矿作用有关。互补性是指一个成矿系列中成矿元素种类的分配和矿化强度在不同矿床类型中的分配是不均衡的，具有“此多彼少”和“此强彼弱”的关系。

(1)燕山早期成矿系列同源性和互补性：研究区燕山早期矿床成矿系列均与燕山早期岩浆的侵入作用有关，地球化学研究显示它们具有同源性。成矿相关花岗岩类岩石$^{87}Sr/^{86}Sr$初始比值为0.705 25～0.709 30，δEu一般为0.12～1.61，岩浆具有下地壳来源特征。鹿鸣-前进地区似斑状二长花岗岩、二长花岗斑岩和正长花岗岩(207～197Ma)的$^{87}Sr/^{86}Sr$初始值多为0.710 66～0.758 94(韩振哲，2010)，具下地壳和上地壳混源特征。三者$\varepsilon_{Nd}(t)$值为-7.1～-2.0，t_{DM}模式年龄为1 674～982Ma，反映其岩浆源区物质可能为中—新元古代变质基底物质(韩振哲等，2010)。岩石$\delta^{18}O$值大多为3.00‰～8.92‰(韩振哲，2010)，可能与地壳物质的深熔、同熔作用有关，二长花岗斑岩$\delta^{18}O$值达12.50‰，可能与岩体就位时围岩、大气降水之间存在同位素交换程度的不同有关(韩振哲，2011)。翠宏山矿区二长花岗岩-正长花岗岩氧同位素$\delta^{18}O$值在5.5‰～10‰之间(邵军等，2011)，具下地壳来源特征。如前所述，小西林矿石铅同位素组成与早侏罗世成矿相关花岗岩相似，矿石中闪锌矿$^{87}Sr/^{86}Sr$初始比值为0.706 1～0.715 0，具下地壳和上地壳混源特征。矿石硫化物的$\delta^{34}S$值主要分布于-5.6‰～$+5.6$‰，反映硫主要来源于硫同位素均一化程度很高的岩浆。辉钼矿Re含量可以指示成矿物质的来源(Mao et al，1999；Stein et al，1997)，该区斑岩型钼矿床辉钼矿铼含量为$(13.1～48.61)\times10^{-6}$，Mo具下地壳源特征。

主成矿阶段石英流体包裹体氢氧同位素组成显示，成矿流体主要来自岩浆，成矿过程中也有地下水渗流至热液体系中。燕山早期成矿系列具有明显的互补性，Mo主要产于斑岩型矿床中，次为矽卡岩型矿床中。Cu、Pb、Zn主要产于热液脉型矿床中，次为矽卡岩型矿床(体)中，W、Fe和Au、Ag主要产于矽卡岩型矿床中。成矿系列的互补性取决于源区条件和萃取条件(张旗等，2012)及矿质沉淀的物理化学条件。综上所述，成岩成矿物质主要来自地壳，成矿流体主要来自岩浆，有部分大气降水混入。

(2)燕山晚期成矿系列成矿物质的来源：研究区早白垩世与成矿相关火山岩地球化学特征，显示其是在俯冲体制下形成的，基性火山岩岩浆源于地幔，中酸性火山岩岩浆源于下地壳。东安地区甘河组基性火山岩$\varepsilon_{Nd}(t)=-2.23$～$+0.44$(杨铁铮，2008)，具有幔源特征。东安地区福民河组(K_1f)中酸性火山岩$\varepsilon_{Nd}(t)=-5.78$(杨铁铮，2008)，具有下地壳源特征。三道湾子金矿床成矿年龄为110～100Ma(陈静，2011)，含金石英脉矿体与围岩安山岩铅同位素组成基本一致(图7-3)，两者显示相同的铅源，为同一源区的构造环境，很可能是同一岩浆源区演化而来(陈静，2011)。硫同位素显示岩浆硫或幔源硫的特点，也预示金成矿与岩浆热液有密切的关系。流体包裹体氢氧同位素显示，成矿流体主要来自大气降水，部分来自岩浆。

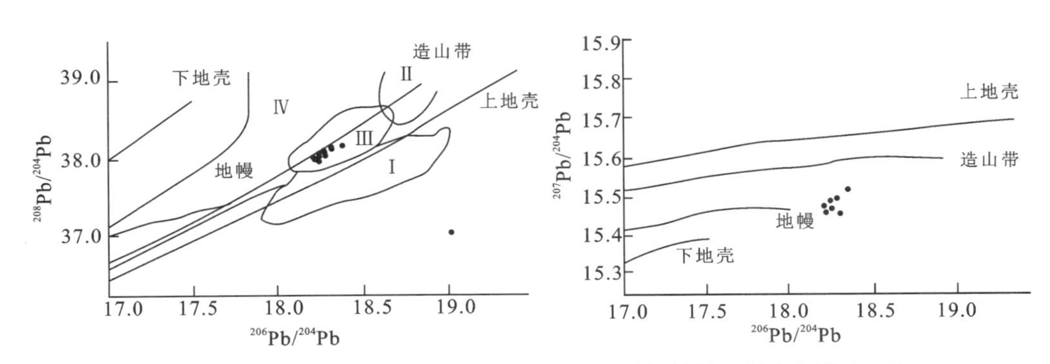

图7-3 三道湾子金矿安山岩和矿石Pb-Pb关系图解(刘宝山等，2006)

Ⅰ.大洋火山岩铅；Ⅱ.深海沉积物铅；Ⅲ.成熟岛弧铅；Ⅳ.克拉通化地球铅

2. 成矿物质迁移及沉淀

成矿物质迁移:成矿元素主要以可溶性络合物的形式迁移。岩浆在产生、上升、成岩过程中和岩体同处于炽热的状态下,都伴有成矿热液的形成、迁移和水-岩作用。发育的断裂裂隙系统是流体迁移的通道,岩浆热是造成流体内存在温度和压力差从而产生对流循环的内在驱动力,重力只对地表水的下渗起到驱动作用。岩浆或岩体向外释放的热量,使围岩和周围水的温度和压力急剧升高,在岩体周围的围岩中便形成了以岩体或岩浆房为中心,向外急剧下降的且随时间而变化的温度、压力梯度带。处于温压梯度带的低密度的高压流体由高压区向低压区迁移,并萃取和运移成矿物质。热液沿断裂裂隙向上迁移的同时,较冷的地表水则不断向下运移补给,从而形成了一个热液循环系统,该热液循环系统类似于新西兰和美国内华达州的"汽艇"泉的热泉系统。当流体上升受阻时,停滞于热的岩浆(岩)附近的热水继续被加热而气化,随温度增高气压不断增大;当流体内压可以超过流体静压力甚至上覆岩石静压力时,在构造应力的诱发下,便发生爆破作用,并产生有利于成矿的断裂裂隙带和透水性好的碎裂-角砾岩系。爆破作用使流体内压突然释放并形成低压区,处于高压区的流体便迅速向低压区迁移(舒广龙,2004)。

成矿物质沉淀:成矿流体中金属的沉淀机制主要有以下几种,单一流体的沸腾作用(相分离)(张德会,1997;卢焕章等,2004;杜美艳等,2011;何鹏等,2013),流体的冷却(杜美艳等,2011);岩浆流体与大气水的混合(华仁民,1994);水-岩反应(华仁民,1993;张德会,1997);流体的浓缩作用(黄朋等,2000)。有证据表明成矿流体曾发生过沸腾作用(范宏瑞等,2003;卢焕章等,2004)。燕山早期成矿系列主成矿阶段热液矿物中常出现均一温度相比变化很大,不同类型、不同盐度和均一温度不同的多类型包裹体共生的现象,这些现象说明存在流体沸腾作用和热液岩浆流体与天水混合作用,从而加速成矿流体的冷却,促使金属络合物分解,导致成矿物质沉淀出来(杜美艳等,2011)。

3. 成矿系列动力学模型

(1)燕山早期成矿系列模型:T_2—J_2(230~160Ma)该区处于西伯利亚和华北板块碰撞后伸展体制(图7-4)。大规模成岩成矿事件发生在T_3—J_1(210~170Ma),成岩始于T_3,成岩成矿高峰期为J_1,即成矿发生于岩浆活动最强烈的J_1。

(2)燕山晚期成矿系列模型:J_3—K_1(160~100Ma),该区处于太平洋板块俯冲体制下的地壳加厚构造环境(图7-5)。成岩成矿事件发生在K_1(120~100Ma),成岩始于J_3,成岩成矿高峰期为J_1,即成矿发生于岩浆活动最强烈的K_1。

第三节 找矿预测模式

一、找矿预测方法

矿产资源潜力评价采用的矿床模型综合地质信息预测技术,其实质就是采用知识驱动与数据驱动相结合的途径,运用基于GIS的矿产资源预测与评价软件系统,开展多尺度、多方案的矿产资源潜力评价工作。其中,地质综合信息的深入分析、矿床模式及成矿系列的建立是矿产预测的前提,地质、物探、化探、遥感等基础空间数据库的建立和应用是矿产预测的基础,正确认识和刻画重要矿产资源

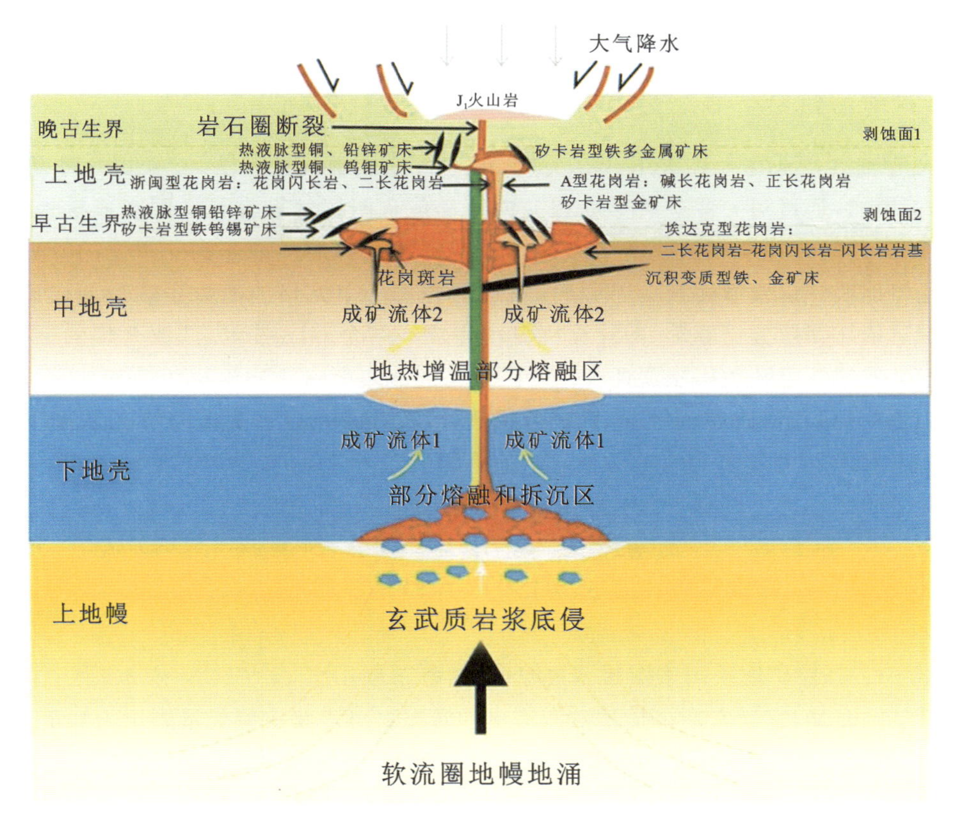

图 7-4　燕山早期成矿系列动力学模型

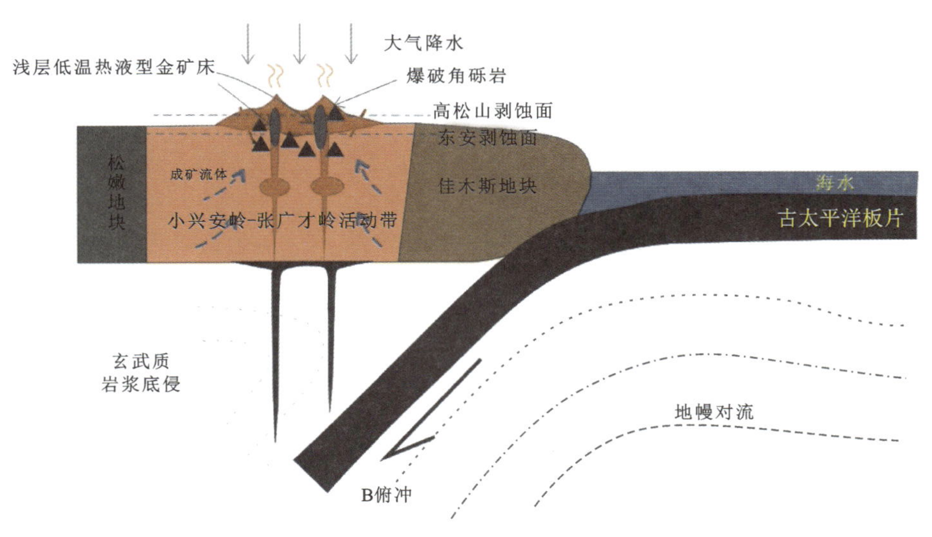

图 7-5　燕山晚期成矿系列动力学模型

的时空分布和共生规律，选准预测要素，有效地识别和提取找矿信息是矿产预测成败的关键，而合理地进行信息综合和选择正确的预测评价模型与方法则是矿产资源潜力定量化预测的有效途径。本次研究全面收集已有地质、物探、化探、遥感、矿产勘查和科学研究取得的资料和成果，利用 MapGIS 技术的集成优势和数学地质软件，总结综合信息找矿标志，建立综合信息支持下的找矿模型，采用证据权法圈定成矿远景区，提出找矿远景区及有针对性的工作部署建议。

1. 证据权法的概念

证据权法是加拿大地质学家 Agterberg 提出的一种地质学统计方法，它采用一种基于 Bayes（贝叶斯）统计分析模式，通过对一些矿产形成相关的地学信息图层的加权叠加圈出成矿地区，并进行矿产远景区的预测，是国际地学领域使用 GIS 进行矿产资源评价的一种非常受重视的计算方法。证据权法的基础是将地质评价模型转换为“网格模型”，对每一个单元格内的数据进行加权计算。评价方法自始至终都是依靠图层数据驱动，由计算机自动完成。结合 GIS 技术，选取合理的证据层，对有利成矿因素进行有效地综合地数据预测评价。

证据权法是一种利用后验概率圈定找矿远景区，后验概率就是在先验概率的基础上对正负权重的叠加。它基于 GIS 强大的多元地学信息空间分析的基础，是以已知的矿产产出位置为基础，并且在图形上进行直接操作。它可以有效地利用单一的专题图件，不需要对空白区域进行插值，从而减少了机器误差。

2. 证据权法的基本原理

假设有 m 个二态控矿地质因素图层需要综合，这些图层用 $Z_j(j=1,2,\cdots,m)$ 表示。Y 表示需要预测的二态远景区变量，它通常用来描述矿床产出的状态。可以将这些变量表示为如下形式：

$$Z_j(x)=\begin{cases}Z^+ & \text{标志 } j \text{ 在位置 } x \text{ 处存在}\\ Z^- & \text{标志 } j \text{ 在位置 } x \text{ 处不存在或不清楚}\end{cases}$$

和

$$Y(x)=\begin{cases}Y^+ & \text{靶区变量在 } x \text{ 处存在}\\ Y^- & \text{靶区变量在 } x \text{ 处不存在}\end{cases}$$

首先考虑 $m=2$ 的情形。Y 的后验概率可由贝叶斯关系式给出：

$$p(Y \mid Z_1Z_2)=\frac{p(Z_1Z_2 \mid Y)p(Y)}{p(Z_1Z_2)}$$

式中，$p(Y)$为 Y 的先验概率。

后验概率比（Posterior Odds）由下式给出：

$$o(Y \mid Z_1Z_2)=\frac{p(Y^+ \mid Z_1Z_2)}{p(Y^- \mid Z_1Z_2)}=\frac{p(Y^+)p(Z_1Z_2 \mid Y^+)}{p(Y^-)p(Z_1Z_2 \mid Y^-)}$$

假设 Z_1 和 Z_2 相对于 Y 来说是条件独立的，即：

$$p(Z_1Z_2 \mid Y)=p(Z_1 \mid Y)p(Z_2 \mid Y)$$

那么，后验概率比的对数值可由下式表示：

$$\begin{aligned}\ln[o(Y \mid Z_1Z_2)]&=\ln[p(Y^+)/p(Y^-)]\\&\quad+\ln[p(Z_1 \mid Y^+)/p(Z_1 \mid Y^-)]\\&\quad+\ln[p(Z_2 \mid Y^+)/p(Z_2 \mid Y^-)]\\&=W_0+W_1+W_2\end{aligned}$$

式中：W_0 为 Y 的先验概率比的对数值，$W_j(j=1,2)$分别表示上述方程右端的后两项。

以上的对数线性方程很容易推广为控矿地质因素的个数为 m 的情形：

$$\ln[o(Y \mid Z_1Z_2\cdots Z_m)]=\sum_{j=0}^{m}W_j$$

其中：

$$W_j=\ln[p(Z_j \mid Y^+)/p(Z_j \mid Y^-)] \qquad (j=1,2,\cdots,m)$$

上式可以更进一步地写为：

$$W_j^+=\ln[p(Z_j^+ \mid Y^+)/p(Z_j^+ \mid Y^-)] \qquad (j=1,2,\cdots,m)$$

$$W_j^-=\ln[p(Z_j^- \mid Y^+)/p(Z_j^- \mid Y^-)] \qquad (j=1,2,\cdots,m)$$

上述的权系数(W_j)可以根据控制区内的样品集来估算。设 n 为控制区样品数，构造一个关于 Z_j 和 Y 的二维列联表，表中元素表示两个变量不同状态同时发生的频数。将有关的概率用相应的频率代替，则权系数可由下式估算：

$$W_j^+=\ln\left[\left(\frac{n(Z_j^+Y^+)}{n(Y^+)}\right)/\left(\frac{n(Z_j^+Y^-)}{n(Y^-)}\right)\right]$$

$$W_j^-=\ln\left[\left(\frac{n(Z_j^-Y^+)}{n(Y^+)}\right)/\left(\frac{n(Z_j^-Y^-)}{n(Y^-)}\right)\right]$$

根据后验概率比与后验概率之间存在如下关系：

$$o(Y \mid Z_1Z_2\cdots Z_m)=\frac{p(Y \mid Z_1Z_2\cdots Z_m)}{1-p(Y \mid Z_1Z_2\cdots Z_m)}$$

将该式作简单变换并将后验概率比的计算公式代入，得：

$$p(Y \mid Z_1Z_2\cdots Z_m)=\frac{o(Y \mid Z_1Z_2\cdots Z_m)}{1+o(Y \mid Z_1Z_2\cdots Z_m)}$$

$$=\exp(\sum_{j=0}^{m}W_j)/[1+\exp(\sum_{j=0}^{m}W_j)]$$

用证据加权法预测矿产资源远景区，控制区的选择很关键。因为模型的可靠性取决于数据的质量，而且，统计模型的建立对控制区的变化是敏感的。在实际工作中，使用不同的控制区产生完全不同的概率估计值的情况是不常见的，但是，不同的控制区会产生不同的统计模型。从概念上讲，控制区必须是那些勘探程度高而且能够最大限度地获取找矿信息的区域。建立模型的控制区的规模依赖于研究区以及基本成图单位的大小。控制区规模大有利于获得一个稳定的条件概率估计值，但又会产生不必要的副效应，例如，模糊的远景区边界。

控矿地质因素与矿床产出状态之间的关联性强弱可以通过地质标志的正权和负权之间的差值大小来度量，即：

$$C_j=W_j^+-W_j^-$$

大的差值意味着 Z_j 和 Y 之间具有强的关联性；小的差值则意义相反。根据控矿地质因素的权值定义，W_j^+(或 W_j^-)的取值由 Y 存在或不存在时 Z_j^+(或 Z_j^-)出现的相对频数来决定。如果两个条件频数的差值较大，权值的强度也将较大。如果 Y 相对于 Z_j 来说是随机分布于研究区内的，那么，C_j 的值将趋近于 0。这一点可以很容易地从关系式 $p(Z_j \mid Y)=p(Z_j)$ 中得到验证。

C_j 既可以取正值也可以取负值，取正值表示 Z_j 与 Y 之间具有正的关联性，取负值表示 Z_j 与 Y 之间具有负的关联性。如果 W_j^+ 和 W_j^- 不等于 0，那么它们将永远取相异的符号。如果 W_j^+ 是正的，那么 Z_j 和 Y 之间的关联性就是正向的，反之亦然。Z_j 和 Y 之间的关联性强度可以用统计方法来进行检验。C_j 还可以用来确定线性控矿地质因素(如控矿断裂)周围缓冲区的最优宽度(Agterberg et al，1990)。

权值的方差可由下式来计算：

$$s^2(W_j)=\frac{1}{n(Z_jY^+)}+\frac{1}{n(Z_jY^-)}$$

该式来自于最大似然法(Bishop，1975)的渐近线。上式的有效性是有条件的，即概率即不能接近于1也不能接近于0。相似地，后验概率比的方差可由下式计算：

$$s^2[p(Y \mid Z_1 \cdots Z_m)] = p^2(Y \mid Z_1 \cdots Z_m) s^2(o)$$

该式对估计方差很有意义，但在实际工作中并不是很有用的。因为该式只反映了控矿地质因素与矿床产出状态之间的联合频率分布。而估值的不确定性完全取决于控制区矿床的数目。

3. 证据权法的计算机实现过程

(1)选择矿点图层及与成矿作用有关的证据因子专题图层。①成矿有利地层组合；②中酸性—酸性侵入岩；③脉岩；④围岩蚀变；⑤断裂构造；⑥化探异常；⑦航磁异常。

(2)划分统计单元。

(3)计算先验概率。分别将各证据图层和网格单元图层叠加，进行先验概率、权重、相关系数的计算，并且绘制综合异常等值线图。

(4)根据先验概率及权重（W_j^+ 和 W_j^-）值，筛选出最合理的证据因子专题图层。

(5)进行后验概率的计算。

(6)按后验概率确定各级预测远景区。

证据权法预测评价结果是一个成矿后验概率图，其值在0～1之间，后验概率的大小对应着成矿概率的大小。在确定整个预测评价范围内的临界值之后，后验概率大于临界值的区域，就是找矿远景区。

二、信息提取和建模

基于GIS矿产资源评价工作的前提之一是建立科学、实用的区域找矿描述性模型，而且这个模型所提供的找矿标志必须是能够在GIS所管理的空间数据库中直接或间接提取出来，这是至关重要的。此外，一个好的综合信息找矿模型主要包括地质、矿产、地球化学、地球物理方面的要素。通过对该研究区区域地质背景、地球化学特征、地球物理特征、矿产特征及前面的控矿因素分析研究，建立该区域的找矿模型如下：金找矿概念模型；铅、锌、银找矿概念模型；铁找矿概念模型；铜找矿概念模型。

金找矿概念模型：主要地层为亮子河组、五道岭组、新兴组、甘河组；控矿岩体主要以燕山期的二长花岗岩为主；主要控矿构造为北东向、北西向及近南北向；与矿化有关的地球化学异常主要有Au元素异常；与矿化有关的地球物理特征，即航磁、重力异常。

铅、锌、银找矿概念模型：主要地层为土门岭组、铅山组、帽儿山组、玉泉灰岩、小金沟组、五道岭组、小金沟组与大青组并层、老道庙沟组、甘河组；控矿岩体主要以燕山早期的碱长花岗岩、二长花岗岩和花岗闪长岩为主；主要控矿构造为北东向、北西向及近南北向；与矿化有关的地球化学异常主要有铅锌银组合元素异常；与矿化有关的地球物理特征，即航磁、重力异常。

铁找矿概念模型：主要地层为五道岭组、土门岭组、铅山组、老道庙沟组、板子房组、小金沟组、玉泉灰岩、小金沟组与大青组并层；控矿岩体主要以燕山早期的碱长花岗岩、二长花岗岩和花岗闪长岩；主要控矿构造为北东向、北西向及近南北向；与矿化有关的地球物理特征，即航磁、重力异常。

铜找矿概念模型：主要地层为五道岭组、小金沟组、土门岭组、铅山组、玉泉灰岩；控矿岩体主要以燕山早期的碱长花岗岩、二长花岗岩和花岗闪长岩为主；主要控矿构造为北东向、北西向及近南北向；与矿化有关的地球化学异常主要有铜元素异常；与矿化有关的地球物理特征，即航磁、重力异常。

第四节　找矿远景区划分

一、圈定方法及原则

1. 网格单元划分

单元划分是进行地质研究(如矿产资源评价、成矿远景区圈定、地质信息提取)最基础的环节。其目的是为了确定地质变量观察尺度和取值范围,提高评价结果的准确性。单元类型和大小,犹如样品采集和分析,其取样的方法和大小不同,获得的结果对地质现象描述的精确程度不同,从而直接影响地质研究的效果。预测单元划分太小,造成同一地质体分布于多个单元,人为割裂地质现象,而且明显地扩大了无矿单元和单一控矿单元的数目,增加了预测工作量,不利于地质模型的建立;而网格单元划分太大,则歪曲了有矿单元的分布形态,使误判有矿的面积增大,不利于找矿工作的进行,并使成矿远景区的可信度降低。应用金属矿产资源评价分析系统 MORPAS(Mineral Ore Resources Perspective and Assessment System)软件提供的单元划分方法对研究区进行了单元的划分。MORPAS 是中国地质大学(武汉)数学地质遥感地质研究所开发的基于 MapGIS 平台的矿产资源勘查评价及信息集成软件系统,包含专用空间分析模型及数据仓库管理技术。为避免人为主观因素的影响,采取了最常规的网格单元划分,将研究区域划分为 5km×5km 的网格单元共 5 207 个矩形单元,除去不需用的单元,实际应用单元 4 621 个。

2. 各矿种证据因子及后验概率计算

依据区域找矿模型,提取研究区各矿种的证据因子。证据因子的确定采用 C 值最大法确定,并将其作为证据层。根据选择的证据因子,应用 MORPAS 软件的证据权法模块,计算其证据权值和后验概率。后验概率是 0～1 之间的值,后验概率的大小对应着成矿概率的高低。

二、找矿远景区圈定

证据权重法预测模型是根据已知矿床(点)与各种控矿成矿条件之间的条件概率来确定每种条件的权重值,然后对全区进行预测。运用该模型计算得到该区的后验概率等值线图。根据成矿有利度的大小和已知矿床(点)的分布情况,可对远景区进行分级。我们采用以下分级原则:

A 级:具有较高的后验概率,存在已知矿床(点),成矿地质条件优越,矿产资源潜力大,可以优先安排的远景区。

B 级:虽具有较高的后验概率,成矿地质条件也较好或有一定的矿化信息,但目前尚未发现矿床的区域,属于将来可以考虑的远景区。

C 级:后验概率高于先验概率,但成矿地质条件一般或矿化信息尚不明朗的区域。

通过证据权法进行远景区圈定,并编制相关的远景区分布图件。

1. Au 找矿远景区

结合 MORPAS 证据权法圈出成矿有利度高的地区,研究区共圈出 4 个 A 级区(表 7-2),11 个 B级区。

表 7-2　黑龙江小兴安岭-张广才岭 A 级 Au 找矿远景区与矿床

分类	编号	描述
A(后验概率≥0.06)	A-1	位于红星镇东北部，乌云镇南部；主要出露燕山早期的二长花岗岩、碱长花岗岩；断裂以北西向、北东向为主；该远景区的已知矿床为黑龙江市小鱼河、大结烈河、百老爷河、小结列河金矿床
	A-2	位于伊春市东部，该远景区出露的地层为五道岭组和大青组，五道岭组地层上部流纹岩及其凝灰岩夹中酸性凝灰岩、含砾凝灰粉砂岩，下部安山岩、安山质凝灰岩、凝灰熔岩；大青组地层灰绿色、灰紫色安山岩、英安岩，夹变质粉砂岩、凝灰砂岩；出露的侵入岩主要为燕山早期的中粗粒二长花岗岩；断裂主要为北西向、北东向推测性质不明断层；该远景区已知的矿床多为多金属矿：翠峦山五号闸含金多金属矿、翠峦山尖山河含金多金属矿、翠峦山抚育河含金多金属矿、伊春市二林场南山金矿化点
	A-3	位于神树镇，该远景区主要出露的地层为土门岭组、五道岭组和帽儿山组；出露的侵入岩主要为燕山期辉石闪长岩；已知矿床为铁力市大安河金多金属矿床
	A-4	位于交界镇和平安镇之间，该远景区出露的地层主要为玉泉灰岩、帽儿山组、土门岭组、唐家屯组；出露的侵入岩为燕山期中细粒碱长花岗岩、晶洞碱长花岗岩、碱性花岗岩；已知矿产为阿城市一撮毛和阿城市玉泉岩金矿化点

2. Pb、Zn、Ag 找矿远景区

结合 MORPAS 证据权法圈出成矿有利度高的地区，研究区共圈出 7 个 A 级区(表 7-3)，11 个 B 级区。

表 7-3　黑龙江小兴安岭-张广才岭 A 级 Pb、Zn、Ag 找矿远景区与矿床

分类	编号	描述
A(后验概率≥0.3)	A-1	覆盖伊春市东部，东北部，铁力市东部，该远景区面积较大，出露的地层主要有五道岭组、帽儿山组、大青组及土门岭组；出露的主要侵入岩为燕山早期中粗粒二长花岗岩；已知主要矿产有庆安县二股想说和铅锌多金属矿床、庆安县徐老九沟铅锌多金属矿床、翠峦区二段南山铅锌矿床，以及多个矿点、矿化点
	A-2	位于宾县东部，延寿县大部分，该远景区出露的地层主要有小金沟组、大青组、宝泉组、宁远村组和土门岭组；出露的主要侵入岩为燕山期的中粒、中粗粒二长花岗岩、斑状二长花岗岩、中细粒碱长花岗岩、晶洞碱长花岗岩、碱性花岗岩；已知矿产为宾县明礼铅锌多金属矿床及多个矿点矿化点，延寿县多个多金属矿点和矿化点
	A-3	包括平山镇和小岭镇，该远景区出露的地层主要为土门岭组、帽儿山组；出露的主要侵入岩为燕山早期中细粒碱长花岗岩、晶洞碱长花岗岩、碱性花岗岩；已知矿产为阿城县新明铅锌多金属矿、平山镇两个铅锌铜矿
	A-4	位于逊克县东南角部，该远景区出露的主要地层为五道岭组、土门岭组；出露的主要侵入岩为燕山早期中粒碱长花岗岩、碱性花岗岩、白岗岩；已知矿产为逊克县翠宏山钼锌多金属矿
	A-5	位于红星镇，该远景区出露的地层主要为黑龙宫组、五道岭组及老道庙沟组；出露的侵入岩主要为燕山早期二长花岗岩、闪长岩；已知矿产为伊春市五营区母树林铅锌多金属矿
	A-6	位于逊克县东部，该远景区出露的地层主要为甘河组、铅山组和宁远村组；出露的主要侵入岩为燕山期花岗闪长岩、英云闪长岩、闪长岩、二长花岗岩；已知矿产为逊克县三间房铅锌矿化点
	A-7	位于安家镇，该远景区出露的地层主要为土门岭组、五道岭组；出露的主要侵入岩为燕山期中粗粒花岗闪长岩；已知矿产为两个安家镇铅锌矿点

3. Fe 找矿远景区

结合 MORPAS 证据权法圈出成矿有利度高的地区，研究区共圈出 9 个 A 级区(表 7－4)，16 个 B 级区。

表 7－4 黑龙江小兴安岭-张广才岭 A 级 Fe 找矿远景区与矿床

分类	编号	描述
A(后验概率≥0.08)	A－1	位于逊克县东南部，伊春市北部；该远景区出露的地层主要为板子房组、五道岭组、大青组；出露的侵入岩主要有燕山期中粒、中粗粒二长花岗岩、斑状二长花岗岩，花岗斑岩；已知矿产为伊春市东卡尔太铁矿床、伊春市翠源森铁站对青山铁矿床、逊克县友好林业局库源铁矿床
	A－2	位于伊春市中南部；该远景区出露的地层主要为老道庙沟组、铅山组、五道岭组；出露的主要侵入岩为燕山早期中粒二长花岗岩；已知矿产为伊春市大西林铁矿床、伊春市五二九林场东南沟铁矿化点
	A－3	位于铁力市神树镇和桃山镇；该远景区出露的地层主要为帽儿山组、板子房组、湖积、冲积层；出露的侵入岩主要有中细粒碱长花岗岩、晶洞碱长花岗岩、碱性花岗岩；已知矿产为庆安县新曙光铁多金属矿、铁力市二股三林班含铁多金属矿点、铁力市二股东山含铁多金属矿点
	A－4	位于汤原县的晨明镇和浩良喝镇；该远景区出露的地层主要为宝泉组、五道岭组、晨明组、老道庙沟组；出露的主要侵入岩有燕山期中粗粒花岗闪长岩；已知矿产为浩良河 M57 矿、伊春市桦皮沟含铁多金属矿、汤原县亮子河铁多金属矿
	A－5	覆盖交界镇、平山镇和小岭镇；该远景区出露的地层主要为五道岭组和帽儿山组；出露的侵入岩主要有燕山期花岗斑岩、花斑岩、正长花岗斑岩、碱长花岗岩、花岗闪长岩；已知矿产为阿城市张家湾铁多金属矿、阿城市大砬字铁多金属矿
	A－6	位于亚沟镇东北部，蜚克图镇南部；该远景区出露的地层主要为五道岭组、帽儿山组、洪积、冲积层；出露的主要侵入岩为燕山早期二长花岗岩；已知矿产为宾县小瑞丰含铁多金属矿、阿城县秋皮沟含铁多金属矿
	A－7	位于山河镇东北部；出露的地层主要为土门岭组、太安屯组、帽儿山组；出露的侵入岩主要为燕山期中细粒碱长花岗岩、晶洞碱长花岗岩、碱性花岗岩；已知矿产为阿城县新明铁多金属矿、阿城县中和屯铁矿化点
	A－8	位于逊克县西部，五大连池市东北部；出露的地层主要为五道岭组、光华组；出露的侵入岩较少，主要为燕山早期二长花岗岩；已知矿产为逊克县铁钼矿、逊克县吉山铁矿化点
	A－9	位于汤原县西北部，出露的地层主要为亮子河组，该组地层包括云母石英片岩、磁铁石英岩、大理岩，宝泉组；该远景区大部分被燕山期二长花岗岩覆盖；已知矿产为汤原县群策山铁多金属矿、汤原县三林班铁矿点

4. Cu 找矿远景区

结合 MORPAS 证据权法圈出成矿有利度高的地区，研究区共圈出 11 个 A 级区(表 7－5)，13 个 B 级区。

表 7-5 黑龙江小兴安岭-张广才岭 A 级 Cu 找矿远景区与矿床

分类	编号	描述
A(后验概率≥0.12)	A-1	覆盖松江镇、交界镇、平山镇、山河镇和小岭镇；出露的地层主要为帽儿山组、土门岭组；出露的主要侵入岩为燕山期碱长花岗岩、花岗闪长岩；已知矿产为两个平山镇铅锌铜矿床、小岭镇一个铅锌铜矿床、松江镇宾县弓棚子铜多金属矿
	A-2	位于亚沟镇东北部，蜚克图镇南部；该远景区出露的地层主要为五道岭组、帽儿山组、洪积、冲积层；出露的主要侵入岩为燕山早期二长花岗岩；已知矿产为宾县小瑞丰含铜多金属矿、宾县孔家窑金铜矿点
	A-3	位于宁远镇，出露的地层主要为小金沟组、五道岭组、宁愿村组；出露的主要侵入岩为燕山期花岗斑岩，加里东期花岗闪长岩；已知矿产为宾县明礼多金属矿
	A-4	位于延寿县东北部，出露的地层主要为小金沟组、小金沟组和大青组并层、宝泉组；出露的主要侵入岩为燕山期二长花岗岩；已知矿产为延寿县多金属矿点
	A-5	位于庆阳镇东部，出露的地层主要为大青组和小金沟组；出露的主要侵入岩为燕山期碱长花岗岩；已知矿产为尚志市铜矿点、尚志市杨木岗铜多金属矿化点
	A-6	位于铁力市中部，出露的地层主要为帽儿山组、小金沟组、土门岭组、板子房组、铅山组；出露的主要侵入岩为燕山期碱长花岗岩、花岗闪长岩；已知矿产为铁力市二股响水河多金属矿、铁力市二股东山多金属矿及多处铜矿化点
	A-7	位于 A-6 东部，出露的地层主要为小金沟组、铅山组、五道岭组；出露的主要侵入岩为燕山期花岗闪长岩；已知矿点为铁力市小白铜多金属矿点
	A-8	位于伊春市东部，出露的地层主要为土门岭组和五道岭组；出露的主要侵入岩为燕山早期花岗闪长岩；已知矿产为翠峦区二段南山铜多金属矿点、翠峦区抚育河多金属矿点及多处铜矿化点
	A-9	位于伊春市西北部，出露的地层主要为小金沟组、板子房组、五道岭组；出露的主要侵入岩为燕山早期二长花岗岩；已知矿产为伊春市友好区密林多金属矿点、伊春市新林铜矿化点
	A-10	位于逊克县东南部，出露的地层主要为土门岭组；出露的主要侵入岩为燕山期二长花岗岩；已知矿产为伊春市库滨多金属矿
	A-11	位于红星镇，出露的地层主要为五道岭组、老道庙沟组；出露的主要侵入岩为燕山期中细粒闪长岩、石英闪长岩；已知矿产为伊春市五营区杨树河多金属矿点、伊春市五星多金属矿点

5. W 找矿远景区

结合 MORPAS 证据权法圈出成矿有利度高的地区，研究区共圈出 2 个 A 级区(表 7-6)，8 个 B 级区。

表 7-6 黑龙江小兴安岭-张广才岭 A 级 W 找矿远景区与矿床

分类	编号	描述
A(后验概率≥0.18)	A-1	位于逊克县东南角部，该远景区出露的地层主要为五道岭组、土门岭组；出露的主要侵入岩为燕山期中粒碱长花岗岩、碱性花岗岩、白岗岩；已知矿产为逊克县翠宏山钨多金属矿床
	A-2	位于山河镇东北部；出露的地层主要为土门岭组、太安屯组、帽儿山组；出露的侵入岩主要为燕山期中细粒碱长花岗岩、晶洞碱长花岗岩、碱性花岗岩；已知矿产为宾县弓棚子钨铜锌矿床

6. Sn 找矿远景区

结合 MORPAS 证据权法圈出成矿有利度高的地区，研究区共圈出 3 个 A 级区(表 7-7)，5 个 B 级区。

表 7-7 黑龙江小兴安岭-张广才岭 A 级 Sn 找矿远景区与矿床

分类	编号	描述
A(后验概率≥0.51)	A-1	位于逊克县东南角部，该远景区出露的地层主要为五道岭组、土门岭组；出露的主要侵入岩为燕山期中粒碱长花岗岩、碱性花岗岩、白岗岩；已知矿产为伊春市红旗山铁锌锡矿床、逊克县库滨铅锌锡矿床
	A-2	位于伊春市西南部，出露的地层主要为土门岭组和五道岭组；出露的主要侵入岩为燕山期花岗闪长岩；已知矿产为伊春市尖山河锡铅矿点
	A-3	位于亮河镇东部；出露的主要侵入岩为燕山期二长花岗岩、花岗闪长岩；已知矿产为海林市林海铁锡矿床

7. Mo 找矿远景区

结合 MORPAS 证据权法圈出成矿有利度高的地区，研究区共圈出 3 个 A 级区(表 7-8)，9 个 B 级区。

表 7-8 黑龙江小兴安岭-张广才岭 A 级 Mo 找矿远景区与矿床

分类	编号	描述
A(后验概率≥0.51)	A-1	位于逊克县东南角部，该远景区出露的地层主要为五道岭组、土门岭组；出露的主要侵入岩为燕山期中粒碱长花岗岩、碱性花岗岩、白岗岩；已知矿产为逊克县翠宏山钼锌多金属矿
	A-2	位于铁力市东北部，出露的地层主要为小金沟组、土门岭组、铅山组；出露的主要侵入岩为燕山期碱长花岗岩、花岗闪长岩；已知矿产为铁力市鹿鸣钼矿床、铁力市二股响水河多金属矿、铁力市二股东山多金属矿及多处铜矿化点
	A-3	覆盖交界镇、平山镇和小岭镇；该远景区出露的地层主要为五道岭组和帽儿山组；出露的侵入岩主要有燕山期花岗斑岩、花斑岩、正长花岗斑岩、碱长花岗岩、花岗闪长岩；已知矿产为宾县弓棚子钨铜锌矿床、阿城市五道岭钼矿床、阿城市苏家围子多金属矿床

8. 综合找矿远景区

综合以上分析，将以上各远景预测区综合，得到8个综合找矿远景区(图7-6、表7-9)。

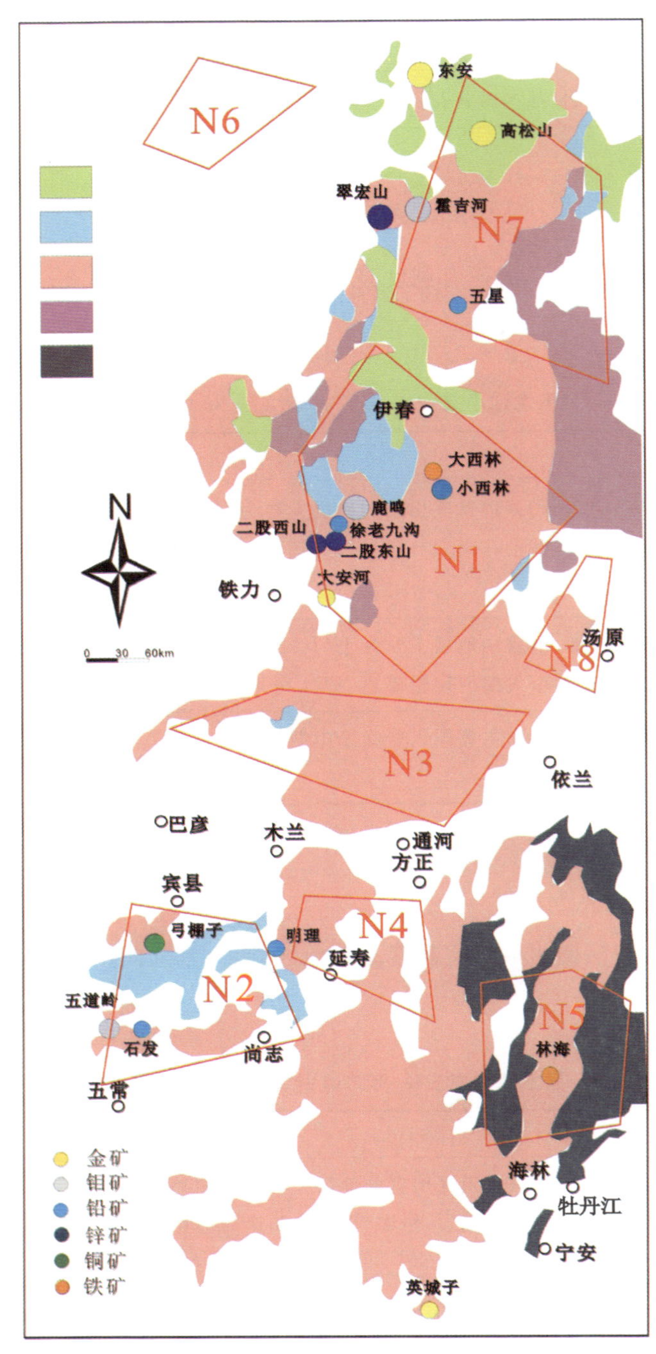

图7-6 小兴安岭-张广才岭成矿带成矿远景区分布

表 7-9 黑龙江小兴安岭-张广才岭综合找矿远景区与矿床

编号	描述
N1	覆盖伊春市西部、西南部以及铁力市东北部，该远景区面积较大，出露的地层主要有五道岭组、帽儿山组、大青组、红林组及土门岭组；主要出露燕山期似斑状、片麻状花岗闪长岩、英云闪长岩、闪长岩、二长花岗岩；断裂以北西向、北东向为主；该区化探元素异常分布，金属分布矿产集中，且已知矿产分布多，已知主要矿产有庆安县二股想说和铅锌多金属矿床，庆安县徐老九沟铅锌多金属矿床，翠峦区二段南山铅锌矿床，黑龙江市小鱼河、大结烈河、百老爷河、小结列河金矿床，伊春市大西林铁矿床，以及多个矿点、矿化点
N2	覆盖阿城市东部，宾县南部和尚志市西部，出露的地层主要有帽儿山组、五道岭组、土门岭组、黑龙共组、宝泉岭组；出露的主要侵入岩为燕山期花岗闪长岩、碱长花岗岩；多金属矿产分布，包括铜矿、铅锌银矿、金矿铁矿等，已知矿产分布多，主要矿产有宾县弓棚子铜铅锌多金属矿床、宾县小瑞丰铜铅锌多金属矿床、阿城县秋皮沟铁多金属矿床、阿城市张家湾铁多金属矿、阿城市大砬字铁多金属矿、阿城县新明铁多金属矿等
N3	覆盖通河县和巴彦县，出露的地层主要有五道岭组、黑龙共组、建兴组、小金沟组、淘淇河组和帽儿山组；出露的主要侵入岩为燕山期花岗斑岩、碱长花岗岩、闪长岩；断裂以北西向、北东向为主；该区化探元素异常集中分布；该区已知矿产较少，多为一些矿点和矿化点，但是多金属成矿靶区概率高(铜矿、铅锌矿、金矿、铁矿)
N4	覆盖宾县东部和延寿县西半部，出露的地层主要有小金沟组、五道岭组、宝泉岭组和淘淇河组；出露大面积燕山期二长花岗岩和碱长花岗岩；主要受伊兰-舒兰岩石圈断裂带控制，成矿概率较高的矿产为铁矿、铅锌银矿、铜矿，已知矿产为宾县明礼多金属矿，以及较多的铅锌、铁、铜矿点和矿化点
N5	覆盖尚志市东北部以及海林市北部，出露的地层主要有郑沟组、帽儿山组、红光组、五道岭组、淘淇河组；出露的侵入岩主要为燕山期二长花岗岩和碱长花岗岩；断裂主要为北东向，化探异常分布多，已知矿产少，多为金、铜矿点，但是金矿、铅锌银矿、铜矿、铁矿多金属成矿概率高
N6	位于逊克县西部，五大连池市东北部；出露的主要地层为五道岭组、光华组、嫩江组；出露的侵入岩较少，主要为燕山期二长花岗岩；区域上主要受孙吴断裂控制，局部断裂主要为北东向；多金属成矿概率高，已知矿产；逊克县铁钼矿、逊克县吉山铁矿化点等
N7	位于伊春市北部，逊克县东南部；出露的地层主要有五道岭组、甘河组、板子房组、福民河组；出露的侵入岩主要为燕山期二长花岗岩和碱长花岗岩；局部断裂主要为北东向和北西向，多金属化探异常分布广，已知矿产多，成矿概率高，主要已知矿产为伊春市东卡尔太铁矿床、伊春市翠源森铁站对青山铁矿床、逊克县翠宏山钼锌多金属矿、伊春市五营区母树林铅锌多金属矿，以及其他钼矿等金属矿多金属矿矿点、矿化点
N8	位于汤原县的晨明镇和浩良喝镇；该远景区出露的地层主要为宝泉组、五道岭组、晨明组、老道庙沟组；出露的主要侵入岩有燕山期中粗粒花岗闪长岩；元素化探异常分布广；成矿概率高，已知矿产为浩良河 M57 矿、伊春市桦皮沟含铁多金属矿、汤原县亮子河铁多金属矿

第五节　重要成矿远景区评价

一、重要远景区概况

通过对小兴安岭-张广才岭成矿地质环境及典型矿床的分析，归纳总结研究区成矿规律，叠加物探、化探、遥感等信息，得到8个综合找矿远景区，优选出铁力-二股地区(N1)和伊春-逊克县(N7)进行重要成矿远景区成矿条件及找矿潜力分析，并相应的提出下一步工作部署建议。

二、成矿条件分析

缓冲区分析和叠加分析是建立找矿标志与找矿规律和各种地质要素之间关系的一种重要分析方法。通过缓冲区分析可以确定不同地质因素的相应区域与已知矿床和矿点的关系。叠加分析是通过叠加不同图层，建立各种控矿地质因素之间的相互关系及其与已知矿点和矿床之间的关系。

1. 围岩条件

研究区内与金属矿产成矿关系密切的含矿围岩主要为结晶灰岩、白云质结晶灰岩、大理岩、白云岩、白云质大理岩及中酸性火山岩，其他与金属矿化关系不大，甚至未见矿化。

下-中寒武统铅山组($\in_{1-2}q$)是矿床、矿点的主要含矿围岩，如二股铅锌矿、徐老九沟铅锌矿、二段铅锌矿等。上二叠统—下三叠统五道岭组(P_3-T_1w)是西大坡铅锌矿、西大坡铁矿、前进东山铅锌矿、霍吉河钼矿、西汤旺河上游钼矿、696高地西钼矿的主要控矿围岩。下-中寒武统老道庙沟组($\in_{1-2}l$)革命沟铅锌矿的主要含矿围岩，矿体主要富集在大理岩附近，其次为白云质大理岩、白云岩。大理岩交代现象明显，矽卡岩发育，矿化较强，白云质大理岩和白云岩仅局部产生矽卡岩化。所有矿化均与侵入岩体及围岩接触带、破碎带、节理和层间裂隙带有关。下-中寒武统五星镇组($\in_{1-2}w$)是矿床、矿点的主要含矿围岩，如五星铅锌矿、杨树河铁矿、母树林银锌矿、五星锡矿等。

对两个地区分别统计矿点和地层的关系。铁力-二股地区中型矿床和小型矿床主要落在铅山组，老道庙沟组和五道岭组也有很强的矿化信息。对地区内铅锌矿与地层叠加分析，由之前的地质资料和典型矿床分析得出：与铅锌成矿有关的主要地层是铅山组、老道庙沟组和五道岭组。伊春-逊克地区的小型矿床主要分布在第四系和寒武系，总体矿化以寒武系最为发育，其次为第四系、二叠系。因此，寒武系和二叠系都是有利的成矿地层。

对地区内的铅锌、铁、铜、钼、银锌、铁铜锌分别与地层叠加统计分析，得到以下结果：和铅、锌、银有关的主要地层是下-中寒武统五星镇组上部、五星镇组下部；和铁、铜有关的主要地层为下-中寒武统五星镇组上部；和钼有关的主要地层为上二叠统—下三叠统五道岭组。

2. 岩体条件

1)侵入岩条件

铁力-二股地区和伊春-逊克地区岩浆活动均强烈，且与金属成矿作用有密切关系。据前面分析，表明成矿带岩浆活动在印支晚期—燕山早期达到了顶峰，岩体与地层接触带部位也是有利的成矿部位。以铁力-二股重点评价为例，从研究区岩体接触带缓冲600m与矿产关系分布图可以看出，研究区内晚三叠世—早侏罗世花岗闪长岩、二长花岗岩、碱长花岗岩等侵入岩与金属矿产成矿关系极为密切。

2)脉岩条件

伴随着频繁的构造与岩浆活动，两个研究区内脉岩广为发育，脉岩走向与构造线方向相一致，以北东向、北北东向、北西向为主。铁力-二股地区主要有中酸性花岗岩脉、闪长岩脉、斑岩脉、伟晶岩脉、碱性岩脉、闪长玢岩脉、辉长岩脉，辉石角闪石脉零星分布。伊春-逊克主要有中酸性花岗岩脉、闪长岩脉、石英闪长岩脉、伟晶岩脉、辉长玢岩脉、碱性岩脉、粗面安山岩脉、闪长玢岩脉、花岗闪长斑岩脉、辉绿岩脉、流纹岩脉，安山玢岩脉零星分布。从矿点分布与脉岩分布关系上看出，绝大多数矿点都分布在其边部或附近。

3)围岩蚀变

两个研究区内围岩蚀变主要包括高岭石化、绿泥石化、钾长石化、云英岩化、绿帘石化、黄铁矿化、硅化、绢云母化、褐铁矿化、蛇纹石化、角岩化、磁铁矿化等，金属矿化均与上述蚀变有密切关系。另外研究区内的围岩蚀变还普遍具有分带性特征。以小西林铅锌矿的围岩蚀变为例，小西林铅锌矿体主要发育在花岗斑岩与围岩接触带附近，由接触带向岩体方向依次为：强硅化透闪石化绿泥石化带；绢云母化绿泥石化带，此带普遍具铅、锌矿化和磁铁矿化；绢云母化带，伴生黄铁矿化。由接触带向围岩一侧依次为：强硅化带，空间上与矿体关系密切；弱硅化铁锰碳酸盐化带，紧靠矿体上盘分布，矿体尖灭此带亦消失；碳酸盐化弱硅化带，伴生黄铁矿化且分布范围较广。

3. 构造条件

根据已知矿床分析，区域上下列构造部位对成矿有利：背斜构造倾伏端，主断裂与次断裂的分汇处，是热液活动的迂回屏障，可促进矿液交代和沉淀，有利矿床形成。沿不整合面常形成铅锌矿化较好的矿体。沿层间破碎带（尤其是两种不同岩性的层间破碎带），对形成矽卡岩型的似层状、透镜状铁多金属矿体有利。冲断层的上盘、断层线切割背斜的轴部，矿液活动较强，便于储矿，对成矿有利。

综观区域多金属成矿区地质构造，依据已知矿床、矿点的分布分析，其北北东向（或近南北向）及东西向断裂构造应为主要控矿构造，北东向断裂为主要导矿构造，北西向或北北西向张性断裂多为蕴矿构造。

铁力-二股地区统计矿产与断裂的临近关系，得出矿产主要分布在距离断裂1km内。由断裂与矿产分布关系可以发现，钼矿成因与断裂关系表现不明显，铅锌矿受构造控制较为明显。

伊春-逊克地区统计矿产与断裂的临近关系，得出矿产主要分布在距离断裂0.5km内。由断裂与矿产分布关系可以发现，钼矿、铌钽矿和金矿成因与断裂关系表现不明显，银锌矿、铅锌矿、锡矿和铁铜锌矿受构造控制较为明显。

4. 地球化学成矿规律

铁力-二股地区铅锌矿产分布与Pb、Zn、Ag、Cu的化探异常有一定的空间关系，钼矿产分布与Mo化探异常有一定的空间关系。水系沉积物组合异常主要为Pb-Zn、Pb-Zn-Ag-As-Sb、Pb-Zn-Ag-Bi、Pb-Zn-Mo-Ag-W、Mo-As-Bi-Sb-Ag等。

伊春-逊克地区各矿产分布与Pb、Zn、Ag、Cu、Au、Mo、Sn的化探异常有一定的空间关系。

5. 成矿要素特征

铁力-二股地区在详细分析研究了工作区控矿因素及成矿特征的基础上，总结了该区域成矿要素

(表 7－10),并编制了铁力-二股研究区金属矿区域成矿要素图(图 7－7)。

表 7－10　铁力-二股研究区成矿要素一览表

成矿要素		描述内容
成矿地质环境及成矿地质特征	地层	上二叠统—下三叠统五道岭组;下寒武统铅山组、老道庙沟组
	构造	汤旺河—关松镇隆起带、向阳褶皱束,敏河中断陷及北东向、北西向、东西向、近南北向断裂
	岩浆岩	燕山早期二长花岗岩岩体、花岗斑岩岩体;燕山晚期二长花岗岩岩体
	矿化信息	各金属矿床、矿点

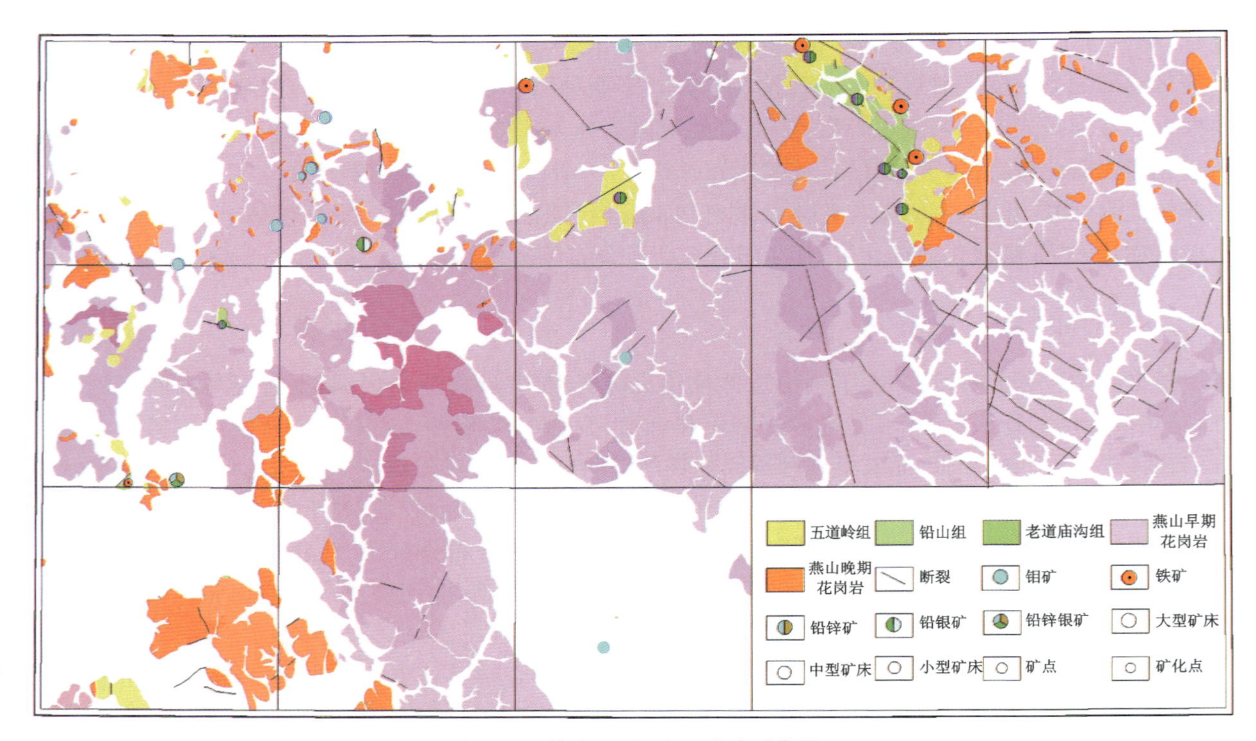

图 7－7　铁力-二股地区成矿要素图

伊春-逊克地区在详细分析研究了工作区控矿因素及成矿特征的基础上,总结了该区区域成矿要素(表 7－11),并编制了伊春-逊克研究区金属矿区域成矿要素图(图 7－8)。

6. 预测要素特征

铁力-二股地区在详细分析研究了工作区控矿因素及成矿特征的基础上,总结了该地区预测要素(表 7－12),并编制了铁力-二股地区预测要素图(图 7－9)。

表 7-11　伊春-逊克研究区成矿要素一览表

成矿要素		描述内容
成矿地质环境及成矿地质特征	地层	上二叠统—下三叠统五道岭组，下-中寒武统五星镇组下部、五星镇组上部
	构造	北东向、北西向、近东西向、近南北向断裂
	岩浆岩	加里东期石英二长岩岩体、印支晚期—燕山早期碱长花岗伟晶岩岩体、二长花岗岩岩体、霏细岩岩体、正长花岗岩岩体、花岗闪长岩岩体、碱长花岗岩岩体
	矿化信息	各金属矿床、矿点

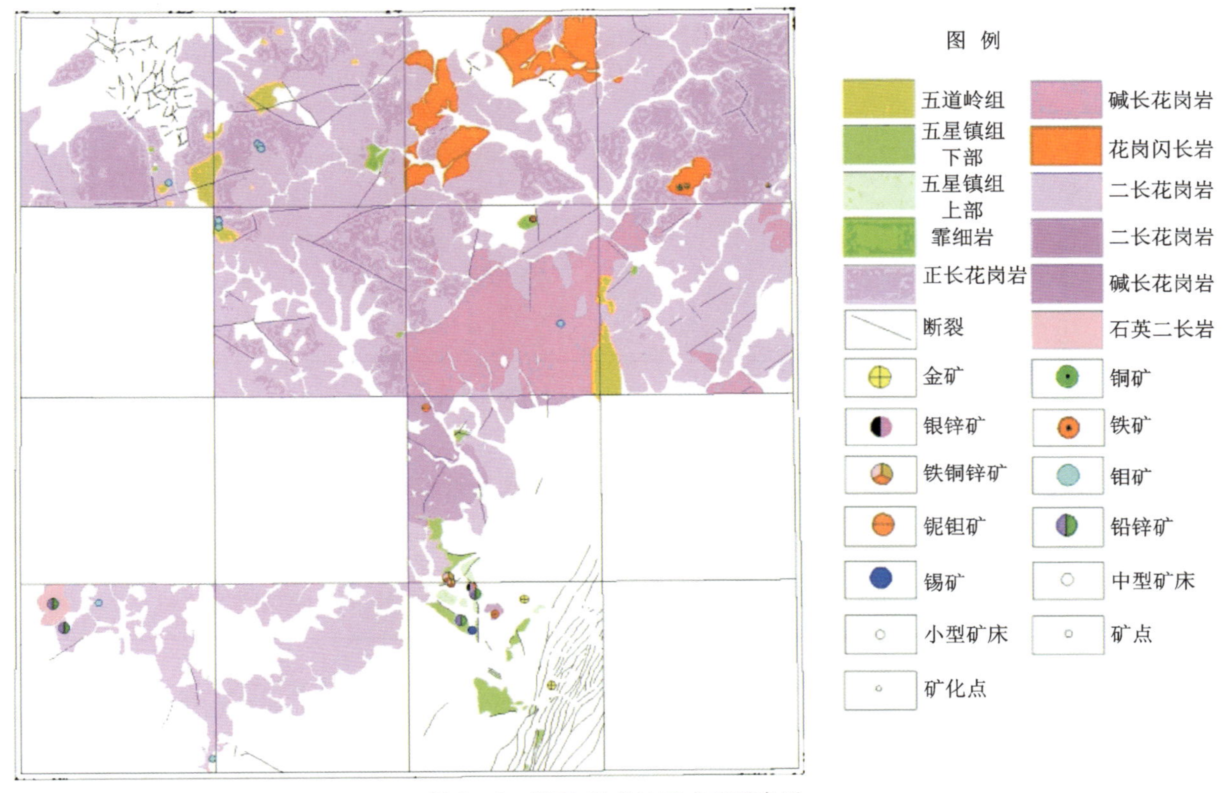

图 7-8　伊春-逊克地区成矿要素图

表 7-12　铁力-二股地区预测要素一览表

成矿要素		描述内容
成矿地质环境及成矿地质特征	地层	上二叠统—下三叠统五道岭组；下寒武统铅山组、老道庙沟组
	构造	北东向、北西向、东西向、近南北向断裂及环形构造
	岩浆岩	燕山早期二长花岗岩岩体、花岗斑岩岩体；燕山晚期二长花岗岩岩体
	围岩蚀变	硅化、钾长石化、矽卡岩化、黑云母化、黄铁矿化、绢云母化、绿帘石化、绿泥石化等
	矿化信息	金属矿床、矿点
物化遥综合信息特征	地化异常	Pb、Zn、Cu 及水系化探组合异常、土壤化探组合异常
	地球物理异常	航磁正负磁场变化地带
	遥感异常	遥感解译火山机构、断裂、蚀变带

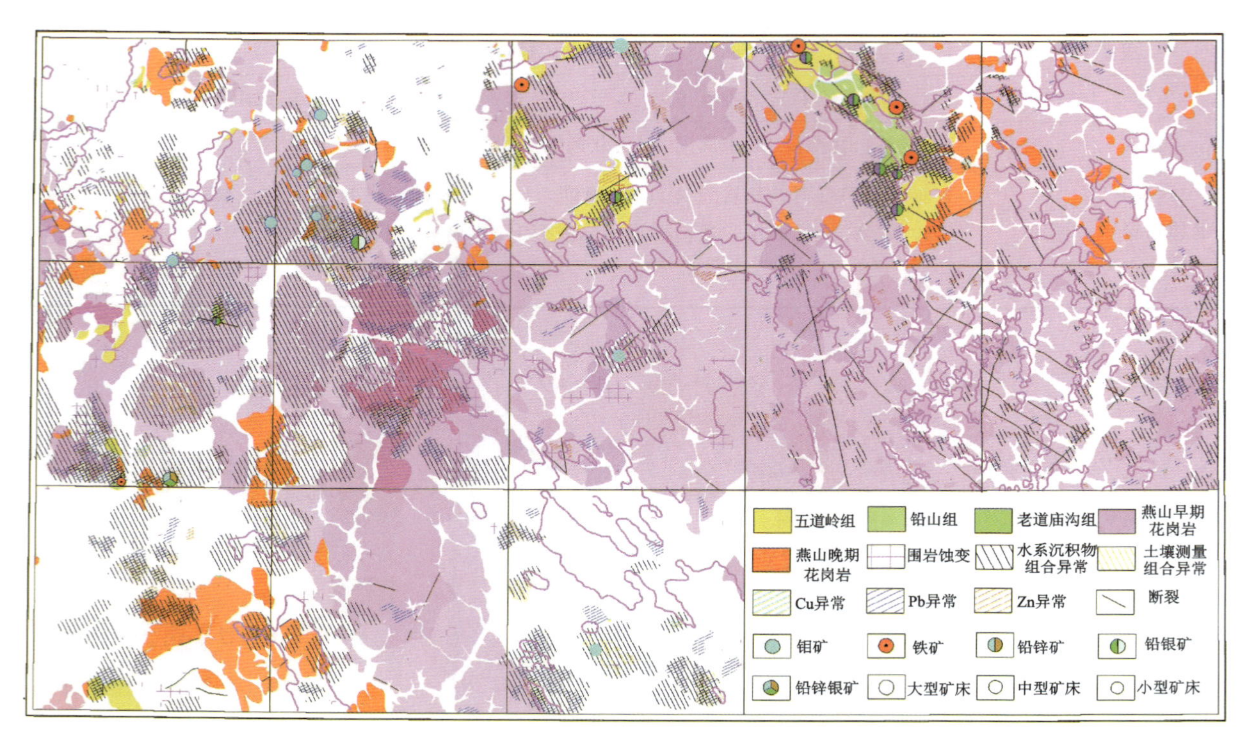

图 7-9 铁力-二股地区预测要素图

伊春-逊克地区在详细分析研究了工作区控矿因素及成矿特征的基础上，总结了该区预测要素（表 7-13），并编制了伊春-逊克地区预测要素图（图 7-10）。

表 7-13 伊春-逊克地区预测要素一览表

成矿要素		描述内容
成矿地质环境及成矿地质特征	地层	上二叠统—下三叠统五道岭组，下-中寒武统五星镇组下部、五星镇组上部
	构造	北东向、北西向、近东西向、近南北向断裂
	岩浆岩	加里东期石英二长岩岩体、印支晚期—燕山早期碱长花岗伟晶岩岩体、二长花岗岩岩体、霏细岩岩体、正长花岗岩岩体、花岗闪长岩岩体、碱长花岗岩岩体
	矿化信息	金属矿床、矿点
物化遥综合信息特征	地化异常	Pb、Zn、Ag、Cu、Au、Mo、Sn 及水系化探组合异常、土壤化探组合异常
	遥感异常	遥感解译火山机构、断裂、蚀变带

三、找矿潜力分析

1. 综合信息预测模式的建立

应用基于 GIS 矿产资源评价与预测工作的前提之一是建立科学、实用的区域找矿描述性模型，而且这个模型所提供的找矿标志必须是能够在 GIS 所管理的空间数据库中直接或间接提取出来，这是

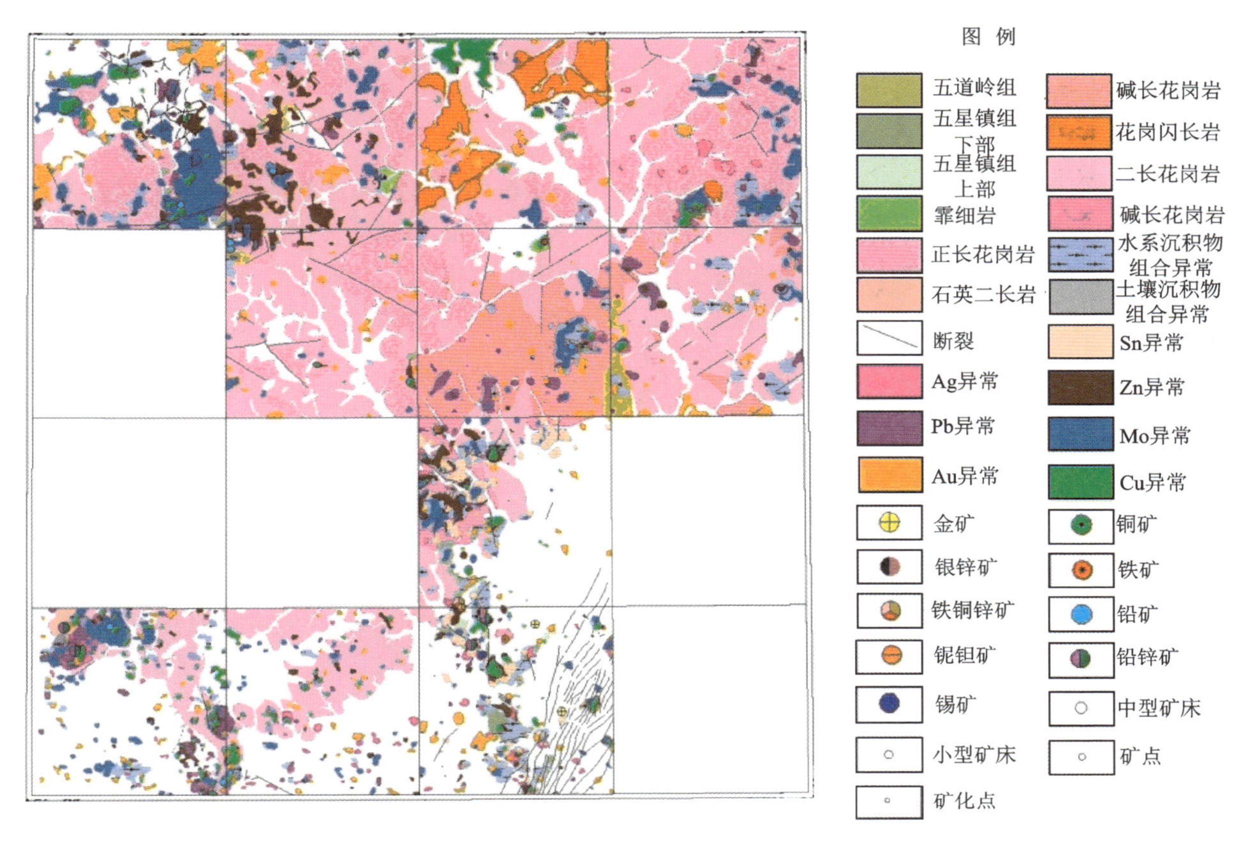

图 7-10 伊春-逊克地区预测要素图

至关重要的。此外，一个好的综合信息找矿模型主要包括地质、矿产、地球化学方面的要素。

铁力-二股地区通过对该研究区地质背景、地球化学特征、矿产特征及前面的控矿因素分析研究，建立该区域的找矿模型如下。

铅锌找矿概念模型：主要地层为五道岭组、老道庙沟组、铅山组；控矿岩体主要为燕山早期细中粒似斑状二长花岗岩、粗中粒似斑状黑云母二长花岗岩；主要控矿构造为北东向、北西向及近南北向；与矿化有关的地球化学异常主要有 Pb 元素异常、Zn 元素异常、Cu 元素异常、Pb、Zn 元素水系沉积物组合异常；与矿化有关的地球物理特征即航磁零值线。

钼找矿概念模型：地层出露较少，控矿岩体主要以燕山早期细粒黑云母二长花岗岩；与矿化有关的地球化学异常主要有 Mo 元素异常、Mo 元素水系沉积物组合异常；围岩蚀变主要为高岭土化、绿泥石化、钾长石化、云英岩化、绿帘石化、黄铁矿化、硅化等；脉岩主要为中酸性脉岩等。

多种金属综合找矿概念模型：主要地层为五道岭组、铅山组、老道庙沟组；控矿岩体主要为燕山早期二长花岗岩和花岗斑岩；主要控矿构造为北东向、北西向及近南北向；围岩蚀变主要为高岭土化、绿泥石化、钾长石化、云英岩化、绿帘石化、黄铁矿化、硅化等；脉岩主要为中酸性脉岩等；与矿化有关的地球化学异常主要有水系沉积物元素组合异常、土壤元素组合异常。

伊春-逊克地区通过对该研究区地质背景、地球化学特征、矿产特征及前面的控矿因素分析研究，建立该区域的多金属综合找矿模型如下。

多种金属综合找矿概念模型：有利地层为上二叠统—下三叠统五道岭组、下-中寒武统五星镇组下部、五星镇组上部；控矿岩体为燕山早期碱长花岗伟晶岩岩体、二长花岗岩岩体、霏细岩岩体、正长花岗岩岩体、花岗闪长岩岩体、碱长花岗岩岩体；主要控矿构造为北东向，北西向、近东西及近南北向；与矿化有关的地球化学异常主要有 Pb、Zn、Ag、Cu、Au、Mo、Sn 元素异常及水系沉积物元素组合异常、土壤元素组合异常；与矿化有关的地球物理特征即航磁组合异常。

2. 成矿远景区的圈定

采用地质图的比例尺为 1∶5 万，属于中大比例尺，根据图件比例尺确定单元大小的原则，每个网格单元面积为 20mm×20mm，再根据 ROI 设置，去掉不需用单元，得到铁力-二股地区共计 4 636 个网格单元，伊春-逊克地区共计 3 911 个网格单元，每个网格单元相当于实际面积 $1km^2$。根据成矿有利度的大小和已知矿床(点)的分布情况，对远景区进行分级，分级原则见本章第四节。通过证据权法进行远景区研究，并编制相应矿种找矿远景区分布图。

1)铁力-二股地区铅锌矿证据因子及远景区圈定

确定并提取铅锌矿预测证据层之后，在 MORPAS 3.0 平台上进行了各变量的权重计算(表 7-14)。

表 7-14 铁力-二股地区铅锌矿床(点)各证据图层的证据权重

变量名称	赋值条件	W^+	W^-	C(相关程度)	地质解释
五道岭组	存在为 1，否则为 0	2.618	−0.555	3.173	赋矿地层
老道庙沟组	存在为 1，否则为 0	4.856	−0.117	4.973	赋矿地层
铅山组	存在为 1，否则为 0	3.677	−0.397	4.074	赋矿地层
Pb 化探异常	存在为 1，否则为 0	2.045	−2.075	4.120	成矿指示元素
Zn 化探异常	存在为 1，否则为 0	2.605	−1.445	4.050	成矿指示元素
Cu 化探异常	存在为 1，否则为 0	3.032	−0.784	3.815	与 Pb、Zn 伴生的重要元素
断裂等密度	实际值	1.383	−0.470	1.852	控制岩体、矿体的构造部位
断裂条数	实际值	1.383	−0.470	1.852	控制岩体、矿体的构造部位
Pb-Zn 水系沉积物组合异常	存在为 1，否则为 0	1.333	−0.652	1.985	与 Pb、Zn 伴生、共生的重要元素
断裂 1.5km 缓冲	存在为 1，否则为 0	0.780	−1.063	1.844	控制岩体、矿体的构造部位
航磁零值线 400m 缓冲	存在为 1，否则为 0	0.521	−0.410	0.931	矽卡岩期氧化物阶段有少量磁铁矿生成

从表 7-14 中可以看出，该地区铅锌矿床预测起重要作用的地质变量(权重>4)为铅山组、老道庙沟组、岩体接触带、Pb 化探异常及 Zn 化探异常，其次为 Cu 化探异常、上二叠统—下三叠统五道岭组、Pb-Zn 水系沉积物组合异常、断裂缓冲区(1.5km)、断裂条数及断裂等密度，而航磁异常的权重值较小。总体上，各预测变量的重要性(权重)与成矿规律相一致。至于航磁异常的权重值较低可能与本区其他类型矿床密切伴生有关，比如铁矿，会导致某些网格单元的 ΔT 偏高，使得其权重降低。

根据以上所得权重值，在 MORPAS 3.0 上生成证据权重等值线图，选择后验概率>0.08 的区域为有利成矿区。该研究区共圈出 5 个 A 级区(表 7-15)，7 个 B 级区(图 7-11)。

表 7－15　铁力-二股地区铅锌矿 A 级找矿远景区

分类	编号	描述
A(后验概率为>0.08)	A－1	位于伊春市八林场幅中部，面积较大，该幅内已知矿产较多，主要有大型的小西林铅锌矿床、南沟铅锌矿、革命沟铅锌矿点。该区侵入岩主要为燕山早期中粒似斑状二长花岗岩、粗中粒似斑状黑云母二长花岗岩。地层有老道庙沟组、铅山组、五道岭组大面积分布。水系沉积物组合异常为 Pb－Ag－Zn－Bi－As－Sb－Mo－Au－Cu－Hg－W，异常以 Pb、Zn、Ag 异常为主，Pb 异常面积最大，为 22.52km^2，发育 2 个浓集中心，异常规模分别为 140.84、36.81，异常中、内带发育，点异常面积的 3/4 以上，其他元素异常均分布于 Pb 异常之内。区内发育北东向、北西向及近南北向构造。成矿概率高
	A－2	位于二股营林所幅东北部，出露的地层主要有五道岭组，西部有铅山组。侵入岩主要为 9 号岩体，为燕山早期二长花岗岩。Pb－Zn 单元素异常明显，元素组合为 Ag－As－Mo－Pb－Zn－Sn－W－Sb，与成矿关系较密切的为硅化、褐铁矿化、黄铁矿化。区内发育有北东向构造。已知矿产为中型的徐老九沟铅锌矿床
	A－3	位于二股营林所幅南部，出露的地层主要有铅山组，西部有五道岭组。该区侵入岩主要为燕山早期中细粒花岗闪长岩，水系沉积物组合异常为 As－W－Ag－Sb－Zn－Mo－Sn－Au－Cu－Pb，该异常呈南北向不规则条带状分布，各元素异常强度较大，矿致异常，为已知矿床引起。已知矿产为小型二股营林所铅锌多金属矿床
	A－4	位于伊春市八林场幅中北部，侵入岩主要有燕山早期细粒似斑状正长花岗岩、粗中粒似斑状二长花岗岩；出露的地层主要有上二叠统—下三叠统五道岭组，西林群铅山组。水系沉积物组合异常为 Pb－Ag－Zn－Sb－As－Mo－Bi、Pb－Zn－Au－Ag－Cu－Sb－As－Mo－Bi－Hg，异常组合较复杂，主成矿元素 Pb、Zn、Ag 异常面积大，规模大，异常套合好，异常沿地层与花岗岩接触带分布，可能是由地层及后期的岩浆作用引起的，具有较好的成矿条件，是寻找铅、锌、等矿较为有利的地区。在异常区内见有铅、锌矿点，是由矿化引起的。区内发育北东向、北西向及近南北向构造。已知矿产为二段铅锌矿点
	A－5	位于五三零幅南部，出露的地层主要为五道岭组，侵入岩主要为燕山早期粗中粒似斑状二长花岗岩，矿产主要分布在地层与岩体接触带上，区内发育北东向构造。组合异常为 Pb－Zn－As－Bi－Cu－P，北东向，不规则状，各元素套合较好，内带为 Pb、Zn、As，外带为 Cu、Bi，位于二叠系火山碎屑岩、砂质板岩中。Pb、Zn 单元素异常分布显著，已知矿产为前进东山铅锌矿点

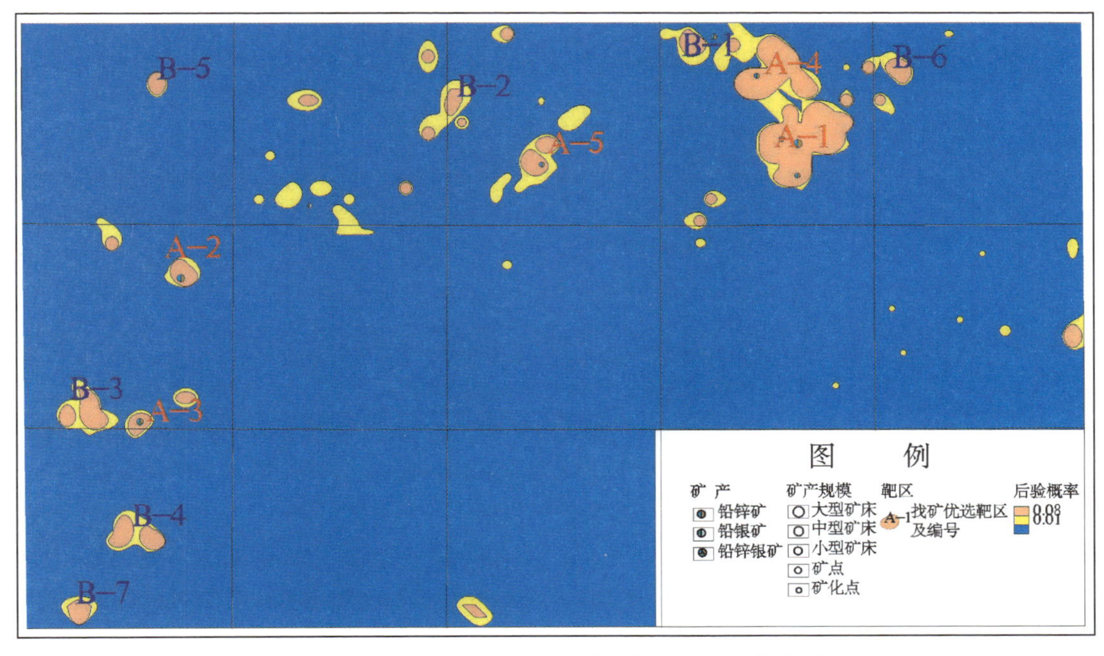

图 7－11　铁力-二股地区铅锌矿找矿远景区分布图

2)铁力-二股地区钼矿证据因子及远景区圈定

确定并提取铅锌矿预测证据层之后,在MORPAS 3.0平台上进行各变量的权重计算(表7-16)。

表7-16 铁力-二股地区钼矿床(点)各证据图层的证据权重

变量名称	赋值条件	W^+	W^-	C(相关程度)	地质解释
Mo化探异常	存在为1,否则为0	1.549	−0.489	2.037	成矿指示元素
围岩蚀变600m缓冲	存在为1,否则为0	0.653	−32.928	33.581	成矿有利指示部位
侵入岩	存在为1,否则为0	0.738	−1.039	1.777	赋矿岩体
Mo水系沉积物组合异常	存在为1,否则为0	1.729	−2.026	3.754	与Pb、Zn伴生、共生的重要元素
脉岩	存在为1,否则为0	0.608	−1.536	2.144	成矿有利指示部位
岩体与地层接触带400m缓冲	存在为1,否则为0	0.716	−0.343	1.059	成矿有利部位

根据以上所得权重值,在MORPAS 3.0上生成证据权重等值线图,选择后验概率>0.08的区域为有利成矿区,本研究区共圈出5个A级区(表7-17),7个B级区(图7-12)。

表7-17 铁力—二股地区钼矿A级找矿远景区

分类	编号	描述
A(后验概率为>0.08)	A-1	位于伊春市安全幅西南部;出露的主要侵入岩为燕山早期的细粒黑云母二长花岗岩;水系沉积物组合异常为Mo-W-Cu-Pb-Zn-As-Sb-Au-Ag,异常呈不规则状,南部未封闭,面积大,由钨钼铜铅锌砷锑金银组成。钨铜砷锑银浓度中带发育,钼铅浓集中心明显。元素套合较好;该区也出现Cu、Pb、Zn单元素异常。区内发育北东向、北西向及近南北向构造。已知矿产为大型的鹿鸣钼矿床、中型的翠岭钼矿床、兴安钼矿点
	A-2	位于伊春市卫星林场南部;出露的主要侵入岩为燕山早期的细粒黑云母二长花岗岩;水系沉积物组合异常为Mo-W-Cu-Pb-Zn-As-Sb-Au-Ag,Ag-As-Mo-Pb-Zn-Sn-W-Sb,异常北部为帽儿山组,中部为第四系,发育北东向及北西向构造。异常区呈不规则状,南部未封闭,面积大。由钨钼铜铅锌砷锑金银组成。钨铜砷锑银浓度中带发育,钼铅发育明显浓集中心,元素套合较好。主要蚀变为硅化、钾长石化、黑云母化、青磐岩化和云英岩化。已知矿产为西北河十九公里东山钼矿点、鹿鸣西钼矿点
	A-3	位于寒月林场幅中部,面积较大;侵入岩主要为燕山早期二长花岗岩;水系沉积物组合异常为Mo-W,不规则状、近东西向,各元素套合好,内带为W,外带为Mo,位于似斑状二长花岗岩中;出现磁铁矿化、硅化、褐铁矿化;已知矿产为牛奶沟钼矿点
	A-4	位于伊春市安全河幅中西部;出露的主要侵入岩为燕山早期的细粒黑云母二长花岗岩;水系沉积物组合异常为Mo-W-Cu-Pb-Zn-As-Sb-Au-Ag,异常呈不规则状,南部未封闭,面积大,由钨钼铜铅锌砷锑金银组成。钨铜砷锑银浓度中带发育,钼铅浓集中心明显,元素套合较好;该区出现Cu、Pb、Zn单元素异常。已知矿产为新第八钼矿点
	A-5	位于双河幅南部;水系沉积物组合异常为Ag-Bi-Mo-W,异常呈面状分布,由Mo、W、Bi、Ag一套中高温元素组合而成。其中,主元素Mo异常面积较大,强度高,浓度梯度变化大,各元素异常套合好。异常区内地表见硅化、褐铁矿化、黄铁矿化、绿帘石化、高岭土化、辉钼矿化等矿化蚀变现象。推测异常为矿致异常。异常处于北北东向F25断裂与北西向F21断裂构造交汇部位,区内出露燕山早期中细粒二长花岗岩、花岗闪长岩。脉岩发育,主要有二长花岗岩脉、闪长岩脉、辉长辉绿岩脉,地表岩体及脉岩中绿帘石化、硅化、高岭土化、褐铁矿化、黄铁矿相当发育,并见星点状辉钼矿化。已知矿点为铁力市郎乡胜利一场钼矿点

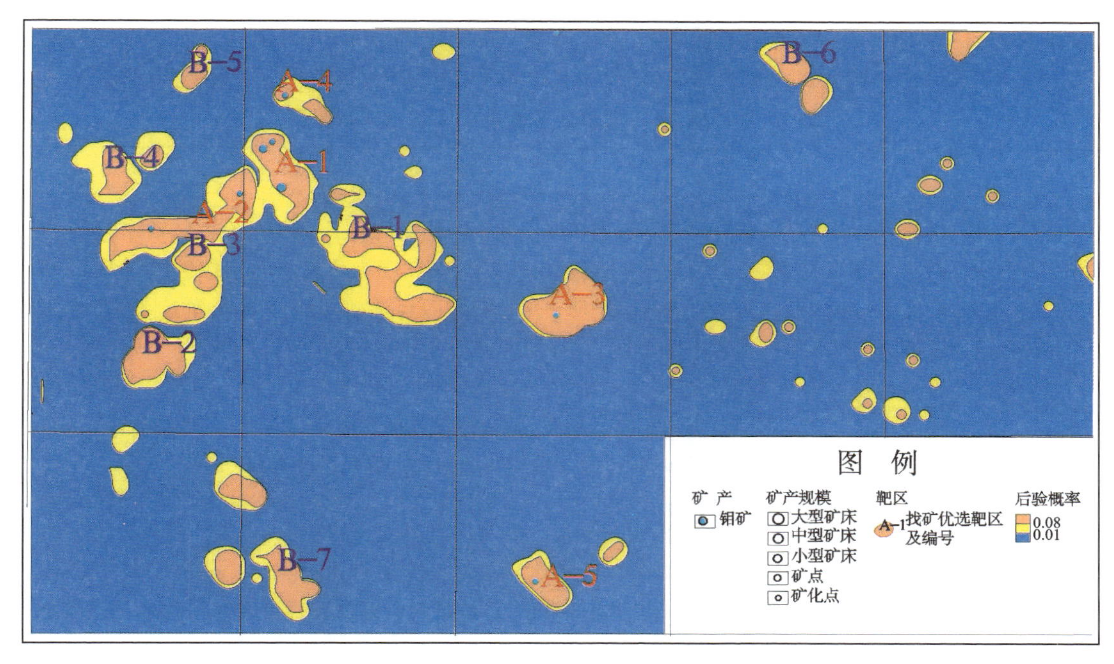

图 7-12 铁力-二股地区钼矿找矿远景区分布图

3)铁力-二股地区多金属矿证据因子及远景区圈定

确定并提取铅锌矿预测证据层之后，在 MORPAS 3.0 平台上进行各变量的权重计算(表 7-18)。

表 7-18 铁力-二股地区多金属矿床(点)各证据图层的证据权重

变量名称	赋值条件	W^+	W^-	C(相关程度)	地质解释
五道岭组	存在为 1，否则为 0	1.864	−0.201	2.065	赋矿地层
老道庙沟组	存在为 1，否则为 0	3.872	−0.042	3.914	赋矿地层
铅山组	存在为 1，否则为 0	2.693	−0.125	2.818	赋矿地层
地层组合熵≥20	存在为 1，否则为 0	0.310	−0.085	0.395	代表地质构造的活动强度，强度高有利于成矿
地层种类数≥3	存在为 1，否则为 0	0.759	−0.101	0.860	代表地质构造的活动强度，强度高有利于成矿
燕山早期二长花岗岩	存在为 1，否则为 0	1.497	−0.068	1.565	赋矿岩体
断裂等密度	实际值	0.964	−0.227	−0.227	控制岩体、矿体的构造部位
断裂条数	实际值	1.383	−0.470	1.852	控制岩体、矿体的构造部位
水系沉积物元素组合异常	存在为 1，否则为 0	0.932	−1.657	2.589	与 Pb、Zn 伴生、共生的重要元素
断裂 1km 缓冲	存在为 1，否则为 0	0.575	−0.315	0.889	控制岩体、矿体的构造部位
围岩蚀变 600m 缓冲	存在为 1，否则为 0	0.521	−1.346	1.868	成矿有利指示部位
脉岩 400m 缓冲	存在为 1，否则为 0	0.595	−1.420	2.015	成矿有利指示部位

根据以上所得权重值，在 MORPAS 3.0 平台上生成证据权重等值线图，选择后验概率≥0.08 和≥0.02 的区域为有利成矿区。该研究区共圈出 5 个 A 级区（表 7-19），8 个 B 级区（表 7-20、图 7-13）。

表 7-19　铁力-二股地区多金属矿 A 级找矿远景区

分类	编号	描述
A(后验概率为≥0.08)	A-1	位于伊春市八林场幅，面积较大，该幅内已知矿产较多，主要有大型的小西林铅锌矿床、南沟铅锌矿、革命沟铅锌矿点、二段铅锌矿点、后山铁矿（化）点、五二九林场东南沟铁矿（化）点、西大坡铁矿化点。该区侵入岩主要为燕山早期中细粒花岗闪长岩、似斑状二长花岗岩。地层有老道庙沟组、铅山组、五道岭组大面积分布。水系沉积物组合异常为 Pb-Ag-Zn-Bi-As-Sb-Mo-Au-Cu-Hg-W，异常以 Pb、Zn、Ag 为主，Pb 异常面积最大，为 22.52km^2，发育 2 个浓集中心，异常规模分别为 140.84、36.81，异常中、内带发育，点异常面积的 3/4 以上，其他元素异常均分布于铅异常之内。区内发育北东向、北西向及近南北向构造。成矿概率高
	A-2	位于二股营林所幅东北部，出露的地层主要有五道岭组，西部有铅山组。侵入岩主要为 9 号岩体，燕山早期二长花岗岩。铅锌单元素异常明显，元素组合为 Ag-As-Mo-Pb-Zn-Sn-W-Sb，与成矿关系较密切的为硅化、褐铁矿化、黄铁矿化。区内发育有北东向构造。已知矿产为中型的徐老九沟铅锌矿床、西北河十九公里东山钼矿点
	A-3	位于二股营林所幅南部，出露的地层主要有铅山组，西部有五道岭组。该区侵入岩主要为燕山早期中细粒花岗闪长岩，水系沉积物组合异常为 As-W-Ag-Sb-Zn-Mo-Sn-Au-Cu-Pb，该异常呈南北向不规则条带状分布，各元素异常强度较大，矿致异常，为已知矿床引起。已知矿产为小型二股营林所铅锌多金属矿床、小型二股营林所铁矿床
	A-4	位于伊春市安全幅西南部；出露的主要侵入岩为燕山早期的细粒黑云母二长花岗岩；水系沉积物组合异常为 Mo-W-Cu-Pb-Zn-As-Sb-Au-Ag，异常呈不规则状，南部未封闭，面积大，由钨钼铜铅锌砷锑金银组成。钨铜砷锑银浓度中带发育，钼铅浓集中心明显。元素套合较好；该区也出现 Cu、Pb、Zn 单元素异常。区内发育北东向、北西向及近南北向构造。已知矿产为大型的鹿鸣钼矿床、中型的翠岭钼矿床、兴安钼矿点
	A-5	位于五三零幅南部，出露的地层主要为五道岭组，侵入岩主要为燕山早期粗中粒似斑状二长花岗岩，矿产主要分布在地层与岩体接触带上，区内发育北东向构造。组合异常为 Pb-Zn-As-Bi-Cu-P，北东向，不规则状，各元素套合较好，内带为 Pb、Zn、As，外带为 Cu、Bi，位于二叠系火山碎屑岩、砂质板岩中。Pb、Zn 单元素异常分布显著，已知矿产为前进东山铅锌矿点

表 7-20　铁力-二股地我多金属矿 B 级找矿远景区

分类	编号	描述
B(后验概率为≥0.02)	B-1	位于寒月林场幅中部，面积较大；侵入岩主要为燕山早期二长花岗岩；水系沉积物组合异常为 Mo-W，不规则状、近东西向，各元素套合好，内带为 W，外带为 Mo，位于似斑状二长花岗岩中；出现磁铁矿化、硅化、褐铁矿化；已知矿产为牛奶沟钼矿点
	B-2	位于五三零幅西部，侵入岩主要为燕山早期二长花岗岩、出露的地层主要有五道岭组，区内分布北东向、北西向构造。水系沉积物组合异常为 Au-As-Cu-M，化探 Cu、Pb、Zn 单元素异常分布，围岩蚀变有绢云母化、硅化、绿帘石化、褐铁矿化。成矿概率高，未发现矿产

续表 7-20

分类	编号	描述
B(后验概率为≥0.02)	B-3	位于丰林林场幅东北部，侵入岩有燕山早期闪长岩、中细粒似斑状黑云母正长花岗岩、中细粒角闪石碱性花岗岩、中细粒似斑状黑云母碱长花岗岩；围岩蚀变为褐铁矿化、钾长石化、绿泥石化、绢云母化。水系沉积物组合异常为 Ag-As-Mo-Pb-Zn-Sn-W-Au，且异常浓集中心明显，各元素异常强度较高，发育于晚三叠世—早白垩世二长花岗岩、正长花岗岩、碱长花岗岩组之中，异常区内零星发育有中奥陶统大青组，且构造、脉岩比较发育，见钼矿化
	B-4	位于双河幅南部；水系沉积物组合异常为 Ag-Bi-Mo-W，异常呈面状分布，由 Mo、W、Bi、Ag 一套中高温元素组合而成。其中，主元素 Mo 异常面积较大，强度高，浓度梯度变化大，各元素异常套合好。异常区内地表见硅化、褐铁矿化、黄铁矿化、绿帘石化、高岭土化、辉钼矿化等矿化蚀变现象。推测异常为矿致异常。异常处于北北东向 F25 断裂与北西向 F21 断裂构造交汇部位，区内出露燕山早期中细粒二长花岗岩、花岗闪长岩。脉岩发育，主要有二长花岗岩脉、闪长岩脉、辉长辉绿岩脉，地表岩体及脉岩中绿帘石化、硅化、高岭土化、褐铁矿化、黄铁矿相当发育，并见星点状辉钼矿化。已知矿点为铁力市郎乡胜利一场钼矿点
	B-5	位于卫星林场幅南部，出露的地层主要有五道岭组，侵入岩主要有燕山早期石英二长斑岩，水系沉积物组合异常为 Mo-Pb-As-Sb-Au，本组合异常区出露帽儿山组，西北为第四系，南部出露早白垩世侵入岩。岩石黄铁矿化、硅化蚀变发育。异常受北北东向、东向断裂构造控制。该组合异常呈椭圆形，面积较大，由钼铅砷锑金组成。多具中带，套合一般。未发现矿体及矿体，可能与岩石蚀变或深部矿体有关。发育有北东向、北西向环形构造。围岩蚀变有黄铁矿化、硅化、高岭石化
	B-6	位于卫星林场北部，水系沉积物组合为 W-Cu-Pb-Ag，异常区北部出露帽儿山组火山岩，南部出露燕山期石英二长斑岩，脉岩有流纹岩和流纹斑岩等。发育北东向及北西向构造，呈不规则状，由 W、Cu、Pb、Ag 组成。W、Cu、Pb 异常面积较小，Ag 面积较大。异常套合一般，W 和 Ag 见有浓集中带，异常与断裂构造和后期热液有关。未见矿化，成矿概率高
	B-7	位于寒月林场幅中部，面积较大；侵入岩主要为燕山早期二长花岗岩；水系沉积物组合异常为 Mo-W，不规则状、近东西向，各元素套合好，内带为 W，外带为 Mo，位于似斑状二长花岗岩中；出现磁铁矿化、硅化、褐铁矿化；已知矿产为牛奶沟钼矿点
	B-8	位于五三零幅北部，出露的地层主要有五道岭组，侵入岩为燕山早期二长花岗岩，水系沉积物组合异常为 Au-Ag-As-B，不规则状，各元素套合较好，略具分带，内带为 Pb、Bi，外带为 W、Au，位于似斑状二长花岗岩中。发育有北东向构造。成矿概率高，未见矿化

4)伊春-逊克地区多金属矿证据因子及远景区圈定

确定并提取多金属矿预测证据层之后，在 MORPAS 3.0 平台上进行各变量的权重计算（表 7-21）。

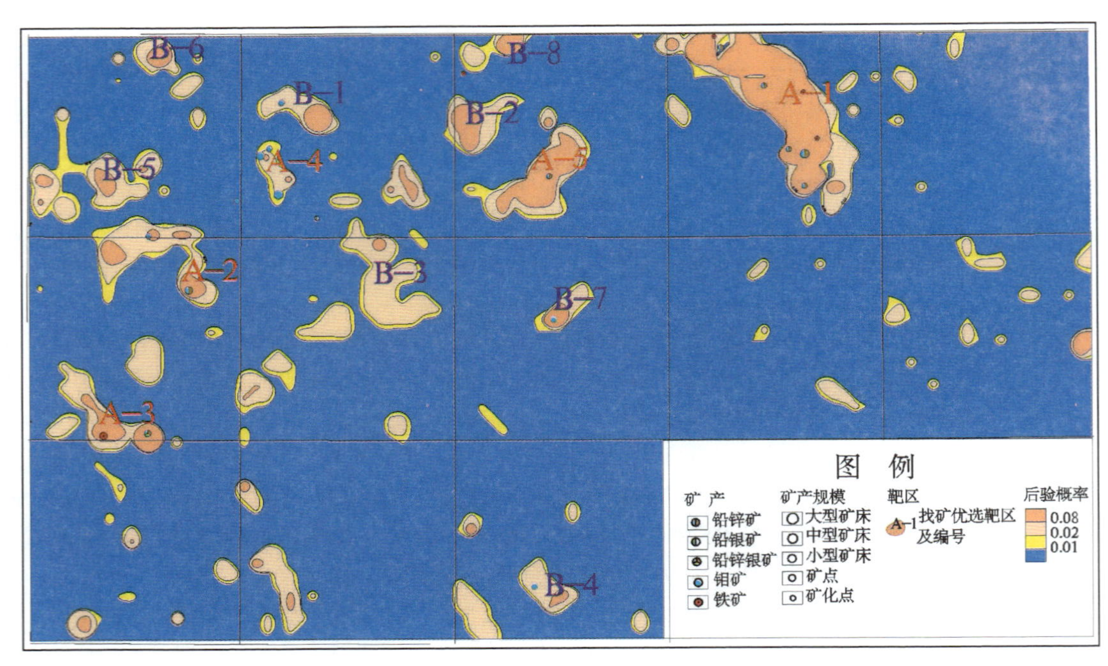

图 7-13 铁力-二股地区多金属矿找矿远景区分布图

表 7-21 伊春-逊克地区多金属矿床(点)各证据图层的证据权重

变量名称	赋值条件	W^+	W^-	C(相关程度)	地质解释
有利地层	存在为 1,否则为 0	2.276	-0.371	2.647	赋矿地层
地层组合熵≥70	存在为 1,否则为 0	0.805	-0.205	1.010	代表地质构造的活动强度,强度高有利于成矿
地层种类数≥3	存在为 1,否则为 0	1.139	-0.293	1.431	代表地质构造的活动强度,强度高有利于成矿
燕山早期正长花岗岩 0.1km 缓冲	存在为 1,否则为 0	2.143	-0.038	2.181	赋矿岩体
燕山早期花岗闪长岩 0.1km 缓冲	存在为 1,否则为 0	0.744	-0.047	0.790	赋矿岩体
燕山早期碱长花岗岩 0.1km 缓冲	存在为 1,否则为 0	1.127	-0.060	1.186	赋矿岩体
燕山早期二长花岗岩 0.1km 缓冲	存在为 1,否则为 0	2.379	-0.039	2.418	赋矿岩体
断裂等密度	实际值	0.599	-0.170	0.769	控制岩体、矿体的构造部位
断裂平均方位	实际值	0.150	-0.020	0.170	控制岩体、矿体的构造部位
断裂中心对称度	实际值	0.279	-0.022	0.301	控制岩体、矿体的构造部位
断裂 0.5km 缓冲	存在为 1,否则为 0	0.677	-0.301	0.978	控制岩体、矿体的构造部位
Ag 异常≥0.081	存在为 1,否则为 0	1.679	-0.458	2.138	成矿指示元素

续表 7-21

变量名称	赋值条件	W⁺	W⁻	C(相关程度)	地质解释
Au 异常≥1.200	存在为1,否则为0	1.007	−0.192	1.199	成矿指示元素
Cu 异常≥18.000	存在为1,否则为0	2.216	−0.428	2.644	成矿指示元素
Mo 异常≥1.570	存在为1,否则为0	1.472	−0.502	1.973	成矿指示元素
Pb 异常≥25.000	存在为1,否则为0	1.216	−0.211	1.427	成矿指示元素
Sn 异常≥5.000	存在为1,否则为0	1.996	−0.205	2.201	成矿指示元素
Zn 异常≥90.000	存在为1,否则为0	1.716	−0.400	2.116	成矿指示元素
水系沉积物元素组合异常	存在为1,否则为0	1.109	−1.470	2.579	与Pb、Zn伴生、共生的重要元素
土壤化学元素组合异常	存在为1,否则为0	3.040	−0.174	3.214	与Pb、Zn伴生、共生的重要元素

根据以上所得权重值,在MORPAS 3.0上生成证据权重等值线图,选择后验概率≥0.08的区域为有利成矿区,如图7-14所示。本研究区共圈出8个A级区(表7-22),14个B级区(表7-23)。

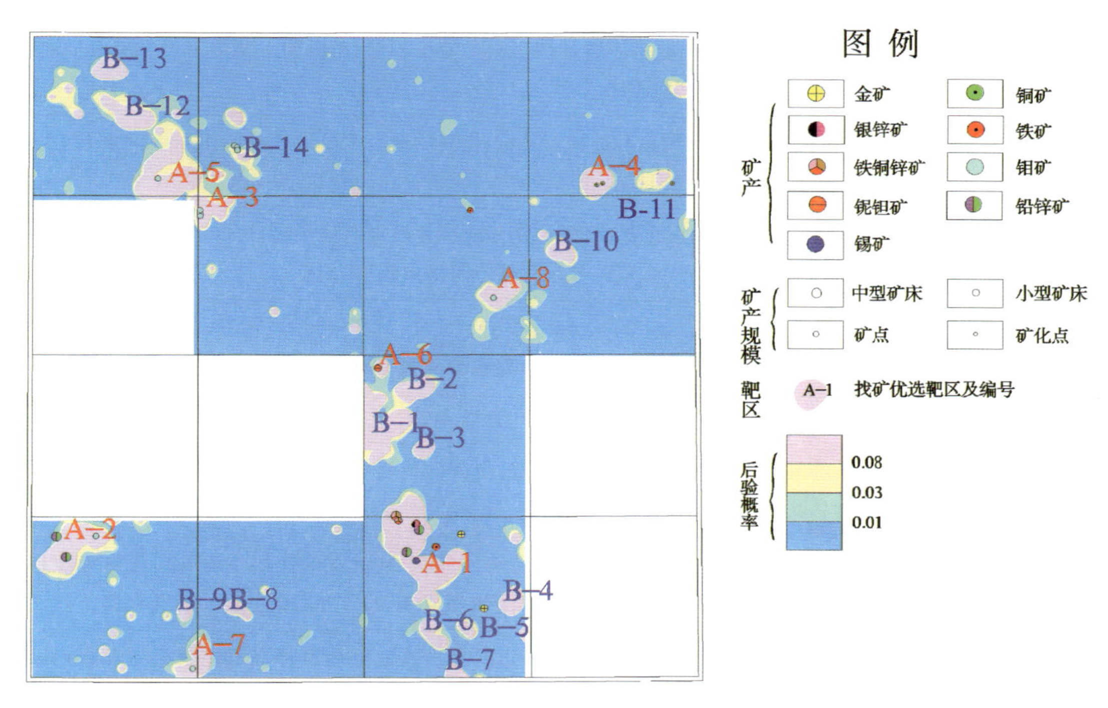

图7-14 伊春-逊克地区多金属找矿远景区分布图

表 7-22　伊春-逊克地区 A 级多金属找矿远景区

分类	编号	描述
A(后验概率为≥0.08)	A-1	位于伊春市五营区东部，红星区西南部，覆盖母树林经营所和新村；出露的地层主要为五星镇组、黑龙宫组、河漫滩堆积、洪冲积层；出露的主要侵入岩为燕山早期花岗闪长岩、石英斑岩；已知矿产为五星铅锌多金属矿床、母树林铅锌矿床、杨树河铁矿床
	A-2	位于伊春市上甘岭区西北部；该远景区出露的地层主要为甘河组、河漫滩堆积层；出露的主要侵入岩为燕山早期二长花岗岩、(似斑状)二长花岗岩、中细粒正长花岗岩；已知矿产为查山营林所钼矿点、碧云经营林场东铅锌多金属矿化点
	A-3	位于伊春市汤旺河区北部，与逊克县相邻；出露的主要地层为五道岭组、河漫滩堆积层；出露的主要侵入岩有燕山早期正长花岗岩、中细粒似斑状黑云母二长花岗岩；已知矿产为西汤旺河上游钼矿化点、696 高地西钼矿化点
	A-4	位于伊春市汤旺河区北部；出露的主要地层为河漫滩堆积层；出露的主要侵入岩为燕山早期细粒花岗闪长岩、正长花岗岩；已知矿产为白桦河金矿化点、白桦河铜矿化点
	A-5	位于逊克县东南部，A-3 西北部；出露的主要地层为五道岭组、宁远村组、板子房组、河漫滩堆积层；出露的主要侵入岩为燕山早期正长花岗岩、二长花岗岩、霏细岩，燕山早期花岗斑岩；已知矿产为霍吉河钼矿点
	A-6	位于伊春市红星区中部，出露的主要地层为河漫滩堆积层；出露的主要侵入岩为燕山早期碱长花岗岩；已知矿产为清水铌小型矿床
	A-7	位于上甘岭区中部，覆盖河西村和红山营林所；出露的地层主要为红山组、河漫滩堆积层；主要侵入岩为燕山早期细中粒(似斑状)二长花岗岩、中细粒正长花岗岩；已知矿产为红山营林所钼矿化点
	A-8	位于汤旺河区南部，A-6 东北部；出露的主要地层为河漫滩堆积层；出露的主要侵入岩为燕山早期二长花岗岩、碱长花岗岩；已知矿产为石林公园南山钨-钼矿点

表 7-23　伊春-逊克地区 B 级多金属找矿远景区

分类	编号	描述
B(后验概率为≥0.08)	B-1	位于伊春市红星区中部，红星林业局西北部；出露的地层为河漫滩堆积层；出露的主要侵入岩为燕山早期碱长花岗岩
	B-2	位于伊春市红星区中部，五星河经营所西北部；该远景区出露的地层主要为河漫滩堆积层、西林群五星镇组中部和西林群五星镇组下部；出露的主要侵入岩为燕山早期二长花岗岩
	B-3	位于伊春市红星区中部，红星林业局西部；出露的主要地层为西林群五星镇组中部、孙吴组和河漫滩堆积层；出露的主要侵入岩有燕山早期二长花岗岩、碱长花岗岩
	B-4	位于伊春市红星区南部；出露的主要地层为东风山群、河漫滩堆积层；出露的主要侵入岩为燕山早期花岗闪长岩
	B-5	位于 A-1 东南部；出露的主要地层为西林群五星镇组上部、西林群五星镇组中部、河漫滩堆积层；出露的主要侵入岩为燕山早期花岗闪长岩
	B-6	位于 A-1 南部；出露的主要地层为西林群五星镇组下部、西林群五星镇组中部、河漫滩堆积层；出露的主要侵入岩为燕山早期花岗闪长岩

续表 7-23

分类	编号	描述
B(后验概率为≥0.08)	B-7	位于B-6南部;出露的地层主要为西林群五星镇组下部;主要侵入岩为燕山早期花岗闪长岩
	B-8	位于伊春市上甘岭区北部,卫国林场东北部;出露的主要地层为河漫滩堆积层;出露的主要侵入岩为燕山早期细中粒(似斑状)二长花岗岩
	B-9	位于B-8西部,美林营林所东部,美林二段北部;出露的主要地层为红山组、河漫滩堆积层;出露的主要侵入岩为燕山早期细中粒(似斑状)二长花岗岩
	B-10	位于A-8东北部;出露的主要地层为河漫滩堆积层;出露的主要侵入岩为燕山早期中细粒似斑状黑云母二长花岗岩、霏细岩
	B-11	位于汤旺河区东部,二清河林场北部;出露的主要侵入岩为燕山早期正长花岗岩
	B-12	位于A-5西北部,与霍吉河林场毗邻;出露的主要地层为板子房组、宁远村组、河漫滩堆积层;出露的主要侵入岩为燕山早期正长花岗岩
	B-13	位于逊克县,B-12北部;出露的主要地层为板子房组、宁远村组、河漫滩堆积层;出露的主要侵入岩为燕山早期正长花岗岩
	B-14	位于伊春市汤旺河区西部;出露的主要侵入岩为燕山早期中细粒似斑状黑云母二长花岗岩

四、下一步工作建议

通过资源潜力评价工作,认为铁力-二股地区拥有较好的铅锌矿和钼矿资源潜力,加强该地区的金属矿产资源勘查工作意义重大,建议如下:

(1)开展铁力-二股地区和伊春-逊克地区科研专题研究工作,包括:含矿层(体)的年代学研究及地层层序学研究;铁力-二股地区和伊春-逊克成矿地质特征与预测技术准则研究;成矿年代学与成矿流体地球化学特征研究;区域成矿规律与成矿模式研究;铅、锌、金、银、钨、钼等共生关系及分布形式研究。

(2)在铁力-二股地区伊春市八林场幅A-1北部和五三零幅A-5以及伊春-逊克地区上伊春市甘岭中部A-2、汤旺河北部A-3和A-5开展1∶10 000或1∶5 000大比例尺激电、磁法剖面测量工作,以进一步查明断裂构造及基底形态特征,为之后的金属矿资源勘查评价提供依据。

第八章　结　论

小兴安岭-张广才岭成矿带的成矿作用以岩浆作用为主，本书通过对小兴安岭-张广才岭与成矿相关岩浆岩岩石学和成岩成矿年代学的研究，系统划分出2个矿床成矿系列。对矿床成矿系列地质地球化学及流体包裹体的研究，探讨了成岩成矿地球动力学背景及物质来源，建立了成矿系列动力学模型和找矿预测模型，划分了找矿远景区并对重要成矿远景区进行评价。通过研究得出的结论主要有以下几点。

(1)成矿带主成矿期为早侏罗世和早白垩世，早侏罗世形成与花岗岩类有关的有色金属、铁、金矿床，早白垩世主要形成与火山作用有关的金矿床。与成矿相关的花岗岩类锆石U-Pb和辉钼矿Re-Os年龄分别约为209～175Ma和180～175Ma，结合区域相关研究结果，认为晚三叠世—早侏罗世该区发生具多次脉动性的大规模成岩成矿作用。成矿作用伴随着大规模岩浆侵入作用而发生和发展，成岩始于T_3，成矿于J_1，成岩成矿大致结束于172Ma。早白垩世火山活动具有多旋回特征，与成矿相关的火山岩类锆石U-Pb和Ar-Ar年龄及矿石Rb-Sr年龄表明，具有多旋回特点的火山成岩成矿作用大致发生于早白垩世(120～100Ma)，综合分析认为成岩始于120Ma，金成矿于稍晚110～105Ma，辉绿玢岩叠加成矿形成最晚(100Ma)。

(2)根据成矿作用和成矿时代以及岩浆建造等，可将该区矿床划归为燕山早期与花岗岩类有关的钨钼铜铅锌锡金铁成矿系列(Ⅰ)和燕山晚期与火山活动有关的金、铅锌成矿系列(Ⅱ)。Ⅰ系列：包括矽卡岩型、斑岩型和热液脉型及其复合类型矿床。与成矿相关的花岗岩类具有多样性，属钙碱性-高钾钙碱性系列，具有I型和A型花岗岩特征，成岩成矿作用发生于造山期后岩石圈伸展减薄环境。成岩成矿物质主要来自地壳，成矿流体主要来自岩浆，部分来自大气降水。氧化物阶段成矿温度大致为380～500℃，硫化物阶段成矿温度大致为250～360℃，推测的成矿深度为2～3km。包裹体特征显示，在成矿过程中可能发生过不同流体相互混合和流体沸腾作用。Ⅱ系列：以浅成低温热液型金矿床为主，成岩成矿作用发生于太平洋板块俯冲体制下的地壳加厚构造环境。成岩成矿物质主要来自下地壳或上地幔，其成矿流体主要来自大气降水，部分来自岩浆。浅成低温热液型金矿床成矿温度为150～280℃，成矿流体盐度低，成矿深度约为1.2～2.0km。

(3)燕山早期成矿系列分布于早中生代花岗岩带，成矿具阶段性和分带性等特征。早期为矽卡岩型铁钨锡等成矿阶段，晚期为斑岩型和热液型铜铅锌钼成矿阶段，2个阶段具有叠加性和过渡性。斑岩型钼矿床、矽卡岩型多金属矿床和热液脉型铜铅锌矿床分别产于岩体内接触带和外接触带。燕山晚期成矿系列分布于晚中生代火山活动带，受裂隙-中心式火山机构控制。

(4)在综合分析成矿条件和总结成矿规律的基础上，建立了综合信息找矿预测模型，并采用证据权法预测方法，在1∶50万成矿规律图的基础上，利用成矿系列理论，对研究区预测远景区重新圈定，划分出8个综合找矿远景区，并重点评价了铁力-二股地区(N1)和伊春-逊克地区(N7)两个重要成矿远景区，通过对该研究区的地质背景、地球化学特征、矿产特征及控矿因素分析研究，建立找矿模型。

总结归纳了该区域成矿要素和预测要素，并编制了相应地区金属矿区域成矿要素图和预测要素图。应用 MORPAS 矿产资源评价软件，铁力-二股地区铅锌矿优选 A 级远景区 5 个、钼矿优选 A 级远景区 5 个、多金属矿优选 A 级远景区 5 个；伊春-逊克地区多金属矿优选 A 级远景区 8 个，为后续找矿工作提供了很好的参考资料。

主要参考文献

敖贵武，薛明轩，周辑，等.黑龙江东安金矿床成因探讨[J].矿产与地质.2004,18(2):118-125.

毕伏科，肖文暹，阎同生，等.成矿系列的缺位问题及其在成矿预测中的应用[J].矿床地质，2006，25(6):735-742.

边红业，陈满，刘洪利，等.黑龙江省逊克县高松山金矿床地质特征及成因分析[J].地质与资源，2009,18(2):91-95.

陈桂虎，王福州，王艳忠，等.黑龙江逊克一嘉荫地区金矿地质特征及找矿方向[J].黄金科学技术，2012,20(2):14-23.

陈静.黑龙江小兴安岭区域成矿背景与有色、贵金属矿床成矿作用[D].长春:吉林大学，2011.

陈雷，孙景贵，陈行时，等.张广才岭东侧英城子金矿区早古生代花岗岩锆石 U-Pb 年龄及地质意义[J].地质学报，2009,83(9):1327-1334.

陈文，张彦，金贵善，等.青藏高原东南缘晚新生代幕式抬升作用的 Ar-Ar 热年代学证据[J].岩石学报，2006,22(4):867-872.

陈行时，张朋，孙景贵，等.张广才岭英城子金矿区早古生代花岗岩的元素地球化学特征、岩石成因及构造意义[J].吉林大学学报(地球科学版)，2011,41(2):441-447.

陈衍景，李诺.大陆内部浆控高温热液矿床成矿流体性质及其与岛弧区同类矿床的差异[J].岩石学报，2009,25(10):2477-2508.

陈衍景，张静，赖勇.大陆动力学与成矿作用[M].北京:地震出版社，2001.

陈毓川，裴荣富，王登红.三论矿床的成矿系列问题[J].地质学报，2006,80(10):1501-1507.

揣媛媛，肖克炎，湛邵斌，等.基于 SIG 的证据权法矿产资源评价及应用[J].吉林大学学报(地球科学版)，2007,37(1):54-58.

邓晋福，刘厚祥，赵海玲，等.燕辽地区燕山期火成岩与造山模型[J].现代地质，1996,10(2):137-148.

杜安道，赵敦敏，王淑贤，等.Carius 管溶样一负离子热表面电离质谱准确测定辉钼矿铼-锇同位素地质年龄[J].岩矿测试，2001,20(4):247-252.

杜美艳，李超，杨乃峰，等.翠宏山铁多金属矿床成矿流体包裹体及硫同位素特征[J].世界地质，2011,30(4):538-540.

范宏瑞，谢奕汉，翟明国，等.豫陕小秦岭脉状金矿床三期流体运移成矿作用[J].岩石学报，2003，20(1):263-266.

冯学仕，王尚彦，等.贵州省区域矿床成矿系列与成矿规律[M].北京:地质出版社，2004.

高秉璋，洪大卫，郑基俭，等.花岗岩类区 1:5 万区域地质填图方法指南[J].武汉:中国地质大学出版社，1991.

高晓峰.东北地区中生代火成岩 Sr-Nd-Pb 同位素填图及其对区域构造演化的制约[D].北京:中国科学院研究生院，2007.

高珍权，刘继顺，陈德兴．小秦岭西段架鹿金矿田成矿流体特征、物理化学条件及演化[J]．地球化学，2001，30(3)：257－263．

葛文春，李献华，等．呼伦湖早白垩世碱性流纹岩的地球化学特征及其意义[J]．地质科学，2001，36(2)：176－183．

葛文春，吴福元，周长勇，等．大兴安岭中部乌兰浩特地区中生代花岗岩的锆石 U－Pb 年龄及其地质意义[J]．岩石学报，2005，21(3)：749－762．

葛文春，吴福元，周长勇，等．兴蒙造山带东段斑岩型 Cu、Mo 矿床成矿时代及其地球动力学意义[J]．科学通报，2007，52(2)：2407－2417．

葛小月，李献华，周汉文．琼南晚白垩世基性岩墙群的年代学元素地球化学和 Sr－Nd 同位素研究[J]．地球化学，2003，32(1)：11－20．

郭继海，汪长生，石耀军．黑龙江东安金矿地质及地球化学特征[J]．地质与勘探，2004，40(4)：37－44．

郭嘉．黑龙江省霍吉河钼矿床地质特征及成因[D]．长春：吉林大学，2009．

韩振新，郝正平，侯敏，等．黑龙江主要成矿带矿床成矿系列[M]．哈尔滨：哈尔滨工程大学出版社，1996．

韩振新，徐衍强，郑庆道，等．黑龙江省重要金属和非金属矿产的成矿系列及其演化[M]．哈尔滨：黑龙江人民出版社，2004：150－160．

韩振哲，金哲岩，吕军，等．小兴安岭东南鹿鸣一兴安一前进地区早中生代含矿花岗岩成岩成矿特征[J]．地质与勘探，2010，45(3)：253－259．

韩振哲，赵海玲，李娟娟，等．黑龙江铁力兴安一带斑岩型钼矿资源潜力预测[J]．地质与勘探，2009，45(3)：253－259．

韩振哲，赵海玲，苏士杰，等．小兴安岭东南金山屯一带晚三叠世二长花岗岩成因及其地质意义[J]．现代地质，2008，22(2)：197－206．

韩振哲，赵海玲，王盘喜，等．黑龙江省伊春地区晚三叠世一早侏罗世铝质 A 型正长一碱长花岗岩地球化学特征及其构造意义[J]．岩石矿物学杂志，2009，28(2)：97－108．

韩振哲．小兴安岭东南段早中生代花岗岩类时空演化特征与多金属成矿[D]．北京：中国地质大学，2011．

何鹏，严光生，祝新友，等．青海赛什塘铜矿床流体包裹体研究[J]．中国地质，2013，40(2)：580－593．

何知礼．包裹体矿物学[M]．北京：地质出版社，1982．

黑龙江省地质矿产局．黑龙江省区域地质志[M]．北京：地质出版社，1993．

黑龙江省地质矿产局第三地质队．黑龙江省逊克县翠宏山铁多金属矿床普查一初勘地质报告[R]．哈尔滨：黑龙江省地质矿产局地质三队，1984．

黑龙江省有色金属地质勘查 703 队．黑龙江省伊春市二股营林所、丰林林场幅 1：5 万区域地质矿产调查报告[R]．黑龙江省有色金属地质勘查 703 队，2008．

洪大卫，王式洸，韩宝福，等．碱性花岗岩的构造环境分类及其鉴别标志[J]．中国科学(B 辑)，1995，25(4)：418－426．

侯增谦，曲晓明，杨竹森，等．青藏高原碰撞造山带：Ⅲ后碰撞伸展成矿作用[J]．矿床地质，2006，19(3)：629－651．

侯增谦．斑岩 Cu－Mo－Au 矿床：新认识与新进展[J]．地学前缘，2004，3：131－144．

侯增谦．大陆碰撞成矿论[J]．地质学报，2010，84(1)：30－52．

胡瑞忠,毛景文,毕献武,等.浅谈大陆动力学与成矿关系研究的若干发展趋势[J].地球化学,2008,37(4):344-352.

华仁民.成矿过程中由流体混合而导致金属沉淀的研究[J].地球科学进展,1994,4(9):15-22.

华仁民.流体在金属矿床形成过程中的作用和意义——水-岩反应研究进展系列评述[J].南京大学学报(地球科学),1993,5(3):351-360.

黄典豪,杜安道,吴澄宇,等.华北地台钼(铜)矿床成矿年代学研究——辉钼矿铼-锇年龄及其地质意义[J].岩石学报,1996,15(4):365-372.

黄朋,顾雪祥,唐菊兴.西藏玉龙斑岩铜(钼)矿金属迁移、沉淀机制探讨[J].四川地质学报,2000,19(2):57-61.

霍亮,孙丰月.黑龙江东安金矿床流体包裹体特征及矿床成因研究[J].黄金,2010,31(3):8-14.

贾维林,罗登春,嵇贵忠,等.黑龙江省铁力市鹿鸣钼多金属矿床普查报告[R].黑河:黑龙江省第五地质勘察院,2006.

蒋少涌,杨竞红,赵葵东,等.金属矿床Re-Os同位素示踪与定年[J].南京大学学报(自然科学),2000,36(6):669-677.

颉颃强,张福勤,苗来成,等.东北牡丹江地区"黑龙江群"中斜长角闪岩与花岗岩的锆石SHRIMP U-Pb定年及地质学意义[J].岩石学报,2008,24(6):1237-1250.

李林山,何财,李少云,等.黑龙江省伊春市霍吉河钼矿床地质特征及成因探讨[J].吉林地质,2010,29(2):53-55.

李诺,孙亚莉,李晶,等.内蒙古乌努格吐山斑岩铜钼矿床辉钼矿铼锇等时线年龄及其成矿动力学背景[J].岩石学报,2007,23(11):2881-2886.

李永飞.古亚洲洋构造体制与滨太平洋构造体制叠加转化研究项目报告[R].沈阳:沈阳地质调查中心,2013.

梁福来.黑龙江省二股-翠宏山地区多金属矿床成矿条件和找矿方向[D].长春:吉林大学,2011.

刘宝山,马永强,吕军,等.伊春地区上游新村晚三叠世二长花岗岩体成因及就位机制[J].地质与资源,2005,14(3):170-191.

刘宝山,吕军.黑河市三道湾子金矿床地质、地球化学和成因探讨[J].大地构造与成矿学,2006,30(4):481-485.

刘宝山,任凤和,李仰春,等.伊春地区晚印支期I型花岗岩带特征及其构造背景[J].地质与勘探,2007,43(1):74-78.

刘斌.中高盐度NaCl-H_2O包裹体的密度式和等容式及其应用[J].地质论评,2001,27(6):617-621.

刘桂阁,王恩德,常春郊,等.黑龙江省逊克县高松山金矿成因探讨[J].有色矿冶金,2006,22-24.

刘红霞.黑龙江省伊春-延寿成矿带成矿系统分析与成矿预测[D].长春:吉林大学,2007.

刘伟.岩浆流体在热液矿床形成中的作用[J].地学前缘,2001,8(3):204-215.

刘志宏.黑龙江省翠宏山钨钼锌多金属矿床地质特征及成因[D].长春:吉林大学,2009.

刘志逊,赵寒冬,马丽玲,等.小兴安岭晚石炭世花岗岩岩浆混合作用的岩相学证据及其地质意义[J].地质通报,2007,26(3):289-298.

刘智明,敖贵武,于建波,等.东安浅成低温热液型金矿床矿物学特征[J].地质找矿论丛,2004,19(3):177-184.

卢焕章,范宏瑞,倪培,等.流体包裹体[M].北京:科学出版社,2004:1-486.

卢焕章,李秉伦,等.包裹体地球化学[M].北京:地质出版社,1990:162-215.

罗照华,邓晋福,韩秀卿.太行山造山带岩浆活动及其造山过程反演[M].北京:地质出版社,1999.

罗照华,梁涛,陈必河,等.板内造山作用与成矿[J].岩石学报,2007,23(8):1945-1956.

毛景文,谢桂青,张作衡,等.中国北方中生代大规模成矿作用的期次和相应的地球动力学环境[J].岩石学报,2005,21(1):169-188.

毛景文,张作衡,余金杰,等.华北及邻区中生代大规模成矿的地球动力学背景:从金属矿床年龄精测得到启示[J].中国科学(D辑),2003,33(4):259-299.

祁进平,陈衍景.东北地区浅成低温热液矿床的地质特征和构造背景[J].矿物岩石,2005,25(2):47-59.

屈文俊,杜安道.高温密闭溶样电感耦合等离子体质谱准确测定辉钼矿铼-锇地质年龄[J].岩矿测试,2003,22(4):254-262.

任纪舜.中国大地构造及其演化[M].北京:科学出版社,1980.

芮宗瑶,侯增谦,李光明,等.俯冲—碰撞—深断裂和埃达克岩与斑岩铜矿[J].地质与勘探,2006,42(1):1-6.

邵洁连.金矿找矿矿物学[M].武汉:中国地质大学出版社,1988.

邵军,李秀荣,杨宏智.黑龙江翠宏山铅锌多金属矿区花岗岩锆石 SHRIMP U-Pb 测年及其地质意义[J].岩石学报,2011,32(2):163-170.

邵军,赵山,马启波.黑龙江小兴安岭-张广才岭成矿带铅锌多金属成矿规律研究[R].沈阳:沈阳地质调查中心,2006.

沈阳地质矿产研究所.小兴安岭-张广才岭花岗岩带的形成与演化[R].沈阳:沈阳地质调查中心,1991.

时永明,崔彬,贾维林.黑龙江省铁力市鹿鸣钼矿床地质特征[J].地质与勘探,2007,43(2):19-22.

舒广龙,马诗敏,刘继顺.基于斑岩成矿体系结构的深部找矿预测[J].地质与勘探,2007,43(2):1-7.

舒广龙.湖北丰山矿田成矿地质背景及斑岩成矿系列与微细浸染型金矿[D].湖南:中南大学,2004.

孙德有,吴福元,高山,等.小兴安岭东部清水岩体的锆石激光探针 U-Pb 年龄测定[J].地球学报,2004,25(2):213-218.

孙德有.张广才岭中生代花岗岩成因及其地球动力学意义:[D].长春:吉林大学,2001.

孙丰月,金巍,李碧乐,等.关于热液脉状金矿成矿深度的思考[J].长春科技大学学报(地球科学版),2000,30(增刊):27-30.

谭成印.黑龙江省主要金属矿产构造—成矿系统基本特征[D].北京:中国地质大学,2009.

谭红艳,舒广龙,吕骏超,等.小兴安岭鹿鸣大型钼矿 LA-ICP-MS 锆石 U-Pb 和辉钼矿 Re-Os 年龄及其地质意义[J].吉林大学学报(地球科学版),2012,42(6):1757-1770.

谭红艳,汪道东,吕骏超,等.小兴安岭霍吉河钼矿床成岩成矿年代学及其地质意义[J].岩石矿物学杂志,2013,32(5):730-750.

唐文龙.黑龙江省前进地区岩浆岩地球化学特征与成矿预测[D].长春:吉林大学,2007.

唐忠,叶松青,杨言辰.黑龙江逊克高松山金矿成因模式[J].世界地质,2010,29(3):400-407.

陶卫星,齐永生,刘学波.逊克县东安金矿矿床成因及找矿标志[J].吉林地质,2006,25(3):

29 - 34.

王登红，地幔柱及其成矿作用[M]. 北京：地震出版社，1998.

王世称，陈永良，夏立显. 综合信息矿产预测理论与方法[M]. 北京：科学出版社，2000.

王世称，王於天. 综合信息解译原理与矿产预测图编制方法[M]. 长春：吉林大学出版社，1989.

王世称，叶水盛，等. 综合信息成矿系列预测专家系统[M]. 长春：长春出版社，1999.

王艳忠，郎利国，于明军. 高松山金矿区地质、物化探特征及找矿方向[J]. 吉林地质，2006，25(2)：36 - 40.

王义天，毛景文. 碰撞造山作用期后伸展体制下的成矿作用——以小秦岭金矿集中区为例[J]. 地质通报，2002，21(Z2)：562 - 566.

魏玉明，何财，刘文，等. 黑龙江省逊克县霍吉河钼矿床勘探报告[R]. 佳木斯：黑龙江省第六地质勘察院，2009.

吴福元，孙德有，林强. 东北地区显生宙花岗岩的成因与地壳增生[J]. 岩石学报，1999，5(2)：181 - 189.

吴小军. 黑龙江省前进东山铅锌矿床地质特征及成因[D]. 长春：吉林大学，2008.

武子玉，王洪波，等，黑龙江黑河三道湾子金矿床地质地球化学研究[J]. 地质论评，2005，51(3)：264 - 267.

肖克炎，丁建华，刘锐. 美国“三步式”固体矿产资源潜力评价方法评述[J]. 地质论评，2006，52(6)：793 - 798.

谢学锦，王学求. 金的勘查地球化学[M]. 济南：山东科学技术出版社，2000.

许文良，王枫，孟恩，等. 黑龙江东部古生代—早中生代的构造演化火成岩组合与碎屑锆石 U - Pb 年代学证据[J]. 吉林大学报(地球科学版)，2012，42(5)：1378 - 1389.

薛明轩，刘明，双宝. 黑龙江大安河金矿控矿条件及成矿机理分析[J]. 世界地质，2001，20(1)：34 - 39.

薛明轩，叶松青，刘智明，等. 黑龙江东安金矿床地质地球化学特征初探[J]. 黄金，2002，23(7)：1 - 7.

阎鸿铨，杨铭埙等. 黑龙江省伊春佳木斯地块西缘地质及块状硫化物铅锌矿床[M]. 哈尔滨：黑龙江科学技术出版社，1994.

阎鸿铨，杨锡埙，张贻侠，等. 黑龙江省伊春佳木斯地块西缘地质及块状硫化物铅锌矿床[M]. 哈尔滨：黑龙江科学技术出版社，1994.

杨铁铮. 小兴安岭地区东安金矿区火山岩及其与金矿关系研究[D]. 北京：中国地质大学，2008.

杨言辰. 黑龙江小兴安岭-张广才岭成矿带金、多金属矿床成矿规律与成矿预测[D]. 长春：吉林大学，2005.

叶会寿，毛景文，李永峰，等. 东秦岭东沟超大型斑岩钼矿 SHRIMP 锆石 U - Pb 和辉钼矿 Re - Os 年龄及其地质意义[J]. 地质学报，2006，780(7)：1078 - 1086.

叶天竺，肖克炎，严光生. 矿床模型综合地质信息预测技术研究[J]. 地学前缘，2007，14(5)：11 - 19.

叶鑫. 黑龙江省逊克县东安金矿矿床地质特征及成因研究[D]. 长春：吉林大学，2011.

尹冰川，冉清昌. 小兴安岭-张广才岭地区区域成矿演化[J]. 矿床地质，1997，16(3)：235 - 242.

于建波，苏仁奎，刘智明. 东安金矿床控矿因素及成矿物质来源浅析[J]. 黄金科学技术，2005，13(6)：8 - 11.

翟裕生，邓军，李晓波. 区域成矿学[M]. 北京：地质出版社，1999.

翟裕生,吕古贤.构造动力体制转换与成矿作用[J].地球学报,2002,23(2):97-102.

翟裕生,姚书振,崔斌,等.成矿系列研究[M].武汉:中国地质大学出版社,1996:1-192.

翟裕生,姚书振,林新多,等.长江中下游地区铁铜(金)成矿规律[M].北京:地质出版社,1992:1-234.

翟裕生.成矿系统研究与找矿[J].地质调查与研究,2003,26(2):65-72.

翟裕生.地球系统科学与成矿学研究[J].地学前缘,2004,11(1):1-10.

翟裕生.论成矿系统[J].地学前缘,1999,6(1):13-28.

张德会.流体的沸腾和混合在热液成矿中的意义[J].地球科学进展,1997,12(6):546-552.

张海驲.黑龙江省印支期花岗岩的确定及其构造意义[J].黑龙江地质,1991,2(1):8-18.

张炯飞,李之彤,金成洙.中国东北部地区埃达克岩及其成矿意义[J].岩石学报,2004,20(2):361-368.

张理刚.稳定同位素在地质科学中的应用[M].西安:陕西科学技术出版社,1985:1-10.

张旗,金惟俊,李承东,等.中国东部燕山期大规模岩浆活动与岩石圈减薄与大火成岩省的关系[J].地学前缘,2009,16(2):21-51.

张旗,李承东,等.花岗岩:地球动力学意义[M].北京:海洋出版社,2012:1-275.

张旗,王焰,李承东,等.花岗岩的 Sr-Yb 分类及其地质意义[J].岩石学报,2006,22:2249-2260.

张旗,王焰,刘红涛,等.中国埃达克岩的时空分布及其形成背景[J].地学前缘,2003,10(4):385-400.

张旗,王焰,刘伟,等.埃达克岩的特征及其意义[J].地质通报,2002,21(7):431-435.

张苏江.黑龙江省铁力地区钼(铜)矿床成矿地质条件及找矿潜力分析[D].长春:吉林大学,2009.

张兴洲,杨宝俊,吴福元,等.中国兴蒙—吉黑地区岩石圈结构基本特征[J].中国地质,2006,33(4):816-823.

张彦,陈文,陈克龙,等.成岩混层(I/S)Ar-Ar 年龄谱型及^{39}Ar 核反冲丢失机理研究——以浙江长兴地区 P—T 界线黏土岩为例[J].地质论评,2006,52(4):556-561.

张艳斌,吴福元,李惠民,等.吉林黄泥岭花岗岩体的单颗粒锆石 U-Pb 年龄[J].岩石学报,2002,18(4):475-481.

张昱.黑龙江省东部早中生代火成岩构造组合及其大地构造演化[D].北京:中国地质大学(北京),2008.

张振庭.黑龙江省伊春地区铅锌多金属矿产预测[D].长春:吉林大学,2010.

张遵忠,吴昌志,顾连星,等.燕辽成矿带东段新台门钼矿床 Re-Os 同位素年龄及其地质意义[J].矿床地质,2009,28(3):313-320.

赵春荆,彭玉鲸,党增欣,等.吉黑东部构造格架及地壳演化[J].沈阳:辽宁大学出版社,1996.

赵洪海,薛继广,连永牢.黑龙江省逊克县高松山矿区1号矿脉岩金详查报告[J].牡丹江:武警黄金第一总队,2011.

赵鹏大,陈永清,刘吉平,等.地质异常成矿预测理论与实践[M].武汉:中国地质大学出版社,1999.

赵一鸣,毕承思,邹晓秋,等.黑龙江多宝山铜山大型斑岩铜(钼)矿床中辉钼矿的铼-锇同位素年龄[J].地球化学,1997,18(l):61-67.

赵志丹,莫宣学,张双全,等.西藏中部乌郁盆地碰撞后岩浆作用——特提斯洋壳俯冲再循环的证据[J].中国科学(D辑),2001,31(增刊):20-26.

周佐民.碱质A型花岗岩的判别、成因与构造环境[M].华南地质与矿产,2011,27(3):216-220.

Barnes H L. Energetics of Hydrothermal Ore Deposits in Frontiers in Geochemistry:Organic, Solution and Ore Deposit Geochemistry[M]. Columbia:Bellwether Publishing,Ltd,2002:184-190.

Christensen J N,Halliday A N,Leigh K E,et al. Direct dating of sulfides by Rb-Sr:Acritical test using the Polaris Mississippi Valley-type Zn-Pb deposit[J]. Geochimica Et Cosmochimica Acta,1995,59(24):5191-5197.

Cline J S. Bodnar R J. Can economic porphyry copper mineralization be generated by a typical calc-alkaline melt[J]. Geophys Res,1991,96:8113-8126.

Condie K C. Mantle plume and their record in earth history[M]. London:Cambridge University Press,2001.

Gill J B. Orogenic Andesites and Plate Tectonies[M]. Berlin:Springer—Verlag,1981:358-360.

Hall D L,Sterner S M,Bodnar R J. Freezing point depression of NaCl-KCl-H_2O solutions[J]. Econ. Geol. ,1988,83:197-202.

Hedenquist J W,Lowenstern J B. The role of magmas in the formation of hydrothermal ore deposits[J]. Nature,1994,370(4):519-527.

Henley R W,Ellis A J. Geothermal systems ancient and modern:a geochemical review[J]. Earth Sci Rev,1983,19:1-50.

Huang D H,Du A D,Wu C Y,et al. Metallochronology of molybdenum(-copper)deposits in the north China platform:Re-Os age of molybdenite and its geological significance[J]. Mineral Deposits,1996,15(4):365-372.

Hugh R R. Using geochemical data:evaluation,presentation,interpretation[M]. London:Longman Group UK Ltd,1993.

Ludwig K R. ISOPLOT 3. 00:A Geochronological Toolkit for Microsoft Excel[M]. Berkeley:Berkeley Geochronology Center,California,2003.

Mao J W,Zhang Z H. Re-Os Isotopic dating of molybdenites in the Xiaoliugou W(Mo)deposit in the Northern Qilian Mountains and its geological significance[J]. Geochimica et Cosmochimica Acta,1999,63(11/12):1815-1818.

Nakai S,Halliday A N,Kesler S E,et al. Rb-Sr dating of sphalerite and genesis of MVT deposits[J]. Nature,1990,346:354-357.

Nakai S,Halliday A N,Kesler S E,et al. Rb-Sr dating of sphalerites from Mississippi Valley—type(MVT)ore deposits[J]. Geochimica Et Cosmochimica. Acta,1993,57:417-427.

Sheppard S M F,Nielsen R L,Taylor H P. Hydrogen and oxygen isotope ratios in minerals from porphyry copper deposits[J]. Econ Geol,1971,66:515-542.

Stein H J,Markey R J,Morgan J W,et al. Highly precise and accurate Re-Os ages for molybdenum from the East Qinling molybdenum belt, Shanxi Province, China[J]. Economic Geology, 1997,98:175-180.

Sterner S M,et al. Synthetic fluid inclusions:V. Solubility relations in the system NaCl—KCl—H_2O under vapor—saturated eonditions[J]. Geochimica Et Cosmochimica. Acta,1988,52(5):989-1005.

Titley S R,Beane R E. Porphyry copper deposits Part I. Geologic settings,petrology and tectogenesis[J]. Econ. Geol. ,1981,75:214-269.

Wu F Y, Sun D Y, Li H M, et al. A - type ganites in northeastern China: age and geoehemical constraints on their petrogenesis[J]. Chemical Geology, 2002, 187: 143 - 173.

Wu F Y, Yang J H, Lo C H. The Jiamusi Massif: A Jurassic accretionaryterrane along the Western Pacific margin of NE China[J]. Island Arc, 2007, 16: 156 - 172.

Xiong X L, Adam J, Green T H. Rutile stability and rutile/melt HFSE Partitioning during Partial melting ofhydrous basalt: im Plieations for. ITGgenesis[J]. Chemieal Geology, 2005, 218: 339 - 359.

Zhang Z C, Mao J W, et al. Geochemistry and geochronology of the volcanic rocks associated with the Dong'an adularia — sericite epithermal gold deposit, Lesser Hinggan Range, Heilingjiang province, NE China: Constrains on the metallogenesis[J]. Ore Geology Reviews. 2010, 37: 158 - 174.

图　版

图版Ⅰ

Ⅰ-1　翠宏山矿区粗中粒碱长花岗岩(左)和中细粒石英二长岩(右)
(采集于 SJ1 探矿竖井)

Ⅰ-2　霍吉河似斑状中粒花岗闪长岩(左)与斑状花岗岩(右,25×,+)
(左:采自 ZK0718 钻孔,216m;右:采自 TC2311 东端)

Ⅰ-3 鹿鸣二长花岗斑岩切穿二长花岗岩并被石英-黄铁矿脉穿切

（ηγπ. 二长花岗斑岩；ηγ. 二长花岗岩；Q+Py. 石英-黄铁矿脉，据韩振哲，2011）

Ⅰ-4 二股似斑状细粒花岗闪长岩（灰色）与粗中粒碱长花岗岩（肉红色）间

渐变过渡（左）及二股粗中粒碱长花岗岩（右）

（均采自二股或称马永顺林场公路桥东侧采石场）

Ⅰ-5 高松山1-Ⅱ号金矿体围岩安山岩

（白色体多为斜长石斑晶，大者多为石英杏仁体）

Ⅰ-6 高松山金矿区安山岩(采自1-Ⅰ金矿体围岩,标尺刻度单位为1cm)

Ⅰ-7 流纹岩(高松山)

Ⅰ-8 流纹质凝灰岩(高松山)

Ⅰ-9 翠宏山角砾状钼矿石(左)和团窝状钼矿石(右)

Ⅰ-10 鹿鸣钼矿细脉状钼矿石

Ⅰ-11 霍吉河钼矿细脉状矿石

Ⅰ-12 中粒二长花岗岩(鹿鸣)
(采自 ZK6401 钻孔孔深 216.3m 处)

Ⅰ-13 含辉钼矿巨斑状二长花岗岩(鹿鸣)
(采自 ZK2401 钻孔孔深 437.1m 处)

Ⅰ-14 小西林Ⅰ号矿体+8m
分层采场矿体尖灭端破碎大理岩

Ⅰ-15 小西林Ⅰ号矿体围岩大理岩

Ⅰ-16 花岗糜棱岩(左)及眼球状花岗糜棱岩(右)(翠宏山)
(左:采自探矿竖井西侧的水文钻孔;右:据刘志宏,2009,2×,+)

Ⅰ-17 翠宏山角砾状钼矿石(左)和团窝状钼矿石(右)

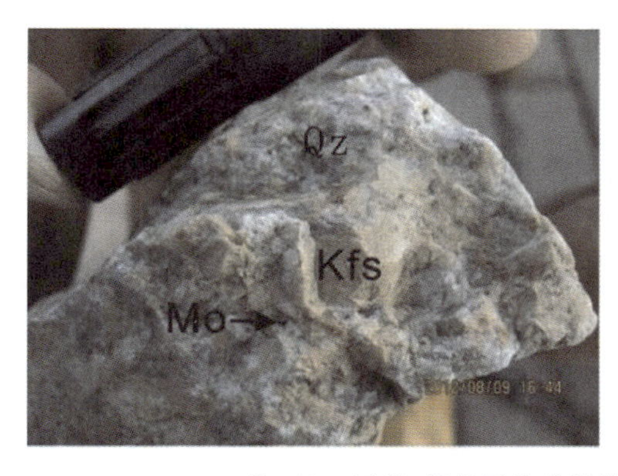

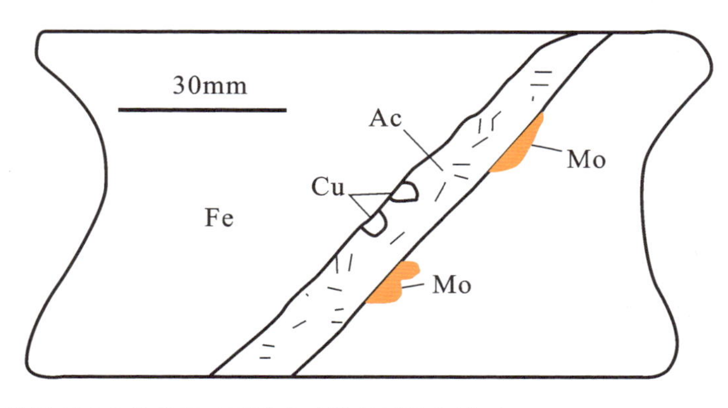

Ⅰ-18　石英-钾长石化碱长花岗岩(左)和块状铁矿石被含矿阳起石脉穿插(右)

左:kfs. 钾长石;Qz. 石英;Mo. 辉钼矿;

右:Fe. 块状磁铁矿矿石;Cu. 黄铜矿;Mo. 辉钼矿;Ac. 阳起石

Ⅰ-19　高松山1-Ⅰ号矿体围岩爆破角砾岩

Ⅰ-20　高松山1-Ⅳ号矿体围岩爆破角砾岩

(采自富强竖井口岩矿石堆)

Ⅰ-21　1-Ⅳ号矿体围岩爆破角砾岩
（采自富强竖井口岩矿石堆）

Ⅰ-22　东安主矿体围岩爆破角砾岩
（采自东安坑道口岩矿石堆）

图版Ⅱ

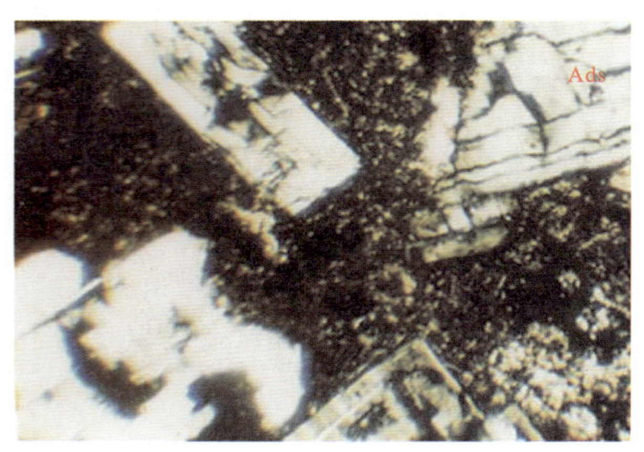

Ⅱ-1　安山岩（Ads. 中长石）
（采自东安 TC400/215，16×，+）

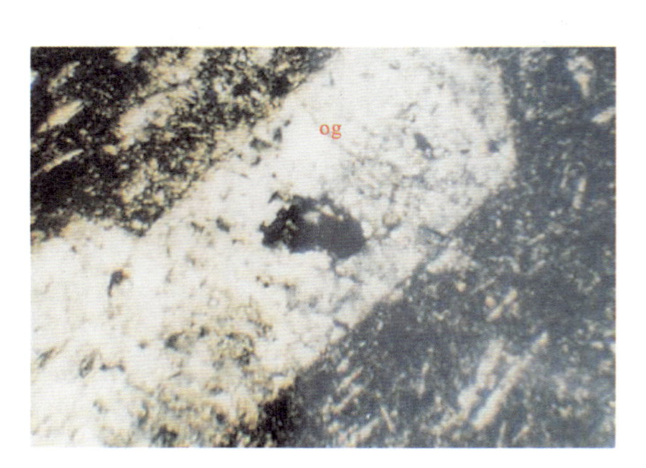

Ⅱ-2　粗安岩（Og. 更长石斑晶）（东安）
（16×，+）

Ⅱ-3　流纹岩（Q. 石英）（东安）
（采自 TC266/87，16×，+）

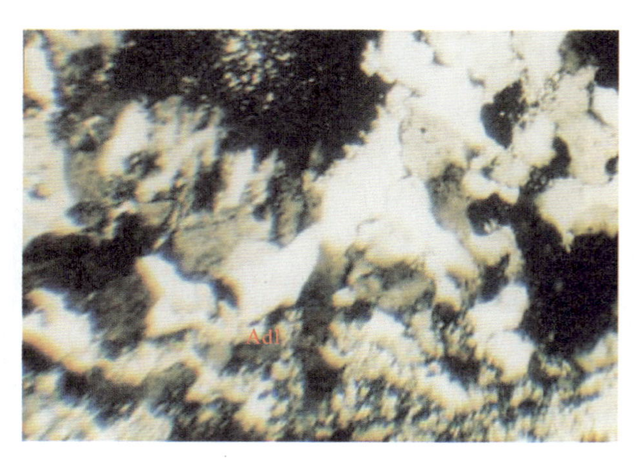

Ⅱ-4　冰长石（Adl）化中粗粒碱长花岗岩
（东安 CM6/225，16×，+）

Ⅱ-5　细粒碱长花岗岩(Qz. 石英;
Og. 更长石;Bit. 黑云母;Mi. 微斜长石)
(东安 ZK16-2,16×,+)

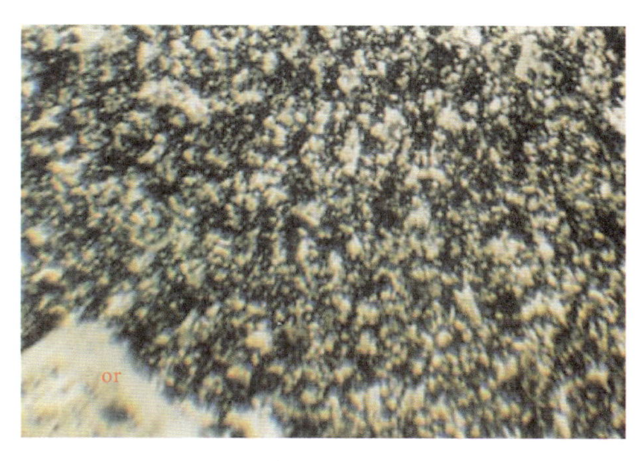

Ⅱ-6　花岗斑岩(Or. 正长石)
(东安 ZK36-4,57.65～63.74m,16×,+)

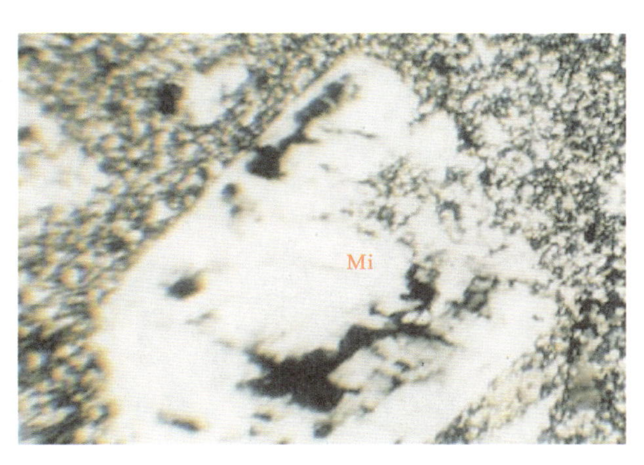

Ⅱ-7　含角砾潜流纹岩(Mi. 微斜长石)
(东安 TC400/27,16×,+)

Ⅱ-8　潜流纹岩中的流纹质凝灰岩角砾
(λ. 流纹岩;λtf. 流纹质凝灰岩角砾)
(东安 ZK19-5,57m,16×,+)

Ⅱ-9　石英岩细脉穿切细粒碱长花岗岩角砾
(λ. 流纹岩;Qz. 石英细脉;
γ. 细粒碱长花岗岩角砾)
(东安 TC260/71,16×,+)

Ⅱ-10　爆破角砾岩(金矿石)
(Kγ. 细粒碱长花岗岩;Py. 黄铁矿;
Chl. 绿泥石;Qz. 石英)
(东安 ZK12-3,131m)

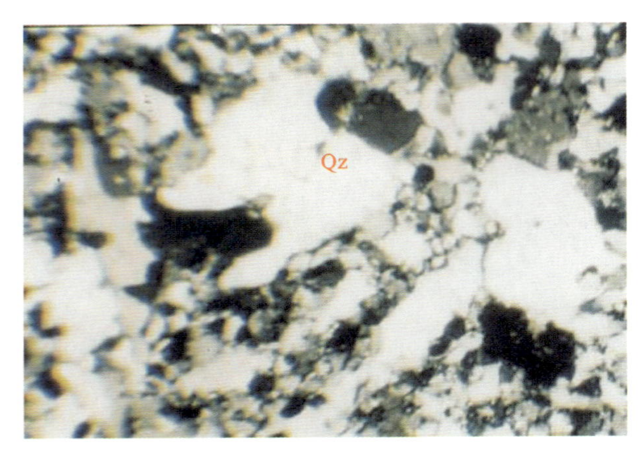

Ⅱ-11　角砾状交代石英岩(Qz. 石英)
(东安 ZK12-5,16×,+)

Ⅱ-12　灰色细粒交代石英岩(Qz. 石英)
(东安 ZK20-2,16×,+)

Ⅱ-13　灰色条带状交代石英岩
(东安 ZK7-5,16×,+)

Ⅱ-14　浅灰色冰长石化交代石英
(Qz. 石英;Adl. 冰长石)
(东安 ZK24-2,16×,+)

Ⅱ-15　冰长石化交代石英岩
(Qz. 石英;Adl. 冰长石)
(东安 ZK16-2,16×,+)

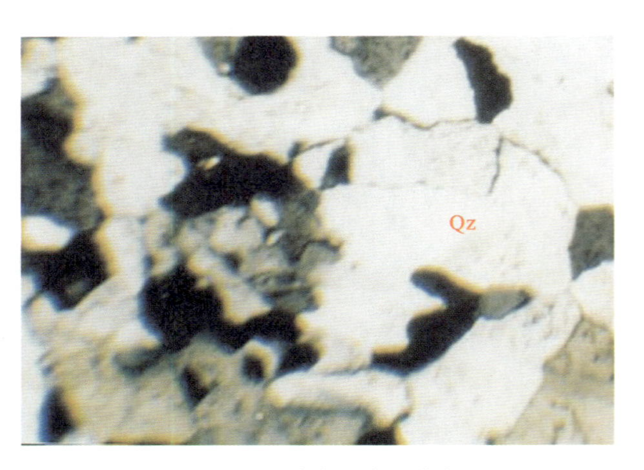

Ⅱ-16　乳白色交代石英岩
(Qz. 石英石)
(东安 ZK20-5,16×,+)

Ⅱ-17　稠密状黄铁矿化绿泥石化交代石英岩
（Qz. 石英石）
（东安 ZK36-4,16×,+）

Ⅱ-18　角砾岩中含黄铁矿绿泥石石英细脉
（Qz. 石英；Py. 黄铁矿；chl. 绿泥石）
（东安 ZK0-4,16×,+）

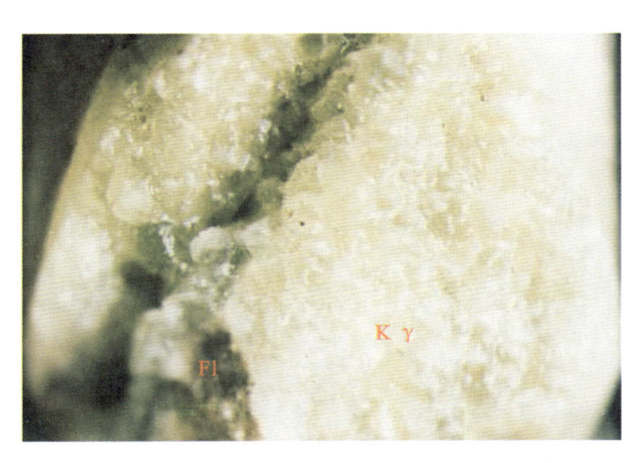

Ⅱ-19　细粒碱长花岗岩裂隙中多面球形萤石晶簇(Fl)
（东安 ZK12-5,16×,+）

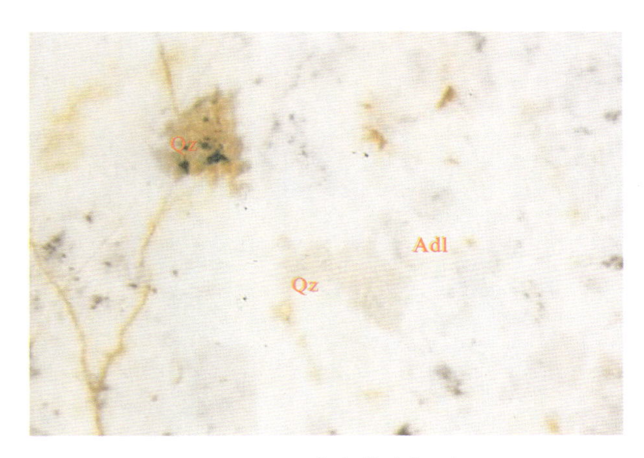

Ⅱ-20　石英交代冰长石
（Qz. 石英；Adl. 冰长石）
（东安 ZK24-2）

Ⅱ-21　黄铁矿化绿泥石胶结碎裂状冰长石
（chl. 绿泥石；Adl. 冰长石）
（东安 ZK24-2）

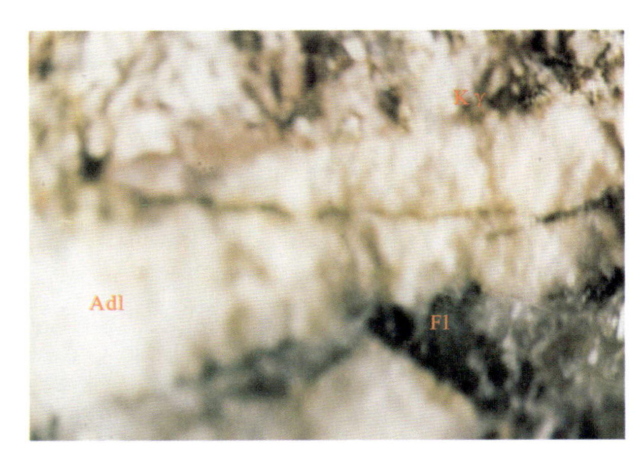

Ⅱ-22　冰长石、萤石脉穿切中粗粒碱长花岗岩
（κγ. 碱长花岗岩；Adl. 冰长石；Fl. 萤石）
（东安 ZK24-2）

Ⅱ-23 石英晶洞中粗大石英晶簇(Rc)(东安 ZK20-2)

图版Ⅲ

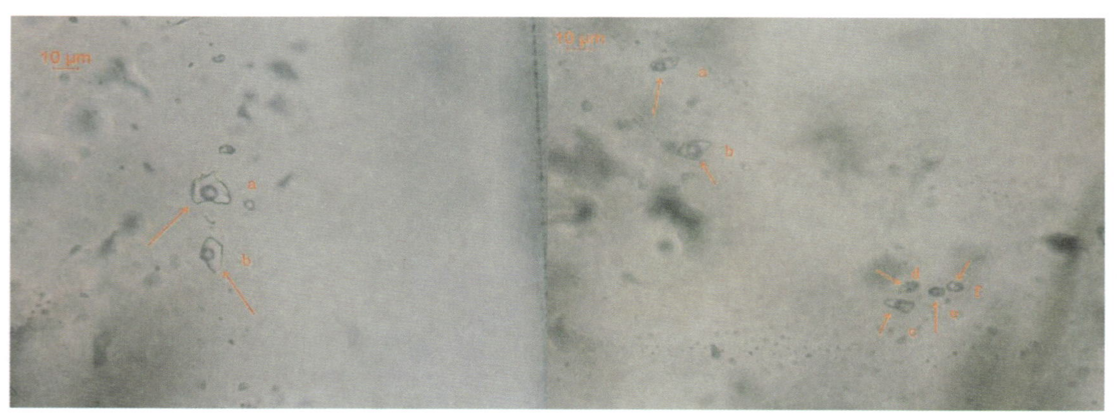

Ⅲ-1 小西林铅锌矿热液石英中的①类流体包裹体(透射光下)

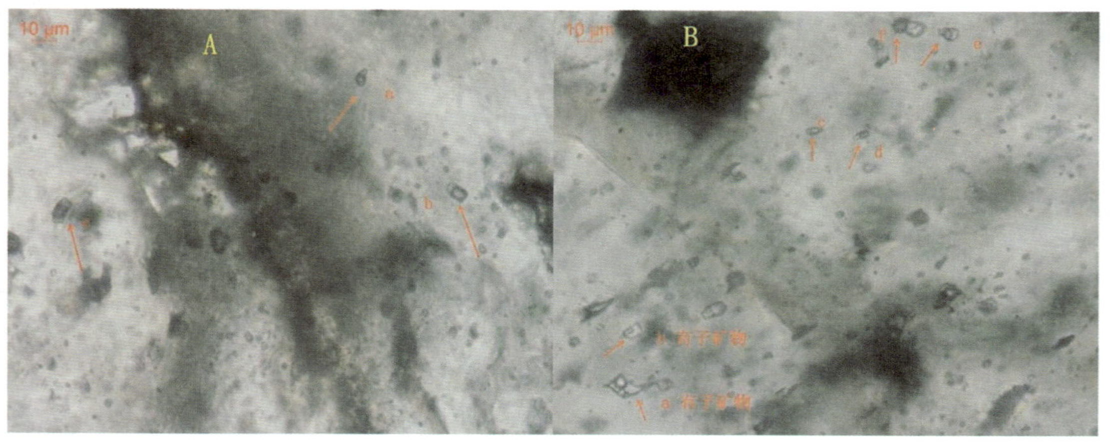

Ⅲ-2 霍吉河钼矿主成矿期热液石英中的流体包裹体(透射光下)

(A 中 a、b 和 B 中 c 为②类包裹体;B 中 a、b 为④类包裹体)

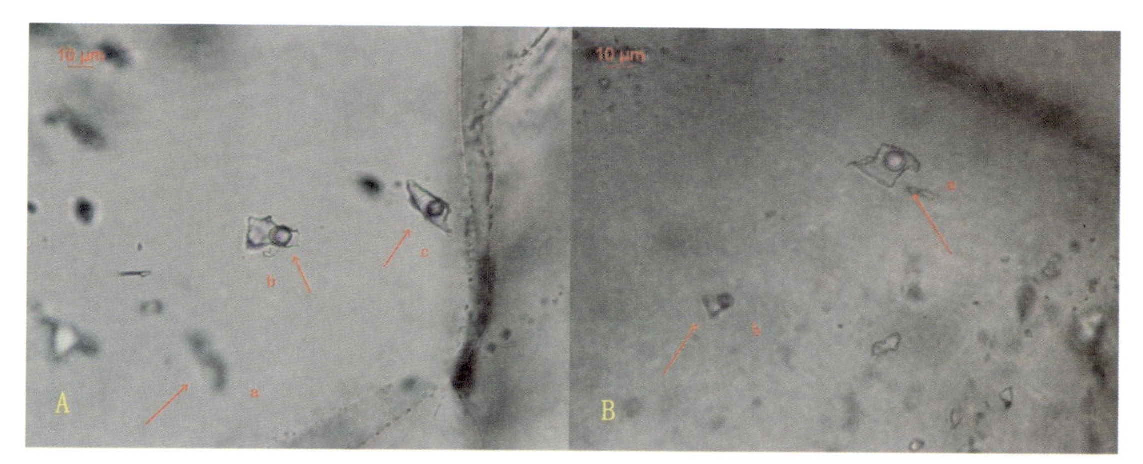

Ⅲ-3　小西林铅锌矿热液石英中的③类流体包裹体(透射光下)
(A 中 b 和 B 中 a 为③类包裹体)

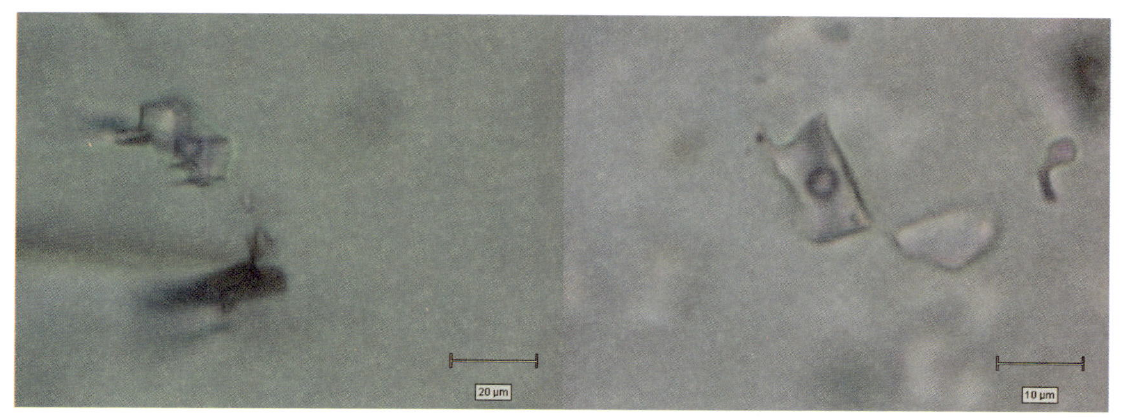

Ⅲ-4　翠宏山多金属矿(左)和鹿鸣钼矿(右)热液石英中①类流体包裹体(透射光下)

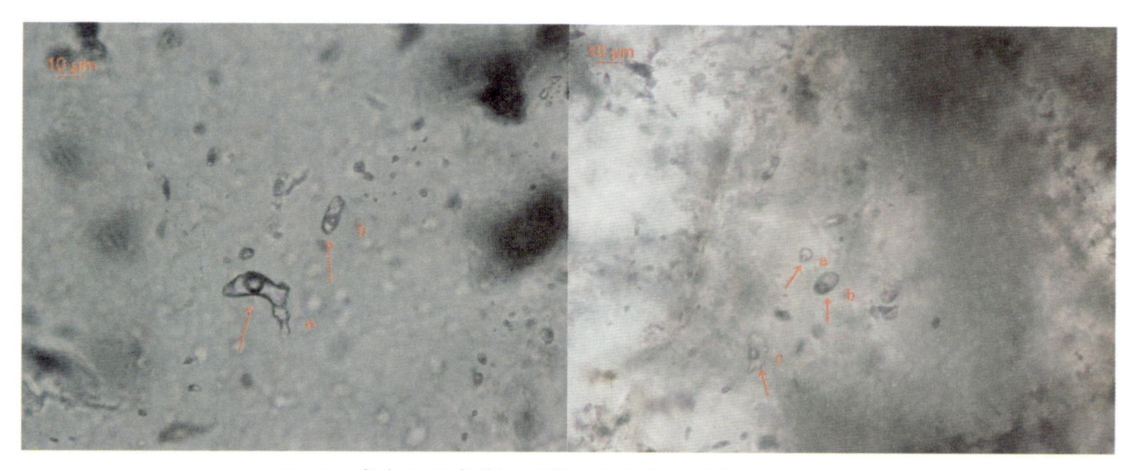

Ⅲ-5　东安金矿床热液石英中的流体包裹体(透射光下)